The Key
Protected Wild Plants
in Jiangsu Province

《江苏重点保护野生植物资源》
编辑委员会

主　　任　夏春胜
副 主 任　葛明宏　钟育谦

主　　编　徐惠强
副 主 编　张光富　伊贤贵　翟飞飞

编著人员　张　唯　熊天石　孙立峰　冯　耀　唐　健　吕晓雪
　　　　　王海珍　张永忠　梁　波　王坚强　颜建法

江苏重点保护野生植物资源

江苏省林业局 著

南京师范大学出版社

图书在版编目(CIP)数据

江苏重点保护野生植物资源 / 江苏省林业局著. --南京：南京师范大学出版社，2017.11
ISBN 978-7-5651-3567-5

Ⅰ.①江… Ⅱ.①江… Ⅲ.①野生植物—植物资源—概况—江苏 Ⅳ.①Q948.525.3

中国版本图书馆 CIP 数据核字(2017)第 289393 号

书　　名	江苏重点保护野生植物资源
著　　者	江苏省林业局
策划编辑	郑海燕
责任编辑	向　磊
出版发行	南京师范大学出版社
地　　址	江苏省南京市玄武区后宰门西村 9 号(邮编:210016)
电　　话	(025)83598919(总编办)　83598412(营销部)　83598297(邮购部)
网　　址	http://www.njnup.com
电子信箱	nspzbb@163.com
照　　排	南京理工大学资产经营有限公司
印　　刷	南京爱德印刷有限公司
开　　本	787 毫米×1092 毫米　1/16
印　　张	16.5
字　　数	244 千
版　　次	2017 年 11 月第 1 版　2017 年 11 月第 1 次印刷
书　　号	ISBN 978-7-5651-3567-5
定　　价	68.00 元
出 版 人	彭志斌

南京师大版图书若有印装问题请与销售商调换
版权所有　侵权必究

目 录

前 言 ·· 1

第一章　江苏自然地理与社会经济概况 ·· 1

　第一节　自然地理条件 ·· 1

　第二节　社会经济概况 ·· 8

第二章　江苏植物多样性研究概述 ·· 12

　第一节　生物多样性研究状况 ·· 12

　第二节　江苏植物多样性研究概况 ·· 15

第三章　调查内容与调查方法 ·· 18

　第一节　调查内容 ·· 18

　第二节　调查方法 ·· 23

第四章　野生植物资源状况 ··· 29

　第一节　野生植物资源概况 ··· 29

　第二节　各物种野生植物资源分述 ·· 33

第五章　国家级珍稀濒危树种的种群与群落特征 ··· 159

　第一节　国家级珍稀濒危树种的种群动态 ·· 159

第二节　国家级珍稀濒危树种的群落特征……………………………170

第六章　江苏省级珍稀濒危树种的种群与群落特征…………………………183
   第一节　省级珍稀濒危树种的种群动态…………………………………183
   第二节　省级珍稀濒危树种的群落特征…………………………………196

第七章　人工培植植物资源状况………………………………………………212
   第一节　栽培种类…………………………………………………………212
   第二节　栽培规模…………………………………………………………214
   第三节　栽培目的…………………………………………………………215

第八章　江苏珍稀濒危植物保护与管理实践…………………………………218
   第一节　江苏珍稀植物的濒危现状与濒危等级…………………………218
   第二节　江苏珍稀植物的保护成效………………………………………227
   第三节　江苏珍稀植物保护面临的挑战与保护策略……………………232

参考文献…………………………………………………………………………241

附　录……………………………………………………………………………249
   附录Ⅰ　野外调查记录表…………………………………………………249
      表1　目的物种所处植物群落概况表…………………………………249
      表2　目的物种记录表…………………………………………………250
      表3　目的物种人工培植状况调查表…………………………………253
      表4　野生植物人工培植单位调查统计表……………………………253
   附录Ⅱ　IUCN物种受威胁等级评估标准(IUCN,2003;3.1版)……254
   附录Ⅲ　江苏国家级珍稀植物地理分布图………………………………256

第一章 江苏自然地理与社会经济概况

江苏位于中国大陆东部沿海的中心,境内以平原为主,兼有低山丘陵、江河湖海、海岸滩涂等多种地理生态类型。气候上,江苏处于暖温带向亚热带的过渡区域。复杂多样的生境类型、优越的气候条件,以及相对稳定的地质构造孕育了较为丰富的植被类型和大量的野生植物资源。其中,既有国家级珍稀物种,也有地方性特有的珍稀树种。改革开放30多年来,江苏社会经济稳定发展,人均国内生产总值GDP(Gross Domestic Product,简称GDP)、综合竞争力、地区发展与民生指数(Development and Life Index,简称DLI)均居全国各省前列。然而,较快的经济发展以及较为密集的人口分布也造成了较大的环境压力,这势必对江苏珍稀植物的保护构成严峻的考验。

第一节 自然地理条件

自然环境通常是在地质、地貌、气候、水文、土壤以及植物、动物等多种要素相互联系和相互制约下共同作用而形成的。江苏省自然环境以南北二分的地质构造、平原为主的地貌类型、四季分明的气候状况、沿江海滨河湖的水文条件和逐渐递变的土壤与植被类型为基本特征。

1. 地理位置

江苏省地处中国东部沿海区域的中部,位于长江、淮河下游。它北接山东省,南连上海市和浙江省,西邻安徽省、河南省,东滨黄海,是长江三角洲地区的主要组成部分。江苏地理范围介于北纬30°45′~35°07′,东经116°22′~

121°55′之间,面积约 10.26 万 km²。目前全省辖 13 个地级市、55 个市辖区、21 个县级市及 20 个县。省会为南京市,其他地级市分别是苏州、无锡、常州、镇江、扬州、南通、盐城、连云港、徐州、淮安、泰州和宿迁。

2. 地质地貌

2.1 地质构造

在江苏境内,不同地质时代的地层比较完整,从最古老的太古代变质岩到最新的第四纪沉积岩均有出露。从中国大地构造角度看,江苏省分属于华北古陆与扬子古陆两大单元。一般以盱眙—响水深断裂带为界,划分为南北二区。

北区同我国华北广大地区的地质构造和岩层基本一致,形成于太古代,构造比较稳定,是华北古陆的东南边缘部分,自太古代成陆以来,地质变化以隆升为主。北区的基底岩层主要是中度变质到深度变质的各类结晶片岩、片麻岩,也有一些中性和基性侵入岩。

南区是扬子古陆的最东端,形成于上元古代,地质构造不如北区稳定。南区以轻变质岩系为基底,自震旦纪到中生代三叠纪一直处于沉降状态,并且沉降幅度较大,是我国从震旦纪到三叠纪各期地层发育最完整的地区。受海安—江都断裂和崇明—无锡—宜兴断裂的控制,南区又分为三个次一级的构造单元:两断裂之间是下扬子台褶带,海安—江都断裂以北为苏北凹陷带,崇明—无锡—宜兴断裂以南为太湖—钱塘褶皱带。下扬子台褶带经过多次的构造变形以及岩浆活动,形成了茅山、宁镇等现代山地的轮廓。苏北凹陷带在海相、陆相交替沉积的过程中,形成一系列凹陷和隆起,直达南黄海。太湖—钱塘褶皱带经过褶皱隆起和断裂发生逐步形成宜溧山地、东洞庭山、西洞庭山、以及苏州、无锡、常熟一带的低山丘陵(赵媛,2011)。

2.2 地形地貌

在江苏境内,岩性和地质构造制约着江苏地貌形态的发育,特别是第四纪以来的新构造运动最终奠定了江苏地貌以平原为主的格局,此外流水和海浪等外力作用对江苏地貌的形成也发挥着重要的作用。概括而言,江苏的地貌

前 言

生物多样性是人类社会赖以生存的物质基础,生物多样性保护是人类共同面临的一个国际性话题。当前,受到人类生活方式的改变、经济社会的快速发展以及全球气候变化等方面的影响,全球生物多样性下降的趋势仍未得到有效的遏制。为此,联合国将 2011~2020 年确定为"联合国生物多样性十年"。为了积极推动实施联合国"2011~2020 年生物多样性保护战略规划",2010 年我国国务院成立了"中国生物多样性保护国家委员会",统筹协调全国生物多样性保护工作,并审议通过了《国际生物多样性年中国行动方案》和《中国生物多样性保护战略与行动计划(2011~2030 年)》。2014 年 12 月我国国务院副总理、中国生物多样性保护国家委员会主席张高丽在中国生物多样性保护国家委员会会议上强调,应该全面实施系统性保护工程,扎实推进生物多样性保护,该会审议并通过了《生物多样性保护重大工程实施方案(2014~2020 年)》。

植物资源是生物多样性的重要组成部分,植物是自然生态系统中的第一性生产力,因此野生植物资源是人类社会可持续发展的重要战略资源。开展重点保护野生植物资源的调查,既是《中华人民共和国野生植物保护条例》明确的一项法定工作,又是实施生物多样性保护的重要环节。

江苏位于长江、淮河下游,面积约 10.26 万 km^2,境内最高峰为连云港云台山主峰玉女峰,海拔 624.4 m。全省具有明显的季风气候特征,处于亚热带向暖温带的过渡地带,大致以淮河—灌溉总渠一线为界,以南属亚热带湿润季风气候,以北属暖温带湿润季风气候。全省植被类型也具有明显的过渡性,自北向南有暖温带落叶阔叶林、北亚热带常绿落叶阔叶混交林和中亚热带常绿阔叶林。由于地貌类型多样，水热气候条件优越，江苏境内的植物资源较为丰富，其中不乏国家级珍稀物种。尽管江苏地处中国生物多样性较丰富的华东地区，但由于人口密度大、人类经济活动频繁，加上全球气候变化、土地利用改变等原因导致生境退化或片段化，植物多样性保护面临着巨大的压力。根据初步估计，该区约有10%以上的植物正遭受严重的威胁，主要表现为自然分布面积缩小、种群数量减少、生境片段化，其中的部分珍稀植物如中华水韭（Isoetes sinensis）、秤锤树（Sinojackia xylocarpa）、珊瑚菜（Glehnia littoralis）等，由于地理分布局限、种群数量稀少、受威因素加剧而濒临灭绝。

为保护江苏野生植物并加强对野生植物资源的管理，近十年来江苏省陆续开展了"绿色江苏建设""江苏生态红线划定"和"江苏省级生态文明建设"等一系列活动，有效地促进了江苏野生动植物资源的保护与恢复。根据1996～2000年江苏省第一次国家重点保护野生植物资源调查，全省共有17种国家级珍稀濒危保护植物，如宝华玉兰（Magnolia zenii）和银缕梅（Parrotia subaequalis）等。根据正在编纂的新版《江苏植物志》（修订版）等资料的不完全统计，江苏目前有维管植物3 600余种。近年来，在江苏境内陆续报道发现一些种子植物的新地理分布种和新记录属。

根据《国家林业局关于启动第二次全国重点保护野生植物资源调查有关工作的通知》（林护发〔2012〕87号）要求，江苏省林业局组建了以南京师范大学和南京林业大学的相关植物分类学专家学者为主的野外调查队伍，并且先后编制了《第二次全国重点保护野生植物资源调查 江苏省野外工作方案》和《江苏省实施细则》，召集各县、市林业技术人员开展野外植物资源调查专业培训、督查并检查野外植物资源的调查进展、积极向国家林业局不定期汇报调查进展。此次调查的对象主要包括国家林业局规定的在江苏境内有分布的国家级调查物种（6种），江苏林业局结合本省实际拟定的省级或地方性特色调查物种（20种）以及调查过程中发现的江苏芸香科地理分布新记录植物（1种）。调查的内容主要包括这些物种在江苏境内的自然地理分布范围、种群数量、生境状况、保护管理现状，以及人工栽培和开发利用状况等。为了确保调查的质类型有平原、岗地、低山丘陵和海岛4种基本类型。

(1) 平原

江苏地势平坦,平原广袤,平原面积约占全省总面积的85%。全省平原由徐淮平原、江淮平原、滨海平原和长江三角洲等大平原组成,它们构成了江苏地貌的主体。江苏大部分平原属于堆积平原,形成历史均很短暂。中生代以来,长江三角洲、滨海平原的大部分地区长期以沉降运动为主,到第四纪最后一次海侵时,黄海和东海的海水曾侵淹到江苏东北部、北部和西南部低山丘陵的山前。此后,由于受到长江、淮河以及1194年以后的黄河携带着大量泥沙逐渐填积,逐步形成目前的几乎纵贯江苏南北的平原主体格局。

(2) 岗地

岗地是一类呈波状起伏、顶部相对平坦的地貌类型。在地形地貌上,岗地介于丘陵与平原之间。江苏岗地面积约占全省总面积的10%。江苏岗地的地面高程一般$10\sim60$ m,相对高程从数米到十余米不等。根据组成物质的不同,江苏岗地可以分为石质性岗地和黄土性岗地两类。

石质性岗地:主要分布于东海、赣榆一带南部,是一种山前侵蚀、剥蚀岗地。其地貌类型的高度一般介于$20\sim50$ m之间,相对高度$5\sim10$ m。

黄土性岗地:主要分布于江苏省西南部和西北地区,由下蜀系黄土堆积而成,介于山地与平原接触的地带,多见于山地的坡麓和谷地中。堆积较为深厚,以宁镇山脉北麓长江沿岸的堆积最高,约介于$30\sim40$ m之间(徐惠强,2012)。

(3) 低山丘陵

低山丘陵主要集中于江苏省境内的东北部和西南部,江苏低山丘陵面积约占全省总面积的5%。由于地质过程和构造运动不同,不论是岩性和地貌形态,两者都有显著差异。低山丘陵海拔一般在300 m以下,仅有宁镇茅山山脉的一些山峰、宜兴的铜官山、连云港附近的云台山等超过400 m。

东北部的低山丘陵是鲁南山地向江苏南延的部分,主要由云台山、锦屏山和吴山、夹山、马陵山、云龙山、大洞山等组成,其中云台山主峰玉女峰海拔624.4 m,为江苏省境内的最高点。此地的低山丘陵大都由古老的变质岩系构成山岭,海拔大部分在200～300 m之间。

西南部的低山丘陵由北而南依次有:盱眙、仪征、六合等地的方山丘陵,江浦的老山山脉,南京、镇江间的宁镇山脉,句容、溧水、金坛间的茅山山脉,宜兴、溧阳南部的宜溧山地(位于苏、浙、皖三省交界处,系天目山向西北部的延伸部分)等。其组成物质以变质岩、石英砂岩、砂页岩、石灰岩及火成岩为主,岩性复杂,岭谷相连,海拔大都在100～400 m之间。

此外,太湖中及其东岸尚有一系列低山丘陵,如太湖中的东洞庭山、西洞庭山,太湖沿岸的马迹山、锡惠山、渔洋山、太平山、南阳山等,海拔大都在100～200 m,少数山峰可达300 m左右。

(4) 海岛

江苏沿海共有大小海岛16个,岛屿岸线长约68 km,面积约68 km^2,分属于黄海水域和东海水域,分为基岩海岛和沙积海岛两种类型。其中连云港的东西连岛是江苏最大的基岩海岛。

3. 气候

江苏省位于中纬度亚洲大陆东岸,属东亚季风区,又属亚热带和暖温带的过渡区。由于受到太阳辐射、大气环流与自身地理位置以及地貌特征的综合作用,江苏气候的总体特点为:季风气候显著、过渡明显、四季分明。

江苏全省受季风影响显著,盛行风向随季节有明显的变化。冬季盛行来自北方干冷的偏北风,夏季盛行从海洋吹来湿热的东南到南风。在过渡季节中,春季多东南风,秋季多东北风。由于盛行风各有不同的源地,气团性质有根本的不同,致使江苏冬季寒冷少雨,夏季炎热多雨,季节差异十分明显。降水分布特征是南部多于北部,沿海多于内陆。全省多年平均降水量998 mm,自西北向东南递进,西北部的丰县最少,不足800 mm,淮北800～1 000 mm,江淮之间1 000～1 050 mm,太湖地区南部、宜溧山地和长江口附近最多,达1 050～1 200 mm。年内降水50%～60%集中在6～9月的汛期。

江苏地处亚热带与暖温带间的过渡地带,气候的过渡性特征明显,兼有南量,本次调查的程序与方法主要参考国家林业局的《全国第二次重点保护野生植物资源调查技术规程》和《操作细则》。

经过近五年(2012～2016)的不懈努力,目前已经基本摸清江苏省重点保护野生植物资源的家底,并基本查明省内主要栽培珍稀植物的数量与分布。调查工作取得了丰硕的成果,达到了预期的目的。概括而言,此次调查工作的主要成果体现在以下4个方面:

(1) 采用野外实测、样方调查和GPS定位等技术手段,初步查明了江苏第二次重点保护野生植物资源27种植物在省内的分布地点、地理位置、种群数量、保护现状;与第一次调查相比,比较了其种群规模及种群数量的动态变化;分析了这些植物在省内的栽培利用情况。其中,发现江苏木本植物地理分布新记录植物1种——椿叶花椒(*Zanthoxylum ailanthoides*),并发现江苏宜兴为椿叶花椒在我国地理分布的最北界。这为今后我省珍稀植物的研究、保护与管理提供了宝贵的第一手资料。

(2) 首次尝试采用国际上通用的国际自然保护联盟(IUCN)关于物种红色名录濒危的等级与标准,较为系统地对江苏分布的27种目标物种的濒危现状与濒危等级进行了评估与分析。结果发现:绝灭种2种(野外绝灭EW 1种、地区绝灭RE 1种)、受威胁种22种(极危CR 18种、濒危EN 2种、易危VU 2种)、近危种NT 1种和数据缺乏DD 2种。这为我省今后珍稀植物的保护与管理,尤其是濒危物种的优先保护提供了科学的依据。

(3) 在对野生植物资源调查的同时,也对省内人工培植利用的珍稀植物资源进行了调查,基本查清了它们的栽培种类、栽培规模及栽培目的。这对我省珍稀植物的就地保护、开发利用以及科学研究提供了重要参考。

(4) 此次调查涉及面广、调查范围大、参与人员较多,调查时间较长。通过集中培训与实地调查,有效地锻炼了我省林业基层管理人员及技术人员的能力,培养了一批我省植物资源调查的专业队伍。

本书以江苏第二次重点保护野生植物资源调查成果为基础撰写而成,是第一本全面而系统介绍江苏省重点保护野生植物资源的专著。全书共分8

章:第一章主要介绍江苏自然地理概况;第二章概述江苏植物多样性的研究现状;第三章阐述本次调查的内容与调查方法;第四章对 27 种野生植物进行资源概述与详细分析;第五章选择 2 种代表性的国家级珍稀植物(银缕梅和宝华玉兰),研究了其种群分布与群落特征;第六章选择 5 种代表性的省级珍稀植物(青檀、榉树、香樟、红楠和南京椴),研究了其种群与群落特征;第七章分析了江苏境内的栽培植物种类、栽培规模、栽培目的,以及主要栽培植物的情况;第八章采用 IUCN 红色名录 2003 年(3.1 版本)地区水平上的评估标准,对我省的所有目标调查物种以及地理新分布树种椿叶花椒进行评估与分析,并简要论述了江苏珍稀植物的保护成效、面临的挑战及保护策略。此外,书中含有 3 个附录(包括野外调查记录表和江苏国家级珍稀植物地理分布图等)。

  在全省重点保护野生植物资源野外调查过程中,得到了国家林业局野生动植物保护司的大力协助,南京师范大学作为技术支撑单位,指导并参与制订了全省调查方案以及野外调查实施细则、野外调查数据的分析、野外植物照片的整理、植物资源的汇总与审核等工作;南京林业大学参与宁镇山脉以及苏北地区的部分目标植物调查;各级林业单位有关技术人员参与了部分外业调查。因此本书是不同专家学者、林业管理人员以及基层林业技术人员共同努力的结果。在书稿的编排过程中,还得到了南京师范大学出版社郑海燕主任和徐蕾总编辑的大力关心。在此,谨对上述单位及个人致以崇高的敬意与衷心的感谢!

  由于编写水平有限,加之时间仓促,书中的缺点甚至错误在所难免,恳请读者批评指正。

编　者

2017 年 5 月

方和北方的特征。全省自北向南依次跨越三个温度带:淮北属暖温带,淮南属北亚热带,位于省境南端的宜溧丘陵山区与东西洞庭山丘则具有中亚热带的气候特征。江苏气候温和,年平均气温介于13～16℃。沿江和苏南各地都在15℃以上,徐淮地区,除洪泽湖沿岸因受湖水影响略高于14℃外,其余均在13～14℃。据全省气象台长期观察资料显示,全省年日照时数为1 981～2 640 h,日照百分率为45%～59%,北部多于南部,最高值出现在赣榆,最低值出现在宜兴。全省热量资源较丰富,无霜冻日数均在210 d以上,淮北210～220 d,江淮之间220～230 d,沿江和苏南230～250 d。全省各地日平均温度≥0℃积温,除赣榆县外,都超过5 000℃。日平均温度≥10℃积温,一般达4 500～5 000℃,苏南优于苏北。春夏秋三季热量较充足,冬季较欠缺。较充足的光能资源为农林业的发展提供了有利的条件(赵媛,2011)。

江苏气候四季分明。就全省而言,冬季最长,其次是夏季,秋季和春季长度很相似,秋季略短。春季(3月下旬～6月初)气温常不稳定,但降水逐渐增多。由于冬夏季风转换进退,频繁的锋面和气旋活动使天气过程变化无常,气温不稳定,时有10℃左右的陡升骤降。在气温整体回升的过程中,江苏增温较同纬度其他地区缓慢,尤其是沿海各地春温回升迟滞。北部徐淮地区由于春季比较干燥,潜热作用小,春温上升快于江淮和苏南,晚春气温不仅相对较高,也使淮北多有春旱。而江南和江淮地区的春季降水逐渐增多,尤其江南地区常有连阴雨,气温较秋季低,常有春寒之感。夏季(6月初～9月中旬)气温高,降水丰富。一般而言,受冷暖气流势力的强弱和消长的影响,各地先后受两种不同的天气系统控制,即初夏的梅雨天气和盛夏的伏旱天气。江苏的梅雨以淮河以南最为典型,通常始于6月中旬,止于7月上旬,持续20 d以上。梅雨期间云量多,日照少,气压低,相对湿度大,频现连续性降水或暴雨。梅雨结束后全省即处在副热带高压控制下而进入盛夏,云量少,日照多,气压迅速增高,相对湿度较小,偶有阵性降水。此时往往出现20～30 d的高温干旱期。秋季(9月中旬～11月中旬)比春季略短,气温也较稳定。一般风力小,云量少,秋高气爽,甚至出现秋旱。也有一些年份,夏季风势力较强,撤退较迟,与南下的冷气流交锋,再受台风影响,会出现秋风秋雨连阴雨天气。冬季(11月中旬～次年3月下旬)气温总体偏低,自南向北递减,沿海稍高于内陆。1月平均气温在1.5～3.5℃,0℃等温线大致在苏北灌溉总渠一线。冬季受频繁而有规律的冷空气入侵形成冷暖交替的天气变化过程,大约每隔7～10 d就有一次冷空气活动,整个冬季大约有3～4次达到寒潮标准的冷空气南下。

4. 水文

江苏地处黄海之滨,长江横贯其中,境内水网密布,水系发达。境内河流、湖泊众多,有中国五大淡水湖中的太湖、洪泽湖,以及长江、淮河两条著名大河和2 900多条交织成网的中小河流,130多个大小湖泊(面积在0.5 km^2以上)。

全省河流湖泊分属长江、淮河两大流域下游。长江流域又分为长江和太湖两个水系,通扬运河及仪六丘陵山区以南属长江水系,总面积3.73×10^4 km^2;长江南岸沿江高地以南、茅山山脉以东、宜溧山地以北为太湖水系,面积1.92×10^4 km^2。淮河流域按习惯分为淮河下游和泗沂沭两个水系,通扬运河及仪六丘陵山区以北,属淮河下游水系,面积6.53×10^4 km^2;废黄河以北属泗沂沭水系,面积2.56×10^4 km^2。全省各部分河道水系相互沟通,其中京杭大运河718.00 km,自北而南纵贯全省。

5. 土壤

由于受气候、水文、地质构造、成土母质、成土时间以及人类活动等因素的影响,江苏省土壤的地带性与植被具有很大的一致性。全省地带性土壤自北向南依次为棕壤和淋溶褐土、黄棕壤、红黄壤。而江苏省地带性植被大致以苏北灌溉总渠和高淳—溧湖—太湖北岸—崇明岛南两条线为界,分为三个植被带,即暖温带落叶阔叶林带,北亚热带常绿、落叶阔叶混交林带和中亚热带常绿阔叶林带。

(1) 落叶阔叶林—棕壤、淋溶褐土

在苏北灌溉总渠以北的广大暖温带内,大致以中运河为界,东部为与暖温带湿润季风气候相适应的阔叶林带—棕壤,西部为与暖温带半湿润季风气候相适应的阔叶林带—淋溶褐土类型。棕壤以酸性变质岩的风化残积物、坡积物为母质,在暖温带湿润季风气候条件和落叶阔叶林的作用下,土壤的矿物质风化和有机质分解强烈,淋溶作用显著,酸碱度(pH值)在 5.5～6.2 之间,全坡面呈中性至微酸性反应。淋溶褐土是褐土的一个亚类,发育于暖温带半湿润条件。成土母质为石灰岩岩系的风化残积物、坡积物以及黄泛沉积物质,淋溶作用也较显著,土壤中的石灰质全部被淋失,无钙积层,呈无石灰中性反应,酸碱度(pH值)在 6.5 左右。其底部有石灰积聚,往往形成石灰结核。在淋溶褐土区还穿插分布有花碱土(单树模等,1986)。

(2) 常绿、落叶阔叶混交林—黄棕壤

这一类型分布于北起淮河、苏北灌溉总渠一线,南至宜溧山地北麓的广大地区。在北亚热带湿润季风气候下,植被为含有较多常绿阔叶树与落叶阔叶树形成的混交林。落叶阔叶树种常居于森林群落的乔木层,而常绿阔叶树种则处于亚乔木状态或呈灌木状。

黄棕壤是在北亚热带湿润季风气候和常绿、落叶阔叶混交林作用下发育的典型土壤。从土壤性状而言,它是介于棕壤和红黄壤之间的过渡类型。江苏境内的黄棕壤的成土母质有两种:一种是砂岩、砂页岩、花岗岩等酸性岩石的风化残积物和坡积物;另一种是石灰质风化残积物、坡积物和下蜀系黄土物质。发育在前一种成土母质上的黄棕壤,表层土厚度一般在 15～20 cm,有机质含量在 2.0%～2.5% 之间,心土呈黄棕色,有时呈红棕色,质地黏重,呈酸性反应,pH 值在 5.0～6.0 之间。而分布于低山丘陵区的黄棕壤,水土流失严重,土层较薄,质地较粗,多砂砾和石屑,称粗骨黄棕壤,主要集中分布于太湖沿岸低山丘陵和湖中岛屿,宁镇山脉、茅山山脉的坡麓地带也有分布。发育在后一种成土母质上的黄棕壤,表层土厚度一般在 18～28 cm,有机质含量在 2.5%～3.7% 之间,土壤肥力较高。心土呈黄褐色,pH 值在 5.5～6.5 之间。主要分布于宁镇山脉、茅山山脉的坡麓和山前黄土岗地上。

(3) 常绿阔叶林—黄壤、红黄壤

这一土壤类型形成于中亚热带湿润季风气候条件下,主要分布于江苏省南部的宜溧山地。由于地貌因素的影响,阻滞了冬季寒潮的侵袭,这里气温较高,降水较多,最冷月(1月)气温在3℃以上,年降水量全部在1 150 mm以上,再加上复杂的山区地形,有利于多种常绿阔叶树种的安全越冬和正常生长,自然植被主要为常绿阔叶林。本区典型土壤是黄壤、红黄壤,成土母质主要为石英砂岩的风化物,土体呈棕黄色,土质黏重,呈酸性反应,pH值在5.0～6.0之间,土壤肥力中等。土壤中矿物质的风化度较高,剖面上淋溶作用和沉淀作用较为明显。

除了上述地带性土壤类型,因局部环境的影响在江苏境内也存在着非地带性土壤类型。如在江苏东部滨海地区,在海水的浸渍下,延伸着一条南北狭长的滨海盐土带遗迹以及与此相适宜的盐土植被带。其成土母质为海相沉积物或河流冲积物,土壤含盐量为1%～4%。而在沿江、沿河、沿湖等已脱离江、河、湖、塘洪水泛溢影响的冲积平原和阶地发育着冲积平原草甸土,有机质在1%左右,富含钙、镁、钾、磷等养分。其中,在苏北灌溉总渠以南的平原草甸土,大多已培育为水稻土;在苏北灌溉总渠以北的,多培育为旱作土或水稻土。此外,在本省的太湖、里下河平原等地的滨湖低地,由于长期过度潮湿而形成沼泽土,其成土母质以湖积物或河积物为主,所孕育的植被主要为湿生、沼生和水生植被。

第二节 社会经济概况

江苏地理位置优越,经济基础良好,科技实力雄厚。而一个地区野生珍稀植物的保护,不仅与其自然地理条件密切相关,也与其社会经济发展水平密不可分。因此,这里简要介绍江苏目前的行政区划、人口组成、民族特征,以及国民生产方面的主要概况。

1. 行政区划

江苏省地处中国大陆东部沿海中部和长江三角洲地带,总面积10.26万 km^2,占全国的1.06%。江苏跨江滨海,长江横穿东西425 km,京杭大运河纵贯南北718 km,海岸线954 km。江苏简称"苏",省会南京。现设13个省辖市,下辖96个县(市、区),其中21个县级市、20个县、55个区。见表1-1。

表1-1 江苏省行政区划

省辖市	县(市、区)名称
南京市	玄武区、秦淮区、建邺区、鼓楼区、浦口区、栖霞区、雨花台区、江宁区、六合区、溧水区、高淳区
无锡市	梁溪区、新吴区、锡山区、惠山区、滨湖区、江阴市、宜兴市
徐州市	鼓楼区、云龙区、贾汪区、泉山区、铜山区、新沂市、邳州市、丰县、沛县、睢宁县
常州市	天宁区、钟楼区、新北区、武进区、金坛区、溧阳市
苏州市	姑苏区、虎丘区、吴中区、相城区、吴江区、常熟市、张家港市、昆山市、太仓市
南通市	崇川区、港闸区、通州区、启东市、如皋市、海门市、海安县、如东县
连云港市	连云区、海州区、赣榆区、东海县、灌云县、灌南县
淮安市	淮安区、淮阴区、清江浦区、洪泽区、涟水县、盱眙县、金湖县
盐城市	亭湖区、盐都区、大丰区、东台市、响水县、滨海县、阜宁县、射阳县、建湖县
扬州市	广陵区、邗江区、江都区、仪征市、高邮市、宝应县
镇江市	京口区、润州区、丹徒区、丹阳市、扬中市、句容市
泰州市	海陵区、高港区、姜堰区、兴化市、靖江市、泰兴市
宿迁市	宿城区、宿豫区、沭阳县、泗阳县、泗洪县

2. 人口、民族

根据江苏省统计局2016年统计数据:截至2015年末,江苏省常住人口总量达到7 976.30万人,与2014年末相比,增加16.24万人,增长0.20%。因此,目前江苏人口总量继续保持增长态势。江苏为全国人口第5大省份,全省每平方千米人口数为744人,继续位于全国34个省、直辖市和自治区的首位。

全省常住人口中,家庭户2 617.80万户,家庭户人口为71 680 093人,平均每个家庭户的人口为3.05人,比2010年第六次全国人口普查的2.94人增加了0.11人。全省常住人口中,男性人口为4 014.65万人,占50.33%;女性人口为 3 961.65 人,占 49.67%。总人口性别比(以女性为 100,男性对女性的比例)由 2010 年第六次全国人口普查的 101.52 下降为 101.34。全省常住人口中,0~14 岁人口为 1 088.71 万人,占 13.56%;15~64 岁人口为 5 921.18 万人,占 73.75%;65 岁及以上人口为 1 018.93 人,占 12.69%。同 2010 年第六次全国人口普查相比,0~14 岁人口的比重上升 6.39 个百分点,15~64 岁人口的比重下降 1.10 个百分点,65 岁及以上人口的比重上升 19.05 个百分点。

全省常住人口中,具有大学(指大专以上)文化程度的人口为 1 238.40 万人;具有高中文化(含中专)程度的人口为 1 365.32 万人;具有初中文化程度的人口为 2 760.60 万人;具有小学文化程度的人口为 1 755.97 万人(以上各种受教育程度的人包括各类学校的毕业生、肄业生和在校生)。同 2010 年第六次全国人口普查相比,每 10 万人中具有大学文化程度的由 10 820 人上升为 16 419 人;具有高中文化程度的由 16 150 人上升为 18 102 人;具有初中文化程度的由 38 676 人下降为 36 600 人;具有小学文化程度的由 24 196 人下降为 23 281 人。全省常住人口中,文盲人口(15 岁及以上不识字的人)为 422.28 万人,同 2010 年第六次全国人口普查相比,文盲人口减少 1 698 203 人,文盲率由 6.31% 下降为 3.81%,下降了 2.50 个百分点。

江苏是一个民族众多、以汉族为主的省份。江苏共有 55 个少数民族,人口 38.49 万,占全省总人口的 0.49%。在这些少数民族中,人口较多的主要为回族、苗族、土家族、蒙古族和满族。

3. 国民生产

江苏省地处中国东部沿海区域的中部,综合经济实力在中国一直处于前列。2015 年,江苏实现地区生产总值 70 116.38 亿元,比上年增长 7.72%,位列中国省份第二。人均 GDP 达 87 995 元,按平均汇率折算,为 14 128.03 美元,位列中国省份第四。近年来,江苏经济结构调整取得重要进展。农村经济结构调整和农业产业化经营稳步推进,农业的基础地位得到巩固;新型工业化进程加快,高新技术产业对经济增长的带动作用进一步增强;现代服务业加速发展,保持较快增长势头。

(1) 工业生产

工业生产稳步增长。全年规模以上工业增加值比上年增长15.57%,其中轻、重工业分别增长18.25%和14.66%。分经济类型看,国有工业增长16.60%,集体工业增长11.44%,股份制工业增长21.75%,外商港澳台投资工业增长13.35%。在规模以上工业中,国有控股工业增长13.68%,私营工业增长20.47%。

(2) 农业生产

农业生产形势较好。粮食连续十年增产,全年总产量达3 561.34万吨,比上年增产70.72万吨,增长2.03%。其中,夏粮1 271.67万吨,增长1.35%;秋粮2 289.67万吨,增长2.40%。全年粮食播种面积542.46万公顷,比上年增加4.85万公顷;棉花面积9.43万公顷,减少3.75万公顷;油料面积47.54万公顷,减少2.37万公顷。

(3) 林牧渔业

林牧渔业发展稳定。全年成片造林面积4.26万公顷;猪牛羊禽肉产量369.43万吨,比上年下降2.64%;禽蛋总产量198.81万吨,增长0.93%;牛奶总产量59.59万吨,下降1.86%;水产品总产量522.11万吨,增长0.63%,其中淡水产品372.86万吨,海水产品149.25万吨,分别增长0.94%和0.63%。

(4) 生态建设

生态建设成效明显。加强生态文明制度建设,制定生态文明建设规划,划定全省生态红线保护区域。2015年末全省设立自然保护区31个,其中国家级自然保护区3个,自然保护区面积56.64万公顷。加强大气污染防治,实施900项大气治理工程,完成2 450千瓦发电机组脱硝改造,PM2.5(可吸入颗粒物)监测实现县(市)全覆盖。深入开展重点流域治理,太湖流域水质持续改善,南水北调江苏段水质达标。加强城乡环境整治,完成6.3万个村庄环境整治任务。加强绿色江苏建设,林木覆盖率提高到21.9%,国家生态市(县、区)达到22个。

第二章 江苏植物多样性研究概述

植物多样性（Plant bio-diversity 或 Plant diversity）不仅是生物多样性的必要组成部分，而且是生物多样性的重要基础。植物是生态系统中的第一性生产力（张光富，2007），因此野生植物资源是人类社会可持续发展的重要战略资源。江苏自北向南地处暖温带、北亚热带和中亚热带，其植被类型依次为落叶阔叶林、常绿落叶阔叶混交林以及常绿阔叶林。悠久的耕作历史、频繁的经济活动，特别是近年来土地利用方式的改变都深刻地影响到江苏植物资源的分布以及植被类型的变迁。而不同时期、不同机构或研究人员对江苏植物的科学普查、评价分析，为研究江苏珍稀植物的地理分布、数量变动以及开发保护奠定了坚实的基础。这里概要介绍生物多样性的研究现状，并回顾江苏植物多样性研究的简要历史。

第一节 生物多样性研究状况

生物多样性（Biological diversity）这一术语最早由美国生物保护学家 Raymond F. Dasmann 于 1968 年在其著作《一种不同的国家》(*A Different Kind of Country*) 中首次提出（Sharma and Sharma，2013）。由于生物多样性不仅是人类赖以生存的物质基础，而且对人类的生存与发展具有巨大的价值。因此，生物多样性保护已经成为全球共同关注的问题。

1. 生物多样性的概念

生物多样性自 20 世纪 60 年代被提出以来，已经逐渐得到生物学家、环保人士、政治家和普通民众的广泛关注,但关于生物多样性的内涵却有着不同的认识。有人认为,生物多样性是"生物有机体在不同水平上的说明变异形式"。也有人认为,生物多样性是"生命变异的程度"。这些概念侧重强调了生物多样性保护的价值与意义,但其含义过于宽泛。目前生物多样性的概念通常指"地球上所有生物(植物、动物和微生物)及其环境形成的所有形式、层次和联合体的多样化。"它一般可以分为三个不同的研究尺度或研究水平,即遗传多样性(或基因多样性 Gene diversity)、物种多样性(Species diversity)和生态系统多样性(Ecosystem diversity)。也有学者将生物多样性分为4个不同的层次,即遗传多样性、物种多样性、生态系统多样性和景观多样性(Landscape diversity)。遗传多样性,广义的概念是指地球上所有生物所携带的遗传信息的总和,狭义的概念是指种内个体之间或一个群体内不同个体的遗传变异的总和。物种多样性是指特定时间内一个地区物种的多样化。生态系统多样性是指生物圈内生境、生物群落和生态过程的多样化,以及生态系统内的生境差异、生态过程变化的多样性。景观多样性是指由不同类型的景观要素或生态系统所构成的景观在空间结构、功能机制和时间动态方面的多样化或变异性(周云龙,2011)。

在上述概念中,不同层次的生物多样性具有密切的内在联系。遗传多样性是物种多样性和生态系多样性的基础,而物种多样性则是生物多样性的关键,它既体现了生物之间及环境之间的复杂关系,又体现了生物资源的丰富性(魏辅文等,2014)。

2. 生物多样性保护研究内容

2004年美国生物学家 Edward O. Wilson 出版了其主编的《生命的多样性》,在学术界和社会上产生了较为广泛的影响。此后,生物多样性保护与研究成为保护生物学和生态学研究的焦点之一。国际上自20世纪90年代开始了 DIVERSITAS(生物多样性科学国际计划)研究计划,主要内容包括:(1)生物多样性发展与变化的预测;(2)评估生物多样性变化所产生的影响;

(3) 发展生物多样性可持续利用和保护的科学(李景文等,2012)。DIVERSITAS 是国际全球环境变化(GEC)四大研究计划之一,也是生物多样性领域最大的国际科学计划,DIVERSITAS 于 2001 年开始启动了第 Ⅱ 阶段研究并确定了新的核心研究计划和跨学科交叉网络计划。世界自然保护联盟(The World Conservation Union,IUCN)在 2008 年发布了《塑造可持续的未来:IUCN2009~2012 年计划》,提出了 5 个优先主题领域。欧盟于 2006 年通过了一项保护生物多样性的新战略——《2010 年及未来阻止生物多样性丧失:人类福祉的可持续生态服务》。此外,联合国大会自 1995 年起就将每年的 12 月 29 日定为"国际生物多样性日",自 2001 年将其改为每年的 5 月 22 日。

随着世界人口的持续增长和经济全球化的快速发展,人类社会对地球上的生物多样性造成了愈来愈显著的影响。近年来国际上对珍稀濒危物种的监测与评估、全球气候变化与珍稀物种的优先保护、特有植物的谱系多样性测度等方面的研究也逐渐增多。如 2012 年世界自然保护联盟的濒危物种红色名录研究表明,在所有被评估的 6 万多类生物物种中,已经灭绝和受到不同程度威胁的占 32%,并指出全球物种受威胁最严重的区域主要集中在热带地区。

中国政府、机构及民众历来对生物多样性保护极为重视。早在 1992 年,中国总理李鹏参加了在巴西召开的联合国环境与发展大会(UNCED),并与 150 多个国家的首脑在《生物多样性公约》上签字。2004 年,我国几代植物学家历时 45 年完成了世界上最大型、种类最丰富的巨著《中国植物志》的编纂,全书 80 卷 126 分册,5 000 多万字,记载了我国 301 科 3 408 属 31 142 种维管植物。该书 2009 年荣获国家自然科学一等奖。2004 年由中国科学院昆明植物研究所吴征镒院士与美国科学院 Peter Raven 院士联合主编,完成了 24 卷《中国植物志(*Flora of China*)英文版》的出版,文字 25 卷,图版 24 卷。2013 年,中国科学院植物研究所组织相关专家学者,完成并发布了《中国植物志》的手机应用程序,电子版、手机版网站以及桌面应用程序等产品,这不仅极大地方便我国植物的手机检索,而且对我国植物多样性的保护具有深远的影响。

除此之外,我国学者还在生物多样性的大样地野外长期监测、千年生态系统评估(Millennium ecosystem assessment)、优先保护地评估(Priority areas for conservation)、生物多样性条码研究(DNA bar-coding)、谱系生物地理学、生物多样性丧失机制研究、全球变化对生物多样性的影响等诸多方面开展了卓有成效的研究。

第二节 江苏植物多样性研究概况

江苏境内尽管没有高山,但是地貌类型复杂多样,具有低山丘陵、岗地、平原、海岸、滩涂、河流、湖泊等,生态地理类型多种多样,因此蕴藏着较为丰富的野生植物资源。深厚的文化底蕴以及丰富的学术资源,使得江苏植物多样性很早就得以研究,如吴家熙早在1914年就在《博物学杂志》上发表了《江苏植物志略》。

1. 江苏植物多样性研究简史

尽管解放前江苏植物多样性已经得到一些调查和研究,如1922年钱崇澍先生发表了《江苏植物名录》,但是由于受到历史因素的影响多数调查与研究较为零星。解放后,江苏植物资源的调查受到高度重视,并取得了一系列令人瞩目的成果。如1959年中国社会科学院植物研究所组织调查,并编写出版了《江苏南部种子植物手册》。1977年江苏植物研究所在广泛调查的基础上,编写出版了《江苏植物志》(上册);1982年出版了《江苏植物志》(下册)。这对我国不少地方性植物志的编写乃至华东地区植物资源的调查均起到了积极的促进作用。1986年,江苏植物研究所的陈守良和刘守炉先生主编出版了《江苏维管植物检索表》。

此外,江苏省林业科学研究院、南京大学等对江苏境内自然保护区的野生植物资源与植被类型进行了广泛调查(林虹,2014;仲磊和黄利斌,2015),南京林业大学对江苏境内的主要森林树种以及部分珍稀树木开展了大量的研究(卢红杰和汤庚国,2011;汤诗杰等,2013;张兴旺等,2014;杨国栋等,2014),南京农业大学对江苏的主要杂草种类以及外来杂草进行了持续和广泛的调查分析(章超斌等,2012;季敏等,2014),南京师范大学对水生维管植物的种类、地理分布、形态结构、遗传多样性等开展了多方面的研究(Zhang et al.,2006;张光富等,2007;张光富和高邦权,2008;赵小雷等,2010),江苏野生动植物保护站开展了全国第一次重点保护野生植物资源调查、江苏林业资源清查以及江苏湿地植物资源普查等(李扬汉,1998;郝日明等,2000;张光富等,2007;徐惠强,2012)。

由此可见,江苏的植物多样性研究已经开展了卓有成效的诸多工作,为今后的相关研究奠定了良好的基础,但仍有一些工作亟待加强,主要表现在以下几个方面:

(1) 全省范围内对植物资源全面普查式的研究较多,而对珍稀濒危植物缺少专题性质的研究;

(2) 野生植物资源的调查往往为某个部门一个阶段性的工作,而缺少长期全面的动态监测;

(3) 已有的植物多样性的调查,侧重植物类群的分类学调查较多,而侧重植物种群数量、种群结构、种群分布以及群落特征的较少;

(4) 已有的调查大多为20世纪80年代或更早以前所开展,而最近几十年来江苏的经济快速发展,环境压力巨大,植物资源的家底现状以及动态变化不清楚。

2. 江苏珍稀植物研究意义

珍稀植物,是指由于受到自然或人为因素的影响而导致植物种群数量稀少或濒临灭绝的植物种类。因此,珍稀植物往往数量稀少,分布区域狭窄,生境独特或较为脆弱,易于受到人为活动干扰的影响。同时,珍稀植物中不少种类起源古老,有的甚至为古老的孑遗物种,如金缕梅科的银缕梅(*Parrotia subaequalis*);有的为地方性特有种类,分布范围极为局限,如木兰科的宝华玉兰(*Magnolia zenii*)(王剑伟等,2008);有的植物在繁殖生态方面存在一定的障碍,尚有待于人们去了解,如兰科的独花兰(*Changnienia amoena*)等一些物种。有鉴于此,珍稀植物在自然界中更易于受到人为的扰动。此外,目前《江苏植物志》(修订版)正在编写中(刘启新,2015),江苏的野生植物资源,尤其是珍稀植物的家底尚不清楚。

1997~2001年,江苏曾经开展了全省重点保护野生植物资源调查,并初步分析报道了全省17种珍稀植物的野外分布和濒危现状。最近十余年来,随着江苏经济的快速发展和植物资源开发力度的加大,不难设想珍稀植物的保护也将面临巨大的压力。因此,为准确掌握我省野生植物野外资源状况,做好江苏省第二次重点保护野生植物资源调查工作,根据《国家林业局关于启动第二次全国重点保护野生植物资源调查有关工作的通知》(林护发〔2012〕87号)要求,结合国家林业局《全国第二次重点保护野生植物资源调查方案》、《全国第二次重点保护野生植物资源调查技术规程》(以下简称《技术规程》)和江苏省实际情况,自2012年起江苏省野生动植物保护站组织开展了江苏省第二次重点保护野生植物资源调查。概括来说,此次江苏珍稀植物调查的主要目的在于:

(1)通过调查并与第一次重点保护野生植物资源调查结果比较分析,掌握野生植物资源本底、生境状况及动态变化,为野生植物保护管理科学决策和政策制定提供依据;

(2)通过比较分析野生植物资源及生境状况的动态变化,为评估江苏省野生植物保护管理成效提供依据;

(3)通过野生植物资源及其生境的野外调查,为江苏省森林资源的合理保育与开发利用提供科学的依据;

(4)通过调查掌握国际关注程度高的野生植物的现状与动态变化,为切实履行国际公约与协定等提供依据。

第三章 调查内容与调查方法

野生植物资源调查是《中华人民共和国野生植物保护条例》《江苏省野生植物保护办法》明确的一项法定工作。开展重点保护野生植物资源调查的目的在于：贯彻"加强保护、积极发展、合理利用"的方针，切实加强生物多样性保护，实施可持续发展战略，为制定管理政策、实施重点工程、履行国际义务、开展国际交流提供科学依据。本章主要阐述江苏第二次重点保护野生植物资源调查的对象、范围、内容以及具体的调查方法。

第一节 调查内容

野生植物资源的调查内容一般包括物种的分布状况、植物的资源量、濒危现状、保护及利用情况等（于胜祥等，2014）。由于江苏第二次重点保护野生植物资源的调查主要参照国家林业局的总体要求以及技术规程，因此这里主要根据我省调查物种的类别对调查内容予以分别介绍。

1. 调查对象

江苏省第二次重点保护野生植物资源调查的对象包括2类：野生植物资源调查对象和人工培植植物资源调查对象。

（1）野生植物资源调查对象

此次调查过程中，野生植物资源调查对象为林区内的野生植物和林区外的珍贵野生树木。其中，野生植物资源调查对象的主要确定原则如下：

① 全国《第二次重点保护野生植物资源调查技术规程》指导的、江苏境内

有分布的野生植物(简称国家调查种);

② 列入《国家重点保护野生植物名录(第一批)》(1999年)的物种;

③《濒危野生动植物种国际贸易公约》(Convention on International Trade in Endangered Species of Wild Fauna and Flora,简称 CITES)附录所列原产我国的野生植物;

④ 世界自然保护联盟(IUCN)保护标准中达到极危(CR,Critically Endangered)等级的物种;

⑤ 根据江苏的资源现状和保护管理实际,需要调查的省级调查种。

这些物种通常具有较为重要的经济价值、科研价值、文化价值或生态系统意义,并且这些物种近年来的生存受到直接或间接的威胁。

其中,此次调查过程中江苏省级调查种的确定同时参考以下原则:

① 未列入全国调查名录的国家重点保护野生植物;

② 分布狭窄、野生数量较少的极小种群野生植物;

③ 具有地方特色的植物;

④ 新近发现的具有较为重要的研究意义或利用价值的江苏地理分布新记录物种;

⑤ 其他需要调查的重要野生植物。

根据以上原则,参考第一次江苏重点保护野生植物资源调查报告,本次确定江苏植物资源调查物种27种,其中:国家指定调查物种6种(包括国家Ⅰ级保护的银缕梅和国家Ⅱ级保护的金钱松、宝华玉兰、香果树、秤锤树和未列保护等级的独花兰),省级增加调查物种20种(包括粗榧、南京柳、青檀、红果榆、琅琊榆、榉树、大果榉、天目木兰、香樟、华东楠、红楠、狭翅香槐、糯米椴、南京椴、山拐枣、紫树、明党参、短穗竹、蜈蚣兰和棒距玉凤花)(表3-1)。在省级调查物种中,按照1999年《国家重点保护野生植物名录(第一批)》(于永福,1999),香樟和榉树属于国家Ⅱ级保护物种。

此外,在2014年的野外调查过程中,我们将江苏地理分布新记录植物——芸香科花椒属的椿叶花椒增列为省级调查物种。

表 3-1 江苏省第二次重点保护野生植物资源物种的分类统计

调查级别 \ 保护级别	国Ⅰ级	国Ⅱ级	待定	合计
国家级	1	4	1	6
省级	0	2	19	21
合计	1	6	20	27

根据生活型划分,这 27 种调查物种可以分为 3 类:乔木 22 种,灌木 1 种,草本 4 种(表 3-2)。其中,国家级调查物种中,乔木有 5 种,即银缕梅、金钱松、宝华玉兰、秤锤树和香果树;草本仅 1 种,为独花兰。在 21 种省级调查物种中,灌木 1 种,为短穗竹;草本有 3 种,即明党参、蜈蚣兰和棒距玉凤花;其余 17 种均为乔木,如粗榧、南京柳、青檀、琅琊榆、红果榆等。

表 3-2 江苏省第二次重点保护野生植物资源调查物种的生活型

调查级别 \ 保护级别	乔木	灌木	草本	合计
国家级	5	0	1	6
省级	17	1	3	21
合计	22	1	4	27

(2) 人工培植资源调查对象

人工培植资源调查对象为国家调查种、重点调查关注度高、经济利益价值高的观赏和药用植物、材用树种。具体而言,此次调查过程中,人工培植植物资源调查对象包括 2 类:第一类为 27 种野生植物调查物种中在江苏有栽培的植物,第二类为在江苏境内有人工培植或利用的国家级珍稀濒危保护植物。此处国家级珍稀濒危保护植物主要依据 1991 年《中国植物红皮书》和 1999 年《国家重点保护野生植物名录(第一批)》。其中,第二类人工培植的植物均作为一般调查(以下述及)。

2. 调查分类

根据调查对象的濒危程度及分布状况,将野生植物资源调查分为重点调查和一般调查。重点调查针对数量较少、分布区相对狭窄的调查物种;一般调查针对分布相对较为广泛的调查物种。我省增加的物种大多按一般调查类别进行调查。

根据上述条件,江苏需要开展调查的27种植物中,重点调查物种有9种(包括国家调查种6种:银缕梅、金钱松、宝华玉兰、香果树、秤锤树和独花兰;省级3种:南京椴、榉树和香樟),其余18种属于一般调查物种(见表3-3)。

表3-3 江苏省第二次重点保护野生植物资源调查物种名录

序号	中文名	拉丁学名	保护级别	调查类型	调查级别	已知分布地	调查方法
	一、裸子植物	Gymnospermae					
1	金钱松	*Pseudolarix amabilis*	Ⅱ	重点	国家	溧阳	A
2	粗榧	*Cephalotaxus sinensis*		一般	省级	宜兴、溧阳	A
	二、被子植物	Angiospermae					
3	南京柳	*Salix nankingensis*		一般	省级	南京	A
4	青檀	*Pteroceltis tatarinowii*		一般	省级	南京、溧阳、宜兴	A、B
5	琅琊榆	*Ulmus chenmoui*		一般	省级	南京、镇江	A、B
6	红果榆	*Ulmus szechuanica*		一般	省级	南京、句容、溧阳	A
7	大果榉	*Zelkovia sinica*		一般	省级	南京、句容	A
8	榉树	*Zelkova schneideriana*	Ⅱ	重点	省级	苏州、句容、溧阳、金坛、宜兴	A、B
9	天目木兰	*Yulania ameona*		一般	省级	宜兴	A
10	宝华玉兰	*Magnolia zenii*	Ⅱ	重点	国家	句容	A、B
11	香樟	*Cinnamomum camphora*	Ⅱ	重点	省级	苏州	A、B

(续表)

序号	中文名	拉丁学名	保护级别	调查类型	调查级别	已知分布地	调查方法
12	华东楠	*Machilus leptophylla*		一般	省级	宜兴	A
13	红楠	*Machilus thunbergii*		一般	省级	宜兴	A、B
14	银缕梅	*Parrotia subaequalis*	Ⅰ	重点	国家	宜兴	A、B
15	翅荚香槐	*Cladrastis platycarpa*		一般	省级	宜兴	A
16	椿叶花椒	*Zanthoxylum ailanthoides*		一般	省级	宜兴	A
17	糯米椴	*Tilia henryana* var. *subglabra*		一般	省级	南京、句容、宜兴	A、B
18	南京椴	*Tilia miqueliana*		重点	省级	南京、徐州、镇江、苏州	A、B
19	山拐枣	*Poliothyrsis sinensis*		一般	省级	宜兴、句容	A、B
20	紫树	*Nyssa sinensis*		一般	省级	宜兴	A
21	明党参	*Changium smyrnioides*		一般	省级	南京、句容、溧阳、宜兴	A、B
22	秤锤树	*Sinojackia xylocarpa*	Ⅱ	重点	国家	南京、句容	A
23	香果树	*Emmenopterys henryi*	Ⅱ	重点	国家	宜兴、溧阳	A
24	短穗竹	*Semiarundinaria densiflora*		一般	省级	南京、无锡、宜兴、句容、溧阳	B
25	独花兰	*Changnienia amoena*		重点	国家	句容	A
26	蜈蚣兰	*Cleisostoma scolopendrifolium*		一般	省级	南京、连云港	A
27	棒距玉凤花	*Habenaria mairei*		一般	省级	宜兴	A

注：裸子植物按照郑万钧分类系统(1978)，被子植物按照恩格勒分类系统12版(1964)。保护级别依据1999年《国家重点保护野生植物名录(第一批)》；调查类型和调查级别根据国家林业局2012年《全国第二次重点保护野生植物资源调查技术规程》。调查方法一栏中，"A"为实测法，"B"为样方法。

3. 调查内容

根据《全国第二次重点保护野生植物资源调查技术规程》以及江苏省的实际情况，根据调查分类分别确定此次调查物种的调查内容。

（1）重点调查

此次调查过程中，重点调查物种的调查内容主要包括以下内容：

① 野生植物分布现状；

② 野生植物生境现状；

③ 野生植物种群数量及变动趋势；

④ 野生植物的健康状况；

⑤ 野生植物及其生境受威胁因素及程度；

⑥ 野生植物及其生境保护现状；

⑦ 野生植物人工培植状况，如栽培地点、栽培目的、面积、株数、产值等；

⑧ 研究现状，如开展的研究课题、已出版的专著或发表的论文等。

（2）一般调查

此次调查过程中，一般调查物种的调查内容主要包括以下内容：

① 野生植物分布现状；

② 野生植物种群数量及变动趋势；

③ 野生植物及其生境保护现状；

④ 野生植物人工培植状况，如栽培地点、栽培目的、面积、株数、产值等。

第二节　调查方法

此次调查以江苏全省为调查总体，县（市、区）为调查单元，县、设区市、省逐级统计汇总。自然保护区（省级以上）作为独立的调查单元，与其所在县的其他调查单元分别进行调查，数据通过所在县逐级统计。

现根据野生植物和栽培植物将具体调查方法分述如下。

1. 野生植物资源调查方法

野生植物资源调查包括前期准备、确定分布区、踏查与野外调查、数据统计汇总等步骤。其中，调查方法的选用主要依据调查物种的数量、分布特点和生境条件。根据调查物种的分布特点以及调查要求，本次野外调查方法主要包括以下 2 种方式：

① 实测法

适用于分布区域狭窄，分布面积小，种群数量稀少而便于直接计数的目的物种，采用这一方法调查的物种包括 26 种：金钱松、粗榧、南京柳、青檀、琅琊榆、红果榆、大果榉、榉树、天目木兰、宝华玉兰、香樟、华东楠、红楠、银缕梅、翅荚香槐、椿叶花椒、糯米椴、南京椴、山拐枣、紫树、明党参、秤锤树、香果树、独花兰、蜈蚣兰、棒距玉凤花。具体调查过程如下：

（ⅰ）准备工作

在全面收集以往调查资料的基础上，对原有记载的资料进行分类整理，将目的物种分布点标记在地形图上。

（ⅱ）实地调查

深入实地，通过全查〔直接计数〕进一步调查核实目的物种的分布面积、种群数量及生境的变化情况，补充以往的调查资料。

（ⅲ）调查内容

(a) 定位：采用 GPS 定位，以获取每一目的物种所处的 WGS－84 坐标。精确读取到秒，写作"××°××′××.××″"。

(b) 生境调查：按要求逐项调查目的物种所处生境类型；植物群落（生境）的名称、种类组成、郁闭度（或盖度）；地貌、海拔、坡度、坡向、坡位、土壤类型；人为干扰方式与程度等；保护状况；记载目的物种所处植物群落概况表（见附录Ⅰ表1）。

(c) 目的物种调查：调查记载目的物种的分布格局、株数、树高、胸径（DBH）、冠幅、健康等级及幼树数量，其中胸径≥5.0 cm 的乔木、小乔木树种要求每木检尺,灌木树种及草本以丛或株为单位进行调查记载;填记目的物种记录表(见附录Ⅰ表2)。

(d) 分布面积:在调查图上勾绘分布区范围。

通过将各分布点的目的物种分布面积、种群数量累加得到该目的物种分布面积、种群总量。

② 典型抽样法

首先根据《江苏植物志》、相关研究论文以及已有的植物标本采集记录,确定目的物种的分布地点,在1:5万的地形图上进行标注,再赴野外进行实地踏查,确定目的物种的群落类型、分布范围以及样方设置地点,然后进行典型抽样调查。即在同一分布区或调查区内,根据目的物种所处不同的植物群落或生境、种群密度,选取有代表性的地段设置样方进行调查。该方法适用于呈散生或团块状分布且连片分布面积较大的广布物种,此次调查区内包括12种:青檀、琅琊榆、榉树、宝华玉兰、红楠、南京椴、香樟、明党参、银缕梅、糯米椴、山拐枣和短穗竹(见表3-3)。

(ⅰ) 群落类型与面积的确定

根据目的物种所在地的建群种或优势种的不同,确定植物群落类型,基本划分到群系组一级。根据野外踏查,按照群系组的不同,在1:5万的地形图上勾绘出不同群系类型的分布范围,并量算其面积。

(ⅱ) 取样原则

在目的物种所在群落中,选取代表性的群落片段设置样方。通常样方大小依据生境类型、地形地貌特征、目的物种种类及特性等确定。但目的物种同一群落或生境类型的调查,应使用相同类型的调查样地,其样方大小或样方面积应一致。

(ⅲ) 样方面积

主样方面积因目的物种生活型而异,原则上主样方面积如下:

——乔木树种及大灌木主样方边长L为20 m,面积为20×20 m^2。主样方通常设置为正方形,特殊情况下也可设为长方形,但长方形的最短边长不小于5 m。

——灌木树种及高大草本主样方边长 L 为 5 m,面积为 $5\times5\ m^2$。

——草本植物主样方边长 L 为 1 m,面积为 $1\times1\ m^2$。

——藤本物种:生长在乔木林中的主样方边长 L 为 20 m,面积为 $20\times20\ m^2$;生长在灌木丛中的主样方边长 L 为 5 m,面积为 $5\times5\ m^2$。

主样方面积可根据不同地区群落类型或生境情况、调查物种特性作适当调整,在山陡林密的地区可适当减小样方面积。一个调查区内同一个物种同一种群落类型调查,宜采用相同面积和类型的调查样地,即均统一采用样方法。

(ⅳ) 样方数量

在采样样方法调查的 11 个物种中,乔木物种有 9 个,其中仅有榉树的群落面积超过 500 hm^2,为 667 hm^2,设置 15 个样方。其余 10 个物种的群落面积均小于 500 hm^2,因此设置的样方数为 2~10 个。目的物种所处植物群落或生境分布在 2 个以上地段时,小的地段可少设或不设主样方,大的地段可多设,但一般最多不超过 5 个。因此,此次调查的 9 个乔木物种共设置样方 35 个。其中,榉树共有 7 个,青檀 4 个,琅琊榆 4 个,宝华玉兰 4 个,红楠 3 个,银缕梅 3 个,糯米椴 2 个,南京椴 2 个,山拐枣 2 个,香樟 4 个。此外,灌木物种短穗竹设置 8 个,草本物种明党参设置样方 15 个。

(ⅴ) 出现度调查

为避免在主样方设置时由于人为主观因素所造成的误差,所以需要采用出现度作为目的物种总量的修正系数(安徽省林业厅,2006)。

出现度采用等距设置副样方法进行调查求算。即在每一主样方四个对角线方向上(如目的物种呈狭条带状分布,也可与主样方并排等距布设)设置 4 个副样方,其形状和大小与主样方相同。主样方与副样方的间距,同样方的边长长度。如某一方向的副样方超出群落范围或因地形等而不能设置,可共同偏离一定角度布设。副样方仅调查目的物种的有或无,不计目的物种的数量,记录有目的物种的副样方数。主、副样方的设置见图 3-1。

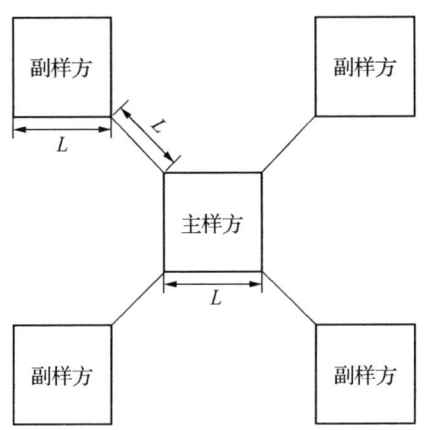

图 3-1　主样方、副样方设置示意图

（ⅵ）数据处理

① 计算出现度

江苏本次野外调查的每个主样方均设置了 4 个副样方，因此统计出现目的物种的大树或幼树的副样方数目，即可计算出该物种的出现度。计算公式如下：

$$F = n/N_1 + N_2$$

式中，F——目的物种在某种植物群落（生境）的出现度；

　　　n——在该植物群落（生境）中出现目的物种的主、副样方总数；

　　　N_1——在该植物群落（生境）中所设主样方数；

　　　N_2——在该植物群落（生境）中所设副样方数。

② 单位面积物种数量计算

具体计算步骤如下：

(a) 将目的物种在同一群落的样方面积相加得出样方的合计面积；

(b) 将样方内目的物种的数量相加得出合计数量；

(c) 用目的物种的合计数量与样方面积的合计面积之比，计算该群落每公顷目的物种的数量；

③ 目的物种的总量计算

如果某一目的物种在江苏分布有几种群落(或生境)类型,则一次计算出这几种群落(或生境)类型中目的物种的分布总量,求算公式如下:

$$W_i = F_i \cdot X_i \cdot S_i (1 \leqslant i \leqslant n)$$

式中,W_i——目的物种在某种植物群落(生境)中的株数;

F_i——目的物种在该植物群落(生境)中的出现度;

X_i——目的物种在该植物群落(生境)中的密度(每 hm^2 的株数);

S_i——目的物种在该植物群落(生境)中的分布总面积;

n——目的物种的植物群落(生境)类型。

则该目的物种在江苏的分布总量计算公式如下:

$$W = W_1 + W_2 + W_3 + \cdots + W_n$$

式中,$W_1, W_2, W_3, \cdots, W_n$——目的物种在不同植物群落(生境)中的分布总量。

根据上述计算方法,求算出目的物种在江苏省各县的分布量,然后再利用 Excel 2007 电子表格软件进行县级汇总和省级汇总。

2. 人工培植资源调查方法

对所调查的 27 个目的物种在江苏境内自然环境下有栽培的物种均列入调查,同时对江苏有栽培的国家级珍稀植物也列入调查。对江苏省具有独立法人资质的植物园、树木园、花卉中心、苗圃、林场等人工培植场所进行普查,对其中有迁地保护、种源保存和种源培育为目的的上述培植资源进行调查。调查方法是下发表格和现地抽查相结合,对所有调查地点或单位下发调查表格,选取 10% 的被调查地点或单位进行抽查(马福和张建龙,2009)。

人工培植资源及加工利用调查以 2014 年为调查基准年。

第四章 野生植物资源状况

第一节 野生植物资源概况

根据国家林业总局第二次全国重点保护野生植物资源调查总体要求以及江苏省的实际情况,江苏省第二次野生植物资源调查拟定了 27 个目标物种,其中包括银缕梅、金钱松、香果树、宝华玉兰、秤锤树、独花兰 6 种国家级调查物种,其余 21 种均为省级调查物种。2012 年江苏省野生动植物保护站组织开展了《江苏第二次重点保护野生植物资源调查调查方案》和《江苏第二次重点保护野生植物资源调查调查实施细则》的编写以及相关培训工作,2013～2016 年由南京师范大学和南京林业大学的植物学与生态学专家分别带队开展目标物种的种群数量、地理分布和濒危现状等野外调查工作。结合江苏第一次野生植物资源调查结果,根据第二次植物调查开展的试点调查以及相关文献资料的整理分析,我们将江苏 27 个目的物种的地理分布划分为 3 个大区:南方片区、北方片区和宁镇片区(图 4 - 1)。

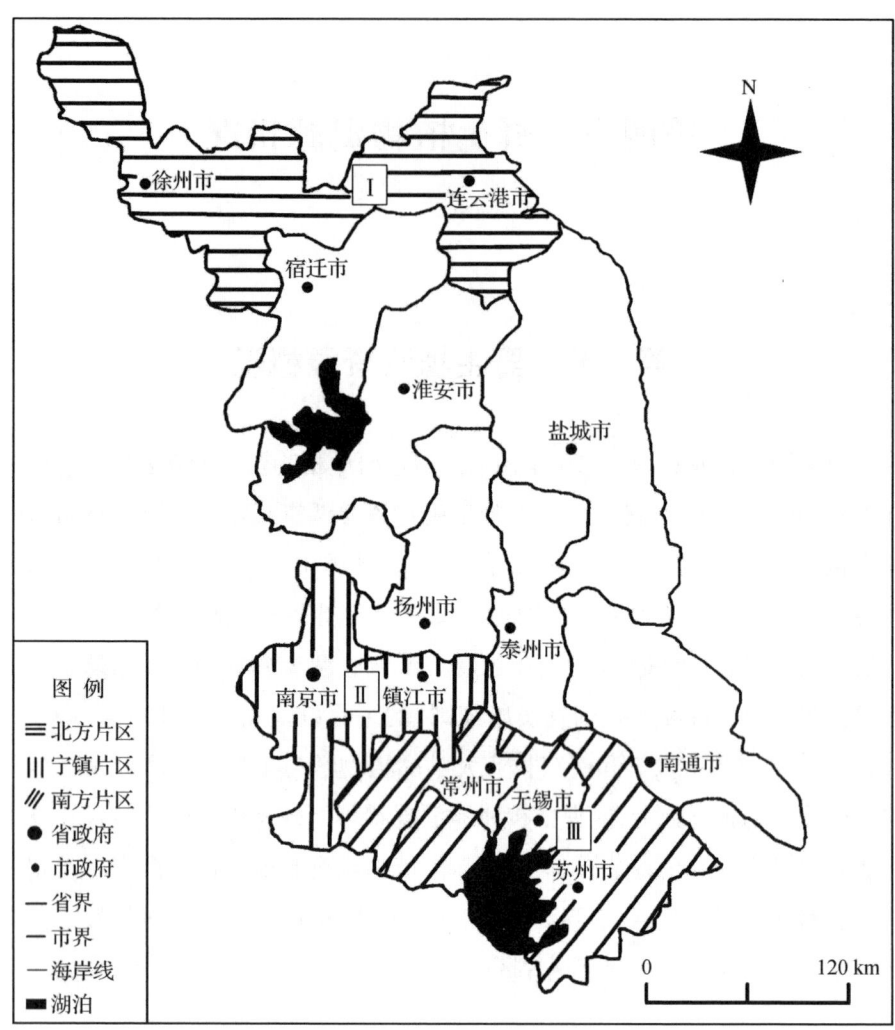

图 4-1 江苏第二次重点保护野生植物资源调查分区
(江苏省电子地图来源:http://www.mapjs.com.cn/indexopen.action)
注:全省划分为3个调查片区(Ⅰ北方片区;Ⅱ宁镇片区;Ⅲ南方片区)

1. 植物种类

根据第二次野外调查资料的统计与汇总分析,此次江苏野生植物资源调查的物种分布见表 4-1。

根据表 4-1 可知,此次江苏所调查的 27 个目标物种,在 3 个片区共计调查到野生植物种类 23 种,其中椿叶花椒为此前出版的《江苏植物志》(下册)、《中国植物志》和《中国高等植物》等文献资料未曾记载的物种(刘启新,2013;黄成就,1997;傅立国,2001;Zhang et al.,2008),该种为江苏种子植物地理分布新记录种(时盼等,2015)。此次调查在江苏境内未能发现野生植物种群分布的植物有 4 种,为南京柳、大果榉、独花兰和棒距玉凤花。南京柳为杨柳科植物,大果榉为榆科植物,目前两者标本记录均甚少;其余 2 种均为兰科植物。究其原因,这 4 种植物未见江苏野生分布很可能与其分布局限、生境要求特殊、易于受到人为干扰的影响有关。

表 4-1　江苏第二次重点保护野生植物资源调查物种的地理分布

区　划	市　别	物种名称*	种数
北方片区	连云港	蜈蚣兰、**红楠**、南京椴	3
南方片区	苏州	榉树、香樟、南京椴、短穗竹	4
	无锡	**琅琊榆**、**红果榆**、榉树、天目木兰、华东楠、红楠、银缕梅、椿叶花椒、糯米椴、山拐枣、紫树、短穗竹	12
	常州	金钱松、粗榧、青檀、榉树、**翅荚香槐**、南京椴、**香果树**、明党参、短穗竹	9
宁镇片区	南京	青檀、琅琊榆、红果榆、榉树、糯米椴、南京椴、秤锤树、明党参、短穗竹、蜈蚣兰	10
	镇江	琅琊榆、榉树、宝华玉兰、糯米椴、南京椴、山拐枣、明党参、短穗竹	8

*注:物种名称一栏中字体加粗的表示本次野外调查中在江苏所调查区域新发现的物种。

从物种的调查类别看,此次江苏所调查的 6 种国家级调查物种中有 5 种在江苏均有野生分布,有 1 种(即独花兰)未见野生分布。21 种省级调查物种中,18 种植物均有野生分布,有 3 种(即南京柳、大果榉和棒距玉凤花)未见野生分布。因此,此次调查过程中没有发现的目标物种大多为省级调查种,其中乔木树种有 2 种,这可能与我省长期以来对国家级珍稀植物的保护较为重视,而对地方性的珍稀植物的保护重视程度不够有关。

2. 地理分布

根据表 4-1 可知,目前江苏分布的这 23 种珍稀野生植物分布于 3 个片区:北方片区(2 个省辖市)3 种,南方片区(3 个省辖市)20 种,宁镇片区(2 个省辖市)12 种。从地级市看,这 23 种植物分布于江苏 3 个省辖市的 7 个市。可见,江苏的珍稀植物主要分布于苏南地区的宜溧山地以及宁镇山脉的部分山区,这可能主要与其所处的气候以及地理位置有关。例如宜溧山地地处我省中亚热带北缘,自然地理条件较为优越,而且该区地形地貌相对复杂,小生境类型多样,有利于不同物种的生存与繁衍。

值得一提的是,在本次野生植物资源调查中,我们发现了不少我省珍稀植物的新的地理分布地点。现概述如下:

(1) 在江苏宜兴的龙池山和磬山两地先后发现芸香科花椒属乔木树种——椿叶花椒,这不仅丰富了我省的木本植物区系组成,而且增加了椿叶花椒在我国的分布省份。此外,结合《植物植物志》英文版(*Flora of China*, Vol. 11)(Zhang et al., 2008),我们发现江苏宜兴已成为椿叶花椒在我国地理分布的最北界。

(2) 此次调查我们在江苏溧阳山区发现了茜草科植物——香果树,该种在《中国植物红皮书》(第一批)中被列为国家Ⅱ级稀有物种。根据江苏第一次重点保护野生植物资源调查结果,该种已被认为在江苏"野生灭绝"(郝日明等,2000)。《江苏植物志》等文献曾记载香果树在江苏分布于宜兴(江苏植物研究所,1982),但是根据我们最近的调查未能在宜兴发现该种的分布。但是,幸运的是,我们在江苏溧阳山区发现香果树的野生种群分布,有成年大树也有幼树和小苗。因此,溧阳是目前香果树在江苏境内的唯一野生种群分布点。

(3) 我们的调查结果还表明:翅荚香槐在江苏分布于溧阳山区。此前《江苏植物志》(下册)曾记载,该种分布于江苏的宜兴茗岭。我们通过对茗岭的多次野外调查,均未能发现该种。究其原因,这很可能与该区近年来大力发展竹业,开展农家乐旅游有关。野外调查发现,原有翅荚香槐标本采集的地点已经被发展为毛竹林,原有的落叶阔叶林几乎不复存在,而该种通常生长于亚热带落叶阔叶林中。因此,目前溧阳为翅荚香槐野生种群在江苏的唯一分布点。

(4) 我们在宜兴磐山发现了榆科植物红果榆和琅琊榆的自然分布,这些均极大地丰富了这两种珍稀植物在我省的地理分布范围(表4-1)。

此外,从地理分布看,少数原来文献记载在江苏有野生分布的植物,这次调查未能发现其野生种群,这可能表明人为活动的影响,尤其是土地利用的改变,使得少数物种濒临灭绝甚至业已野生灭绝。如南京柳自然分布仅见于南京的前湖水边,随着前湖的改造以及旅游发展的影响,目前该种只见于南京中山植物园的盲人植物园与系统园中。

第二节 各物种野生植物资源分述

现根据野外实际调查,将江苏26种目标物种以及新近发现的江苏地理分布新纪录种——椿叶花椒,按照调查方法、地理分布、种群数量、植株密度以及濒危现状等方面进行分述如下。

1. 金钱松 *Pseudolarix amabilis*(Nelson)Rehd.

落叶乔木,高可达40 m。小枝分长枝和短枝,叶在长枝上螺旋状散生,在短枝上15~30片簇生,长枝基部有宿存的芽鳞,冬芽锥状卵圆形。叶条形或倒披针状条形,扁平,柔软,长2~7 cm,宽1.5~5 mm,下面中脉明显,每边各有气孔带1条。雌雄同株;雄球花簇生于短枝顶端,有梗;雌球花单生短枝顶端。球果卵圆形,直立,长6~7.5 cm,有短柄;种鳞木质,卵状披针形,熟后脱落;种子圆球形,有长翅。花期4月,果熟期10月。

金钱松为第四纪孑遗树种。在1991年《中国植物红皮书》(第一册)中被列为国家Ⅱ级保护稀有种;在1999年《国家重点保护野生植物名录(第一批)》中被列为国家Ⅱ级保护植物。在2004年《中国物种红色名录》中被列为数据缺乏(DD,Data deficient)。

(1) 调查方法

实测法。

(2) 地理分布

根据文献记载以及标本采集记录,金钱松在江苏省内的分布区域曾经可能较为广泛,但种群数量并不清楚。

标本查阅主要来自以下两个方面:① 对江苏省·中国科学院植物研究所标本室(NAS)、南京林业大学植物标本室、南京师范大学植物标本室等在江苏分布的腊叶标本进行广泛查阅;② 同时参考"中国数字植物标本馆"(Chinese Virtual Herbarium,简称 CVH)和"国家标本资源共享平台"(National Specimen Information Infrastructure,简称 NSII)对江苏省的植物标本采集记录。此外,每个物种的标本记录的排序按照标本馆代号的字母顺序,对同一个标本馆的不同植物标本记录则按照采集时间排列。对采集号不同,但采集人、采集时间和保存标本馆相同的标本,则作为一条记录予以归并。

A. 历史记录

根据植物标本记录查阅,目前确切在江苏境内采集的金钱松腊叶标本有9份。

(ⅰ) 采集人:无,时间:无,采集号:336,采集地点:江苏省;保存于江苏省·中国科学院植物研究所标本室(NAS)。

(ⅱ) 采集人:丁志遵、王铁僧,时间:无,采集号:无,采集地点:江苏省;保存于江苏省·中国科学院植物研究所标本室(NAS)。

(ⅲ) 采集人:Courtois,时间:1931 - 05 - 18,采集号:21081,采集地点:江苏省;保存于江苏省·中国科学院植物研究所标本室(NAS)。

(ⅳ) 采集人:陈贤祯,时间:1960 - 08 - 23,采集号:25,采集地点:江苏省;保存于江苏省·中国科学院植物研究所标本室(NAS)。

(ⅴ) 采集人:刘昉勳、王名金、黄志远,时间:1960 - 09,采集号:426,采集地点:江苏省;保存于江苏省·中国科学院植物研究所标本室(NAS)。

(ⅵ) 采集人:刘昉勳、王名金、黄志远,时间:1956 - 06 - 20,采集号:

2161,采集地点:江苏省宜兴市;保存于西北农林科技大学(NWAFU)。

(ⅶ) 采集人:陈如柏,时间:1956-04,采集号:无,采集地点:江苏省南京市;保存于云南大学(PYU)。

(ⅷ) 采集人:张淑贤,时间:1954-04,采集号:无,采集地点:江苏省南京市;保存于西北大学(WNU)。

(ⅸ) 采集人:无,时间:1956-04,采集号:无,采集地点:江苏省南京市;保存于西北大学(WNU)。

根据以上植物标本信息,可以发现金钱松在江苏境内的南京和宜兴等地曾经有植物采集。

B. 现状分布

据文献记载,金钱松多生于海拔100～1 500 m的落叶阔叶林中(印红,2013)。此次野外调查结果表明:金钱松目前在江苏仅见于宜兴和溧阳山区。在宜兴市茗岭磐山,金钱松的分布海拔范围在109～114 m;在溧阳市戴埠镇,金钱松分布于南渚村小阳山,海拔为140～183 m,也见于深溪岕村上虎塘,海拔为260 m。

(3) 种群数量

本次调查共记录野生金钱松植株11株,均为实生植株。其中,有5株分布在宜兴茗岭磐山;2株生长在溧阳市戴埠镇南渚村的小阳山;其余4株均散生于溧阳市深溪岕村上虎塘,其中有2株胸径大于40 cm的大树。因此,江苏境内野生的金钱松种群数量较少。从植株大小看,此次调查到的金钱松植株中,除了1株胸径为8 cm外,其余均为胸径大于15 cm的大树,平均胸径为17.8 cm。其中,最大1株金钱松的胸径为50 cm,分布于溧阳市深溪岕村上虎塘的自然保护小区内。

在第一次重点保护野生植物资源调查中,仅在溧阳龙潭林场记录2株金钱松野生个体,均为胸径大于40 cm的大树。而本次野外调查发现,江苏现有野生金钱松植株10余株,分布地点有3个,隶属于2个省辖市(表4-2)。因此,当前金钱松的新增分布地点,扩展了该种在江苏的地理分布范围。究其原因,可能与以下因素有关:① 本次调查与第一次野外调查相隔十余年;② 本次调查范围较广,调查程度较为深入。目前,在宜溧山地金钱松大多呈现散生状态,在一些较为偏僻的山区或地段,该种零星见于沟谷或阔叶林中。如在宜兴市茗岭的磐山桥溪边、溧阳市戴埠镇南渚村小阳山阔叶林旁均有该种分布。另外,此次调查数据还显示该种的野生种群在溧阳的现存个体数有所增加,但增加缓慢,因此建议对该种野生种群的保护力度仍需加强。

表4-2 江苏分布的金钱松资源状况简表

分布地点	DBH (cm)	高度 (m)	海拔 (m)	东经 (°′″)	北纬 (°′″)	冠幅 (m)	更新方式
溧阳深溪圲	50	21	125	119°30′05″	31°11′08″	8×10	实生
	45	22	125	119°30′05″	31°11′08″	8×9	实生
	20	20	125	119°30′05″	31°11′08″	3×4	实生
	21	20	125	119°30′05″	31°11′08″	3×3.5	实生
溧阳南渚	28.3	12	140	119°27′50″	31°12′59″	4×4	实生
	26.7	12	183	119°27′30″	31°12′59″	3×4	实生
宜兴茗岭	8	9	114	119°44′06″	31°12′59″	3×4	实生
	30	22	112	119°44′01″	31°11′12″	8×7	实生
	27	20	112	119°44′01″	31°11′12″	7×6.5	实生
	18	12	109	119°44′01″	31°11′13″	4×4	实生
	15	11	109	119°44′01″	31°11′13″	3×3.5	实生

(4) 濒危现状

本次调查共记录野生金钱松11株,均为实生植株,分布于江苏2个省辖市的3个地点。金钱松在江苏南部地区广泛栽培,为林业常见造林树种之一,但是野生植株稀少。由于该种多见于溪沟边或阔叶林中,因此加强对本省金钱松分布的阔叶林或立地条件的保护显得刻不容缓,以便阻止或减缓金钱松的生境退化或片段化。

根据IUCN评估标准,金钱松可列为"极危种"(CR)等级。

2. 粗榧 *Cephalotaxus sinensis*（Rehd. et Wils.）Li

常绿灌木或小乔木,高达 15 m;树皮灰色或灰褐色,裂成薄片状脱落。叶条形,排列成两列,通常直,稀微弯,长 2～5 cm,宽约 3 mm,基部近圆形,几无柄,上部通常与中下部等宽或微窄,先端常渐尖或微凸尖,上面深绿色,中脉明显,下面有 2 条白色气孔带,较绿色边带宽 2～4 倍。雄球花 6～7 聚生成头状,径约 6 mm,总梗长约 3 mm,基部及总梗上有多数苞片,雄球花卵圆形,基部有 1 枚苞片,雄蕊 4～11 枚,花丝短,花药 2～4 个。种子通常 2～5 个着生于轴上,卵圆形或近球形,长 1.8～2.5 cm,顶端中央有一小尖头。花期 3～4 月,种子 8～10 月成熟。

粗榧为中国特有植物,木材坚实,树形优美,可作为庭院绿化观赏树种。在江苏第二次重点保护野生植物资源调查中被列为省级调查物种。在 2004 年《中国物种红色名录》中该种被列为"未列入 Not listed"物种(即表示根据 IUCN Red List 2001 年 3.1 版本未曾进行濒危等级的评估,下同)(汪松和解焱,2004)。

(1) 调查方法

实测法。

(2) 地理分布

根据文献记载以及标本采集记录(江苏植物研究所,1977),粗榧在江苏省内的分布区域曾经较为广泛,但种群数量并不清楚。

A. 历史记录

根据植物标本记录查阅,目前确切在江苏境内采集的粗榧腊叶标本有 4 份:

(ⅰ) 采集人:R. C. Ching,时间:1924-08-03,采集号:4873,采集地点:江苏省宜兴市;保存于江西省·中国科学院庐山植物园(LBG)。

(ⅱ) 采集人:方文哲等,时间:1960-08-12,采集号:50,采集地点:宜兴市;江西省中国科学院庐山植物园(LBG)。

(ⅲ) 采集人:刘玉壶,时间:1947-09-26,采集号:835,采集地点:江苏省;保存于江苏省·中国科学院植物研究所标本室(NAS)。

(ⅳ) 采集人:毛少华,时间:1962-06-30,采集号:无,采集地点:宜兴龙池山;保存于四川大学标本馆(SCUM)。

根据以上植物标本信息,可以发现粗榧在江苏境内的宜兴龙池山等地曾经有植物采集。

B. 现状分布

粗榧一般生于山地阔叶林下或溪边灌丛中。此次调查表明,该种目前在江苏仅见于溧阳山区。在溧阳市戴埠镇深溪岕村金刚岕,粗榧分布于海拔455 m处;在溧阳市戴埠镇南渚小阳山,粗榧分布于海拔151 m处。

(3) 种群数量

由于当地村民的过度采挖,使得该种在宜兴很可能已无自然分布。在此次调查过程中,根据植物标本记录以及文献记载,经过多次调查仅在溧阳山区发现10株粗榧野生植株。在南渚镇深溪岕村金刚岕(119°30′53″E,31°10′23″N)的毛竹林中,我们发现了该种野生植株的零星分布,共计有3株野生粗榧幼树。另外,在溧阳市戴埠镇南渚小阳山(119°27′47″E,31°13′05″N)海拔为151 m的落叶阔叶林中也发现了该种的野生植株,共计有7株较小植株,胸径大小为1.5～3.5 cm,伴生种主要为青冈(*Cyclobalanopsis glauca*)、盐肤木(*Rhus chinensis*)、山胡椒(*Lindera glauca*)和臭辣树(*Tetradium glabrifolium*)。

表4-3 江苏分布的粗榧资源状况简表

分布地点	DBH (cm)	高度 (m)	海拔 (m)	东经 (°′″)	北纬 (°′″)	更新方式	备注
溧阳深溪岕	1.5	1.2	455	119°30′53″	31°10′22″	实生	
	1.5	2.3	429	119°30′56″	31°10′25″	实生	顶梢枯死
	<1.0	0.2	348	119°30′53″	31°10′27″	实生	
溧阳南渚	<1.0	1.3	151	119°27′47″	31°13′04″	母株	
	<1.0	1.2	151	119°27′47″	31°13′04″	萌生植株	
	<1.0	1.2	151	119°27′47″	31°13′04″	萌生植株	

（续表）

分布地点	DBH (cm)	高度 (m)	海拔 (m)	东经 (°/′/″)	北纬 (°/′/″)	更新方式	备注
溧阳南渚	<1.0	1.3	151	119°27′47″	31°13′04″	母株	
	<1.0	1.1	151	119°27′47″	31°13′04″	萌生植株	
	<1.0	1.2	151	119°27′47″	31°13′04″	实生	
	3.5	2.8	102	119°27′43″	31°13′04″	实生	上部折断

（4）濒危现状

本次调查共记录野生粗榧10株，大多为小树，分布于江苏1个省辖市的2个地点。《江苏植物志》（上册，P118）记载，该种分布于江苏的宜、溧山区。但本次调查未能在宜兴发现该种的野生种群，但在宜兴的湖㳇、张渚等地的农民家里均发现有粗榧栽培。当地不少村民误将此种当作"野白果"从山上挖回在家中盆栽，或者栽培于庭院或假山旁以作观赏。鉴于目前该种在江苏的种群数量急剧下降，因此强烈建议当地林业与环保部门应该加强对粗榧分类学知识的科普宣传，同时提高村民的生态保护意识。

根据IUCN评估标准，粗榧可列为"极危种"（CR）等级。

3. 南京柳 *Salix nankingensis* C. Wang et Tung

落叶灌木或小乔木。枝呈褐色，光滑。叶长圆状披针形，长2～8 cm，宽1～2 cm，叶较宽大，叶边缘具细腺锯齿，上面绿色，下面淡绿色，幼叶有灰色密毛，老叶两面无毛；托叶半卵形，边缘具稀疏锯齿，无毛。花叶同放，雄花序无梗，基部无叶或具2～3枚鳞片状小叶，长2～3 cm，粗6 mm，雄蕊腺体2，均二裂；雌花序具梗，长1 cm，具2～3个小叶；腺体2，均二裂，包围子房柄呈假花盘状。果序长达5 cm；蒴果长4 mm。花期3月下旬，果期4～6月。本种近似紫柳（*S. wilsonii*），但叶较狭小，近似旱柳（*S. matsudana*），但叶背面呈淡绿色，而后两种为苍白色或白色。南京柳产于江苏南京，模式标本采自紫金山下。

在江苏第二次重点保护野生植物资源调查中被列为省级调查物种。在

2004年《中国物种红色名录》中该种被列为"未列入(Not listed)"物种(汪松和解炎,2004)。

(1) 调查方法

实测法。

(2) 地理分布

根据文献记载以及标本采集记录,南京柳在江苏省内的南京曾经有分布,但种群数量并不清楚。

A. 历史记录

根据植物标本记录查阅,目前确切在江苏境内采集的南京柳腊叶标本有5份:

(ⅰ) 采集人:M. Chen,时间:1933-04-22,采集号:187,采集地点:江苏省南京市;保存于中国科学院华南植物园标本馆(IBSC)。

(ⅱ) 采集人:M. Chen,时间:1933-05-08,采集号:302,采集地点:江苏省;保存于中国科学院华南植物园标本馆(IBSC)。

(ⅲ) 采集人:潘泽惠,时间:1974-03-28,采集号:032,采集地点:江苏陵园梅花山;保存于江苏省·中国科学院植物研究所标本室(NAS)。

(ⅳ) 采集人:潘泽惠,时间:1974-04,采集号:51,采集地点:江苏省;保存于江苏省·中国科学院植物研究所标本室(NAS)。

(ⅴ) 采集人:C. Y. Chiao,时间:无,采集号:无,采集地点:江苏省;保存于南京大学植物标本室(NU)。

根据以上植物标本信息,可以发现南京柳在江苏境内的南京梅花山等地曾经有植物采集。

B. 现状分布

《江苏植物志》(第二卷)记载南京柳分布于南京(刘启新,2013)。本次野外调查中南京柳仅见于南京前湖中山植物园南园(盲人植物园)和系统园,前者具体经纬度为 118°49′40.12″E,32°03′05.69″N;后者具体经纬度为 118°49′49″E,32°03′11″N。

(3) 种群数量

结合近年来南京柳的相关报道,本次野外实地调查主要在南京前湖西岸边的中山植物园南发现有6株南京柳。具体调查数据见表4-4。

表4-4 江苏分布的南京柳资源状况简表

分布地点	DBH(cm)	高度(m)	海拔(m)	东经(°′″)	北纬(°′″)	冠幅(m)	枝下高(m)	更新方式
南京前湖中山植物园南	13.75	6.5	25	118°49′40″	32°03′06″	2×4	0.8	母株
	12.62	6.2	25	118°49′40″	32°03′06″	2×2	0.8	萌生植株
	11.78	6.1	25	118°49′40″	32°03′06″	2×2	0.8	萌生植株
	13.91	6.5	25	118°49′40″	32°03′06″	3×3	1.1	母株
	10.14	6.5	25	118°49′40″	32°03′06″	2×3	1.1	萌生植株
	10.72	5.2	25	118°49′40″	32°03′06″	2×3	1.7	实生
系统园	11.25	7.2	34	118°49′49″	32°03′11″	3×4	1.2	实生
	11.00	7.0	34	118°49′49″	32°03′11″	3×4	1.0	实生

南京柳原产于南京东郊梅花山附近和前湖岸边,因自然环境人为干扰明显,原生植被已遭破坏,南京柳野生种群分布区域多为次生或人工植被。目前南京柳仅见于中山植物园盲人植物园和系统园,为人工痕迹明显的人工植被区,南京柳植株分布点在围护铁栏杆内,所处生境为人工植物群落构建的非自然生境。周围主要的木本植物有紫薇(*Lagerstroemia indica*)、杨树(*Populus simonii* var. *przewalskii*)、木犀(*Osmanthus fragrans*)、银杏(*Ginkgo biloba*)、朴树(*Celtis sinensis*)、复羽叶栾树(*Koelreuteria bipinnata*)、构树(*Broussonetia papyrifera*)、柘树(*Cudrania tricuspidata*)、牡荆(*Vitex negundo* var. *cannabifolia*)、野蔷薇(*Rosa multiflora*)、棕榈(*Trachycarpus fortunei*)和玉兰(*Magnolia denudata*)等。草本植物主要有麦冬(*Ophiopogon japonicus*)、求米草(*Oplismenus undulatifolius*)、豚草(*Ambrosia artemisiifolia*)、白苏(*Perilla frutescens*)、一年蓬(*Erigeron annuus*)等。藤本植物主要有紫藤(*Wisteria sinensis*)、木通(*Akebia* quinata)、葎草(*Humulus scandens*)、何首乌(*Fallopia multiflora*)、络石(*Trachelospermum jasminoides*)、栝楼(*Trichosanthes* sp.)等。

(4) 濒危现状

南京柳的标本采集记录主要在南京紫金山。如1933年在南京有采集记录(M. Chen,187、302);1974年南京陵园梅花山采集记录(潘,21);1974年南京中山植物园(兰、潘,51);1974年南京陵园梅花山采集记录(潘泽惠,032)。

南京柳原产于南京紫金山麓的滨湖岸边,因其种群数量较少,种群遗传多样性及杂合度较低,适应性比柳属植物的其他类群低。根据中国数字植物标本馆(CVH)记载,江西曾有南京柳的标本采集记录(1965年江西黎川九坊,杨祥学650005),但该条记录未曾提及是否为野生,也未见腊叶标本的照片。因此其鉴定值得怀疑。而根据《中国植物志(英文版)》(Vol. 4,P139~274),该种自然分布仅见于南京。尽管南京柳无性繁殖(扦插)较为容易,但种子繁殖在自然情况下较为困难,主要原因为种子极易散失发芽力,随着自然生境的破坏与散失,南京柳种群的天然更新非常困难,这可能导致了南京柳目前的濒危状况。

随着对南京柳物种及其濒危状况的报道,南京柳的保护引起了不少学者与民众的关注,如本次调查记录的3个植株均已经得到较好的保护。1992年何树兰等对南京柳进行了无性繁殖等迁地保护措施研究,在母树上剪取插穗456株,未作特殊处理,插穗成活率达90%。随着南京柳分布区周边自然生境的重建和恢复,以及就地保护与迁地保护等措施的运用,南京柳的种群数量将会有一定的增长。

根据IUCN评估标准,南京柳可列为"野生灭绝"(EW,Extinction in the wild)等级。

4. 青檀 *Pteroceltis tatarinowii* Maxim.

落叶乔木,高10~20 m。树皮灰色,不规则的长片状剥落;小枝细弱,无毛,皮孔明显。叶互生,纸质,宽卵形至长卵形,长 3～10 cm,宽 2～5 cm,先端渐尖,基部不对称,楔形或近圆形,边缘有锐锯齿,基部 3 出脉。叶柄长 5～15 mm,被短柔毛。花单性,腋生,雌雄同株。小坚果卵形,两侧有翅。翅近四方形,直径 10～17 mm,先端有凹缺。果梗纤细,长 1～2 cm,被短柔毛。花期 3～5 月,果期 7～8 月。

青檀树皮纤维为制作宣纸的原料,材质坚硬,纹理致密,是制作家具、车辆等的良好用材,可作为庭院绿化观赏树种。在 1991 年《中国植物红皮书》(第一册)中被列为国家Ⅲ级保护稀有种;在江苏第二次重点保护野生植物资源调查中被列为省级调查物种。在 2004 年《中国物种红色名录》中该种被列为"未列入 Not listed"物种(汪松和解炎,2004)。

(1) 调查方法

实测法结合样方法。

(2) 地理分布

根据文献记载以及标本采集记录,青檀在江苏省内的分布区域曾经较为广泛,但种群数量并不清楚。

A. 历史记录

根据植物标本记录查阅,在江苏境内采集的青檀腊叶标本有 11 份:

(ⅰ) 采集人:无,时间:无,采集号:601,采集地点:江苏省;保存于中国科学院华南植物园标本馆(IBSC)。

(ⅱ) 采集人:无,时间:无,采集号:441,采集地点:江苏省;保存于中国科学院华南植物园标本馆(IBSC)。

(ⅲ) 采集人:左景烈,时间:1926,采集号:2035,采集地点:江苏省;保存于中国科学院华南植物园标本馆(IBSC)。

(ⅳ) 采集人:Y. Tsiang,时间:1932 - 05 - 22,采集号:9875,采集地点:江苏省南京市;保存于中国科学院华南植物园标本馆(IBSC)。

(ⅴ) 采集人:M. Chen,时间:1933 - 05 - 14,采集号:316,采集地点:江苏省南京市幕府山;保存于中国科学院华南植物园标本馆(IBSC)。

(ⅵ)采集人:M. Chen,时间:1933-06-08,采集号:506,采集地点:江苏省;保存于中国科学院华南植物园标本馆(IBSC)。

(ⅶ)采集人:Courtois,时间:1918-05-15,采集号:20775,采集地点:江苏省;保存于江苏省·中国科学院植物研究所标本室(NAS)。

(ⅷ)采集人:Courtois,时间:1918-09-30,采集号:22004,采集地点:江苏省溧阳市;保存于江苏省·中国科学院植物研究所标本室(NAS)。

(ⅸ)采集人:Chang & Cheng,时间:1932-10-08,采集号:601,采集地点:江苏省 Hsiao Hsien,Wong-shan-yu;保存于江苏省·中国科学院植物研究所标本室(NAS)。

(ⅹ)采集人:无,时间:1956-06-27,采集号:067,采集地点:江苏省;江苏省·中国科学院植物研究所标本室(NAS)。

(ⅺ)采集人:C. T. Ren & Tao,时间:1926-07-06,采集号:6,采集地点:江苏省南京市;保存于南京大学植物标本室(NU)。

根据以上植物标本信息,可以发现青檀在江苏境内的南京、溧阳等地曾经有植物采集。

B. 现状分布

1954年在南京中山陵园有采集记录(F. S. Liu,893);1955年在南京市明孝陵内有采集记录(刘玉壶,4343);1956年在溧阳县深溪岕有采集记录(刘昉勋,2662);1960年在溧阳县金钢岕有采集记录(丁志遵,1459);1971年在南京老山有采集记录(无调查号);1974年在南京市明孝陵内有采集记录(傅立国,0131);1987年江浦县老山林场平坦分场内有采集记录(刘兴剑,035)。郝日明(2000)等人报道青檀在南京的紫金山、幕府山、江浦老山、溧阳深溪岕、金刚岕,宜兴小黑沟等地有分布。邓飞(2007)报道在南京市青檀主要分布于幕府山、燕子矶、紫金山及老山等地的山坡或山谷溪旁的石灰岩地上。董丽娜(2007)调查发现紫金山的青檀主要分布于明孝陵附近的树林中,其中大树有4株,其余皆为幼树。沈静静(2013)在溧阳深溪岕村调查发现10株青檀,平均高度11 m,胸径变化为10~110 cm,其中最大的1棵生长在屋后水沟旁

(119°30′59″E,31°10′41″N,海拔117 m),从离地面85 cm左右处分出三枝,平均胸径82.38 cm,基部总胸径173.89 cm,周围伴生种有榉树(*Zelkova schneideriana*)、胡颓子(*Elaeagnus pungens*)、三脉紫菀(*Aster trinervius* subsp. *ageratoides*)、贯众(*Cyrtomium fortunei*)、何首乌。在公路旁生长1株胸径为30.5 cm的青檀,容易受到过往人员和车辆的影响,生长堪忧。在119°30′06″E,31°10′38″N,海拔151 m处的路旁水沟边,生长着5株青檀,平均高度7.76 m,平均胸径40.27 cm,其中3株树干已空心,但基部有新发幼枝,上部依旧枝叶繁茂。另外,在金刚岕毛竹林中(119°30′46″E,31°10′32″N,海拔300 m)发现1株基部多分枝的青檀,高度在2~6.5 m,平均胸径为5.74 m,未见其他乔木树种。

本次调查记录青檀野生植株的主要分布点有南京紫金山(明孝陵植物园边界、明孝陵近红门),南京幕府山(燕子矶),南京老山;溧阳市戴埠镇深溪岕村金刚岕,溧阳市戴埠镇深溪岕村的村落附近青龙桥边。

(3) 种群数量

本次在南京地区调查记录到的青檀野生分布点主要有紫金山(明孝陵与植物园交界处、明孝陵近红门)、幕府山(燕子矶)和南京老山(表4-5),根据实测法调查数据统计这3个地点共计有青檀68株(表4-6)。此外,本次调查在南京紫金山和燕子矶采用样方法调查了4个样地(共计1 600 m²),合计有青檀植株38株。

在溧阳市戴埠镇深溪岕村村落附近找到该种的野生植株,在本次调查共记录青檀植株26株,其中包括17株萌生植株和9株实生植株,种群萌生率为65.4%。此次调查到的青檀野生植株均分布在溧阳地区境内,其中,21株生长于溧阳市戴埠镇深溪岕村的村落附近(119°30′6″E,31°10′39″N),剩余6株生长于溧阳市戴埠镇深溪岕村金刚岕(119°30′47″E,31°10′32″N)海拔为273 m的落叶阔叶林中。实生植株均为胸径大于10 cm的大树,萌生植株多为胸径小于5 cm的幼苗或幼树。其中,最大植株的胸径为77.55 cm,生长于溧阳市戴埠镇深溪岕村的村落附近,该树种野生植株的平均胸径为19.7 cm。详细调查记录见表4-6。

表4-5 江苏分布的青檀资源状况简表

分布地点	位置	海拔(m)	东经(°′″)	北纬(°′″)	面积(hm²)	株数(株)
南京	明孝陵与植物园交界处	56	118°50′11″	32°03′25″	0.6	20
		56	118°50′01″	32°03′25″	0.2	
	明孝陵近红门	55	118°50′03″	32°03′25″	0.5	
	幕府山燕子矶	87	118°47′86″	32°07′50″	2.2	42
	老山	140	118°36′16″	32°06′26″	0.8	6
溧阳	深溪岕	260	119°30′06″	31°10′39″	0.5	21
	金刚岕	273	119°30′48″	31°10′32″	0.2	6

表4-6 南京分布的青檀资源状况简表

地点	东经(°′″)	北纬(°′″)	胸径(cm)	树高(m)	枝下高(m)	冠幅(m)	备注
南京明孝陵	118°50′02.88″	32°03′24.96″	45.90	14.0	1.0	14×12	
	118°50′02.88″	32°03′24.96″	45.00	15.6	1.2	14×14	
	118°50′02.88″	32°03′24.96″	3.52	4.3	1.2	2.2×3.1	同一植株
	118°50′02.88″	32°03′24.96″	3.54	4.1	1.2	2.3×1.1	
	118°50′02.88″	32°03′24.96″	4.55	3.9	1.2	2.3×2.1	
	118°50′02.88″	32°03′24.96″	3.65	3.7	1.1	2.2×2.0	
	118°50′10.63″	32°03′25.49″	11.75	7.2	3.1	5.1×5.2	
	118°50′10.63″	32°03′25.49″	5.70	4.2	1.0	3.1×3.5	
	118°50′10.63″	32°03′25.49″	4.05	3.2	1.0	1.2×2.3	同一植株
	118°50′10.63″	32°03′25.49″	3.02	3.1	1.0	1.8×1.0	
	118°50′10.63″	32°03′25.49″	12.25	6.7	1.8	3.2×5.1	同一植株
	118°50′10.63″	32°03′25.49″	2.08	2.2	1.1	1.2×1.3	
	118°50′10.63″	32°03′25.49″	5.53	3.5	1.8	2.6×3.2	
	118°50′10.63″	32°03′25.49″	6.48	3.8	1.6	4.2×3.1	

(续表)

地点	东经(°/′/″)	北纬(°/′/″)	胸径(cm)	树高(m)	枝下高(m)	冠幅(m)	备注
南京明孝陵	118°50′10.63″	32°03′25.49″	21.55	11.0	2.9	10.2×7.0	
	118°50′10.63″	32°03′25.49″	19.65	9.6	3.5	7.2×8.0	
	118°50′10.63″	32°03′25.49″	8.70	4.0	1.5	3.1×3.2	
	118°50′10.63″	32°03′25.49″	18.43	7.2	1.6	6.1×7.1	同一植株
	118°50′10.63″	32°03′25.49″	3.51	3.2	1.7	3.1×2.1	
	118°50′01.36″	32°03′25.43″	6.20	3.9	2.1	2.3×2.8	同一植株
	118°50′01.36″	32°03′25.43″	3.8	7.2	1.6	6.1×7.1	
	118°50′01.36″	32°03′25.43″	15.81	8.2	1.4	7.3×4	同一植株
	118°50′01.36″	32°03′25.43″	3.53	2.9	1.1	2.3×2.6	
	118°50′01.36″	32°03′25.43″	24.36	12.0	2.1	6.3×8.7	
	118°50′01.36″	32°03′25.43″	6.75	3.2	2.0	2.3×2.8	
	118°50′01.36″	32°03′25.43″	9.74	5.9	2.1	2.3×4.5	
	118°50′01.36″	32°03′25.43″	17.50	9.0	1.8	4.8×5.6	
	118°50′01.36″	32°03′25.43″	7.60	6.2	2.0	3.2×3.7	
	118°50′01.36″	32°03′25.43″	4.65	4.9	1.7	3.8×2.7	同一植株
	118°50′01.36″	32°03′25.43″	3.45	6.2	2.0	2.3×3.3	
南京燕子矶	118°47′86.12″	32°07′49.90″	2.93	2.3	1	1.0×1.0	
	118°47′86.12″	32°07′49.90″	12.17	6.5	4	5.1×4.7	
	118°47′86.12″	32°07′49.90″	13.42	7.2	3.5	4.8×4.0	
	118°47′86.12″	32°07′49.90″	18.72	8	5.5	7.1×5.2	
	118°47′86.12″	32°07′49.90″	21.3	8.4	6	4.8×5.0	
	118°47′86.12″	32°07′49.90″	16.54	7.1	4.5	5.5×4.2	
	118°47′86.12″	32°07′49.90″	16.79	6.5	4	7.6×6.2	
	118°47′86.12″	32°07′49.90″	19.21	8.5	5	7.5×6.5	
	118°47′86.21″	32°07′49.07″	22.38	10	7.2	6.7×8.5	
	118°47′86.21″	32°07′49.07″	20.34	10.2	6	7.3×6.2	

(续表)

地点	东经(°/′/″)	北纬(°/′/″)	胸径(cm)	树高(m)	枝下高(m)	冠幅(m)	备注
南京燕子矶	118°47′86.21″	32°07′49.07″	17.03	9.3	5.4	6.7×7.2	
	118°47′86.21″	32°07′49.07″	18.86	9	6.6	7.8×5.5	
	118°47′86.21″	32°07′49.07″	20.15	11	8	6.5×6.0	
	118°47′86.21″	32°07′49.07″	15.52	12	9.5	4.4×5.5	
	118°47′86.21″	32°07′49.07″	18.47	11.4	7.5	5.6×5.4	
	118°47′86.21″	32°07′49.07″	84.3	26.5	16	16.5×14.0	
	118°47′86.15″	32°07′48.91″	46.32	18.62	12	10.5×8.2	
	118°47′86.15″	32°07′48.91″	39.88	19.3	11.3	9.0×9.0	
	118°47′86.15″	32°07′48.91″	31.67	18.74	14	7.8×8.5	
	118°47′86.15″	32°07′48.91″	47.18	20.5	13.7	5.7×9.0	
	118°47′86.15″	32°07′48.91″	61.3	24.2	17	12.5×10.2	
	118°47′86.15″	32°07′48.91″	48.52	17.3	13	9.5×8.0	
	118°47′86.15″	32°07′48.91″	50.43	19.2	14.4	11.5×9.6	
	118°47′86.15″	32°07′48.91″	67.59	16.8	10	13.2×12.2	
	118°47′86.15″	32°07′48.91″	44.96	18.5	8	10.0×7.8	
	118°47′86.15″	32°07′48.91″	49.04	19.6	9.5	10.5×8.5	
	118°47′86.15″	32°07′48.91″	52.17	22	14.6	12.5×12.2	
	118°47′86.02″	32°07′48.87″	54.29	22.5	13.5	12.3×12.2	
	118°47′86.02″	32°07′48.87″	27.86	14.5	7	7.5×8.2	
	118°47′86.02″	32°07′48.87″	29.36	15.3	6.9	6.7×5.6	
	118°47′86.02″	32°07′48.87″	34.47	16.7	7.1	7.5×7.3	
	118°47′86.02″	32°07′48.87″	38.25	14.5	8	7.2×6.5	
	118°47′86.02″	32°07′48.87″	39.42	11.2	5.5	8.0×5.5	
	118°47′86.02″	32°07′48.87″	45.76	18.9	12	9.0×6.7	
	118°47′86.02″	32°07′48.87″	38.25	17.2	11.4	7.0×6.0	
	118°47′86.02″	32°07′48.87″	34.13	17	13	5.5×7.2	

(续表)

地点	东经(°/′/″)	北纬(°/′/″)	胸径(cm)	树高(m)	枝下高(m)	冠幅(m)	备注
南京燕子矶	118°47′86.02″	32°07′48.87″	41.75	18.6	12.5	8.0×7.0	
	118°47′86.02″	32°07′48.87″	40.23	19	13.5	7.5×7.5	
	118°47′86.02″	32°07′48.87″	37.06	15	8.5	6.6×8.5	
	118°47′86.02″	32°07′48.87″	43.24	18.7	11	6.5×6.5	
	118°47′86.02″	32°07′48.87″	46.77	19	12.5	9.6×8.5	
	118°47′86.02″	32°07′48.87″	28.95	14.3	8.5	4.5×5.5	
南京老山森林公园	118°36′16.13″	32°06′26.16″	15.75	15.6	4.7	3.8×4.3	
	118°36′16.13″	32°06′26.16″	13.65	12.6	2.7	4.8×3.5	
	118°36′16.13″	32°06′26.16″	29.67	16.3	1.8	6.8×7.5	同一植株
	118°36′16.13″	32°06′26.16″	4.78	5.6	1.0	3.8×2.4	
	118°36′16.13″	32°06′26.16″	19.31	15.2	1.82	6.3×6.5	
	118°36′16.13″	32°06′26.16″	18.25	128	1.8	5.7×6.3	
	118°36′16.13″	32°06′26.16″	9.26	11.7	1.8	5.1×6.8	同一植株
	118°36′16.13″	32°06′26.16″	6.25	5.3	1.8	6.2×7.4	

(4) 濒危现状

本次调查共记录野生青檀132株(含无性系分株),分布于2个省辖市的多个地点。从现有的调查数据看,这100余株青檀中,萌生植株占有一定的比例;从年龄结构看,江苏青檀种群既有成年大树,也有小树和幼苗。

由于人类活动的影响,青檀野生分布区的植被被大量破坏,野生青檀林被过度砍伐利用,江苏的青檀野生群落面积越来越小。加之青檀主要以种子繁殖,种子发芽率极不稳定,致使青檀分布数量上锐减,现存的野生资源现状也不容乐观。另外,溧阳、南京等分布区的青檀,均不同程度地被分割包围在谷底和山腰,受到强扩张性物种毛竹等的干扰。调查中发现的青檀群落尽管主要集中分布在受保护的风景区及公园内,但其种群自然更新困难,生境片段化和入侵物种已经威胁到现存青檀资源的保存和进一步拓展。

青檀曾被列为国家Ⅲ级珍稀保护树种(傅立国,1991),是我国特有的纤维树种及钙质土壤的重要指示植物,也是砂岩、石灰岩山地和河岸造林的先锋树种。近年来由于旅游开发和树种采挖,使得青檀群落的生境受到一定影响,因此青檀群落的生境保护应引起重视。应做好青檀资源保护,建立群落保护点并加强管理。一方面,应对其分布、生长规律、生物量及群落特征等进行更为详细的调查,为青檀资源保护、可持续利用以及制定发展规划等提供科学依据;另一方面,应积极开展青檀资源综合利用研究,开展青檀的繁殖更新和引种栽培技术研究,迅速扩大青檀种群。

根据 IUCN 评估标准,青檀可列为"极危种"(CR)等级。

5. 琅琊榆 *Ulmus chenmoui* Cheng

落叶乔木,高达 20 m;树皮淡褐灰色,裂成不规则的长圆形薄片脱落;一年生枝幼时密被柔毛,后渐脱落;冬芽卵圆形,芽鳞背面有毛。叶宽倒卵形或长圆状椭圆形,长 6~18 cm,宽 3~10 cm,先端尾状渐尖,基部偏斜,近心形,叶两面密生白色绢毛及褐色腺点,边缘具重锯齿;叶柄长 1~1.5 cm,密被长柔毛。花于早春先叶开放,花在去年生枝上排成簇状聚伞花序。翅果长圆状倒卵形或宽倒卵形,长 1.5~2.5 cm,宽 1~1.7 cm,果核部分位于翅果顶端凹缺处,宿存花被无毛,上端 4 裂,裂片边缘有毛,果梗长 1~2 mm,被短毛。花期 3~4 月,果期 4 月下旬。

琅琊榆为中国特有珍稀植物。琅琊榆为阳性树种,能适应酸性、中性及微碱性土壤,在石灰岩及非石灰岩山地均能生长,适应性广泛,为优良造林树种。主要分布于安徽琅琊山以及江苏句容宝华山。在 1991 年《中国植物红皮书》(第一册)中被列为国家Ⅲ级保护渐危种;在江苏第二次重点保护野生植物资源调查中被列为省级调查物种。在 2004 年《中国物种红色名录》中被列为"濒危种(EN,Endangered)"。

(1) 调查方法

实测法结合样方法。

(2) 地理分布

根据文献记载以及标本采集记录,琅琊榆在江苏省内的分布区域曾经较为广泛,但种群数量并不清楚。

A. 历史记录

根据植物标本记录查阅,在江苏境内采集的琅琊榆腊叶标本有9份。

(ⅰ) 采集人:C. C. Chen,时间:1929 - 09 - 20,采集号:1261,采集地点:江苏省句容县宝华山;保存于中国科学院华南植物园标本馆(IBSC)。

(ⅱ) 采集人:孙、马、孙岱阳等,时间:1976 - 05 - 13,采集号:无,采集地点:江苏省南京市;保存于内蒙古农业大学(JCE)。

(ⅲ) 采集人:W. C. Cheng,时间:1933 - 09 - 10,采集号:4506,采集地点:江苏省;保存于江苏省·中国科学院植物研究所标本室(NAS)。

(ⅳ) 采集人:龚家骥,时间:1935,采集号:668,采集地点:江苏省句容县宝华山;保存于江苏省·中国科学院植物研究所标本室(NAS)。

(ⅴ) 采集人:中央大学农学院,时间:1941 - 04 - 15,采集号:1064,采集地点:江苏省南京市;保存于江苏省·中国科学院植物研究所标本室(NAS)。

(ⅵ) 采集人:刘玉壶,时间:1956 - 04 - 19,采集号:4401、4403、4407,采集地点:江苏省南京市林学院三牌楼树木园(南京林学院旧址);保存于江苏省·中国科学院植物研究所标本室(NAS)。

(ⅶ) 采集人:郑万钧,时间:1949 - 04 - 15,采集号:20264,采集地点:江苏省南京市南京林学院树木园;保存于中国科学院植物研究所标本馆(PE)(模式标本)。

根据以上植物标本信息,我们可以发现青檀在江苏境内的南京、句容宝华山等地曾经有植物采集。

B. 现状分布

从调查看,琅琊榆分布在以黄连木(*Pistacia chinensis*)、铜钱树(*Paliurus hemsleyanus*)、栾树(*Koelreuteria paniculata*)、朴树为优势的落叶林内,接近山体的中上部地段(郝日明,2000)。历史上紫金山上曾有琅琊榆的引种记录。

琅琊榆为喜光树种,适应性较强,但在江苏地区分布区域却较为狭小。调查记录显示,野生琅琊榆分布点主要有:南京紫金山植物园路、琵琶湖路及植物园南园后门;句容宝华山(宝华玉兰园)等;宜兴磬山寺路旁。详细调查记录见表4-7。

表4-7 江苏分布的琅琊榆资源状况简表

分布地点	位置	海拔(m)	东经(°′″)	北纬(°′″)	资源状况*
南京紫金山	植物园路	123	118°49′21.40″	32°03′23.26″	较丰富
		120	118°49′21.08″	32°03′23.19″	较丰富
		122	118°49′20.46″	32°03′22.56″	较丰富
		118	118°49′19.80″	32°03′23.11″	较丰富
	琵琶湖路	109	118°49′19.17″	32°03′23.25″	一般
		111	118°49′43.12″	32°03′07.69″	较丰富
		113	118°49′34.83″	32°03′18.72″	一般
	植物园南园后门	104	118°49′15.13″	32°03′23.34″	一般
		104	118°49′39.07″	32°03′28.21″	较少
		105	118°49′09.17″	32°03′13.05″	较丰富
		102	118°49′22.10″	32°03′12.26″	较少
句容宝华山	宝华山东南坡	105	119°05′15.47″	32°07′59.49″	较少
		112	119°05′89.20″	32°07′58.86″	
宜兴磬山	磬山寺路旁	25	119°44′03.12″	31°11′58.84″	较少

*注:根据植株数量(N)将琅琊榆资源现状分为3类,较少($N \leqslant 100$)、一般($100 < N \leqslant 500$)、丰富($N > 500$)。下同。

(3) 种群数量

目前琅琊榆在江苏地区分布区狭小,仅见于南京紫金山、镇江句容宝华山和宜兴磬山,种群数量较少,主要原因为自然生境遭到破坏。在南京紫金山有多处分布。在句容宝华山,仅发现32株琅琊榆,其中最大1株胸径为

30.51 cm,近一半(有15株)为Ⅰ级幼苗(见图4-2)。在宜兴的磬山,琅琊榆仅发现2株,均为小树。

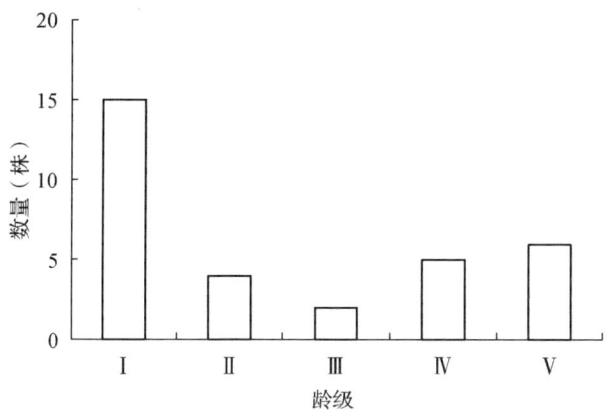

图4-2 句容宝华山琅琊榆种群年龄结构

注:Ⅰ龄级,DBH<2.5 cm;Ⅱ龄级,2.5 cm≤DBH<7.5 cm;Ⅲ龄级,7.5 cm≤DBH<15 cm;Ⅳ龄级,15 cm≤DBH<22.5 cm;Ⅴ龄级,DBH≥22.5 cm。下同。

(3) 濒危现状

琅琊榆为中国特有种,是良好的造林树种,对生境要求不严格。在南京植物园南园附近,因自然生境得到保护与恢复,林下小苗较多,可以进行天然更新,所以天然落叶阔叶林自然生境的破坏是其种群较小的最重要因素。

现已建立的宝华山自然保护区以及国家森林公园,对宝华山的森林植被保护及濒危植物的就地保护起到了积极的作用。但是,目前宝华山分布的琅琊榆所处群落受到毛竹种群扩张的干扰,需要引起相关保护单位的注意。而此次调查在宜兴磬山的路旁发现的2株琅琊榆小苗,值得加强保护。

根据IUCN评估标准,琅琊榆可列为"极危种"(CR)等级。

6. 红果榆 *Ulmus szechuanica* Fang

红果榆又称明陵榆。落叶乔木,高达28 m,胸径80 cm;树皮不规则纵裂,粗糙;当年生枝幼时有毛,后变无毛或有疏毛,皮孔淡黄色。叶倒卵形、椭圆状倒卵形、卵状长圆形或椭圆状卵形,长 2.5～9 cm,宽 1.7～5.5 cm(萌发枝的叶长达 13.5 cm,宽 7 cm);先端急尖或渐尖,稀尾状,基部偏斜,楔形、圆形或近心脏形,叶面幼时有短毛,沿中脉常有长柔毛,后则无毛,不粗糙(萌发枝的叶面粗糙),叶背初有疏毛,沿主侧脉有较密之毛,后变无毛,边缘具重锯齿,侧脉每边 9～19 条,叶柄长 5～12 mm,无毛或上面有毛。花在旧生枝上排成簇状聚伞花序。翅果近圆形或倒卵状圆形,长 11～16 mm,宽 9～13 mm,除顶端缺口柱头被毛外,余处无毛,果核部分位于翅果的中部或近中部,上端接近缺口,淡红色、褐色、红色或紫红色,宿存花被无毛,钟形,浅 4 裂,果柄较花被为短,长 1～2 mm,有短柔毛。花果期 3～4 月。

红果榆喜光、喜微酸土壤,可作庭院观赏树栽植。分布于安徽南部、江苏南部、浙江北部、江西及四川中部,模式标本采自四川成都。明陵榆(*U. crythrocarpa* Cheng)与此种叶、花与果几无区别,已被并入本种。在江苏第二次重点保护野生植物资源调查中被列为省级调查物种。

(1) 调查方法

实测法。

(2) 地理分布

A. 历史记录

根据植物标本记录查阅,在江苏境内采集的红果榆腊叶标本有 6 份:

(ⅰ) 采集人:孙岱阳、马恩伟,时间:1976 - 05 - 17,采集号:无,采集地点:江苏省南京市;保存于内蒙古农业大学(JCE)。

(ⅱ) 采集人:H. Migo,时间:1933 - 05 - 12,采集号:无,采集地点:江苏省苏州市;保存于江苏省·中国科学院植物研究所标本室(NAS)。

(ⅲ) 采集人:H. Migo,时间:1934 - 06 - 30,采集号:2035,采集地点:江苏省镇江市;保存于江苏省·中国科学院植物研究所标本室(NAS)。

(ⅳ) 采集人:H. Migo,时间:1940 - 10 - 22,采集号:无,采集地点:江苏省南京市紫金山;保存于江苏省·中国科学院植物研究所标本室(NAS)。

(ⅴ) 采集人:无,时间:1976 - 11 - 04,采集号:无,采集地点:江苏省溧阳市;保存于江苏省·中国科学院植物研究所标本室(NAS)。

(ⅵ) 采集人:郑万钧,时间:1949-04-20,采集号:20273,采集地点:江苏省南京明孝陵;保存于南京林业大学树木标本馆(NF)。

根据文献记录,红果榆的相关历史记录较少。如1933年,苏州上方山有标本采集记录(H. Migo);1934年,江苏镇江有标本采集记录(H. Migo);1940年,南京紫金山有标本采集记录(H. Migo);1976年,江苏溧阳深溪岕有标本记载(无采集人与采集号)(郝日明等,2000)。

B. 现状分布

本次野外调查,发现2处红果榆植株分布点:① 位于南京市明孝陵的方城明楼东影壁边(护城河岸),地理坐标为119°05′21.48″E,32°07′94.56″N。红果榆为落叶喜光植物,喜欢微酸性土壤,分布于阔叶林中,生长速度较快,容易成为群落的建群种。本次调查记录红果榆分布于明孝陵天然次生林中,因处于世界文化遗产保护区内,植被受到一定保护的同时,人为干扰明显。所处生境中主要以落叶高大乔木为主。具体植物种有:麻栎(*Quercus acutissima*)、栓皮栎(*Q. variabilis*)、朴树、刺楸(*Kalopanax septemlobus*)、三角槭(*Acer buergerianum*)、梧桐(*Firmiana simplex*)、黄连木、青檀(*Pteroceltis tatarinowii*)、棕榈、女贞(*Ligustrum lucidum*)、地锦(*Parthenocissus tricuspidata*)、何首乌、络石(*Trachelospermum jasminoides*)、麦冬、求米草、一年蓬等。② 位于宜兴市茗岭的磐山寺附近的山区,地理坐标为119°44′03.12″E,31°11′58.84″N。伴生的乔木植物主要有枫杨(*Pterocarya stenoptera*)、朴树、茶条槭(*Acer ginnala* ssp. *theiferum*)、三角枫(*Acer buergerianum*)、杉木(*Cunninghamia lanceolata*)等。

(3) 种群数量

根据本次野外实地调查,目前在江苏境内仅发现3株红果榆。其中,在南京明孝陵内仅有1株野生红果榆,在宜兴市茗岭发现2株。此次调查发现的宜兴茗岭为红果榆在江苏境内的地理分布新记录。具体调查数据如下(表4-8):

表 4-8　江苏分布的红果榆资源状况简表

分布地点	DBH (cm)	高度 (m)	海拔 (m)	东经 (°/′/″)	北纬 (°/′/″)	冠幅 (m)
南京明孝陵	75.6	19	65	118°50′05.56″	32°03′36.04″	9×11
宜兴茗岭	29.6	23	59.9	119°44′03.12″	31°11′58.84″	16×20
	4.2	8	59.9	119°44′03.12″	31°11′58.84″	4×6

（4）濒危现状

根据植物标本记载，红果榆在江苏境内的南京、镇江、苏州和常州均有分布记录。而根据此次的野外实地调查，该种在江苏目前只见于 2 个省辖市的 2 个分布地点。而且数量极为稀少，共计只有 3 棵，并且均位于旅游区内，生存现状堪忧。此外，在宜兴磐山的 2 棵红果榆，靠近磐山寺路旁，最大的 1 株受到旅游活动的影响显著，邻近的不少伴生植物已经被砍伐，生境受到较大破坏。另 1 株也紧邻公路，处于风景区内，易于受到人为活动的影响，同时还受到毛竹对其所生存的落叶阔叶林的入侵。

此外，本次调查未发现红果榆的小苗，这可能表明红果榆种子在自然生境下难以萌发更新，而目前红果榆种群数量极少，遗传多样性低，对于逆境的抵抗力较差，易进入衰亡阶段。红果榆分布区域较为狭窄，目前对其相关的生态、繁殖等研究鲜有报道。因此，建议加强对红果榆种质资源的合理保护与科学研究，对其分布生境进行恢复与保护，以期在自然分布区内天然种群得到扩大。

根据 IUCN 评估标准，红果榆可列为"极危种"(CR)等级。

7. 大果榉 *Zelkova sinica* Schneid.

大果榉又叫小叶榉，隶属榆科（Ulmaceae）榉属（*Zelkova*）。落叶乔木，高达 20 m，胸径达 60 cm；树皮灰白色，呈块状剥落；一年生枝褐色或灰褐色，被灰白色柔毛，以后渐脱落，二年生枝灰色或褐灰色，光滑；冬芽椭圆形或球形。叶纸质或厚纸质，卵形或椭圆形，长（1.5～）3～5（～8）cm，宽（1～）1.5～

2.5(～3.5)cm,先端渐尖、尾状渐尖,稀急尖,基部圆或宽楔形,有的稍偏斜,叶面绿,幼时疏生粗毛,后脱落变光滑,叶背浅绿,除在主脉上疏生柔毛和脉腋有簇毛外,其余光滑无毛,边缘具浅圆齿状或圆齿状锯齿,侧脉6～10对;叶柄较我国的其余2种纤细,长4～10 mm,被灰色柔毛;托叶膜质,褐色,披针状条形,长5～7 mm。雄花1～3朵腋生,直径2～3 mm,花被(5～)6(～7)裂,裂至近中部,裂片卵状矩圆形,外面被毛,在雄蕊基部有白色细曲柔毛,退化子房缺;雌花单生于叶腋,花被裂片5～6,外面被细毛,子房外面被细毛。核果不规则的倒卵状球形,直径5～7 mm,顶端微偏斜,几乎不凹陷,表面光滑无毛,除背腹脊隆起外几乎无凸起的网脉,果梗长2～3 mm,被毛。花期4月,果期8～9月。

该种特产于我国,分布在甘肃、陕西、四川北部、湖北西北部、河南、山西南部和河北等地。常生于海拔800～2 500 m地带之山谷、溪旁及较湿润的山坡疏林中。模式标本采自湖北兴山。本种的核果较大叶榉、榉树为大,顶端不凹陷,具果梗,叶较小,易于识别。在江苏第二次重点保护野生植物资源调查中被列为省级调查物种。

(1) 调查方法

实测法。

(2) 地理分布

A. 历史记录

根据植物标本记录查阅,在江苏境内采集的大果榉腊叶标本有3份:

(ⅰ) 采集人:无,时间:1929,采集号:无,采集地点:江苏省;保存于复旦大学(FUS)。

(ⅱ) 采集人:Chen & Teng,时间:1931-04-08,采集号:4039,采集地点:江苏省南京市;保存于江苏省·中国科学院植物研究所标本室(NAS)。

(ⅲ) 采集人:Chen & Teng,时间:1931-04-14,采集号:65,采集地点:江苏省南京市;保存于江苏省·中国科学院植物研究所标本室(NAS)。

可见大果榉的相关历史记录较少,如1920年江苏南京有标本记录(无采集人与采集号,有花有果);1931年江苏南京(San-pai-lu)有标本记录(Chen &

Teng,4039;无花无果)、南京(栖霞山 Tschsiashan)有标本记录(Chen & Teng, 65;无花无果)。由于标本采集历史记录较为久远,标本信息不全,且都为无花无果标本,而1920年标本为有花有果标本,但采集地等信息不全。根据《中国植物志》描述,江苏地区未纳入其分布地,同时结合大果榉的分布区域主要位于淮河以北以及中西部地区,大果榉在江苏地区的分布记录需要去验证。

本次野外调查没有大果榉的发现记录。

根据IUCN评估标准,大果榉可被列为"数据不足"(DD,Data deficient)等级。

8. 榉树 *Zelkova schneideriana*(Thunb.)Makino

榉树又名大叶榉,落叶乔木,高达35 m,胸径达150 cm;树皮灰褐色至深灰色,呈不规则的片状剥落;当年生枝灰绿色或褐灰色,密生伸展的灰色柔毛;冬芽常2个并生,球形或卵状球形。叶厚纸质,大小形状变异很大,卵形至椭圆状披针形,长3~10 cm,宽1.5~4 cm,先端渐尖、尾状渐尖或锐尖,基部稍偏斜,圆形、宽楔形,稀浅心形,叶面绿,干后深绿至暗褐色,被糙毛,叶背浅绿,干后变淡绿至紫红色,密被柔毛,边缘具圆齿状锯齿,侧脉8~15对;叶柄粗短,长3~7 mm,被柔毛。雄花1~3朵簇生于叶腋,雌花或两性花常单生于小枝上部叶腋。花期4月,果期9~11月。

我国的江苏、浙江、湖南、湖北、河南、贵州、广东、广西、云南和台湾等地,都发现有榉树资源分布,该种具有较高的材用和观赏等价值。在1999年《国家重点保护野生植物名录(第一批)》中被列为国家Ⅱ级保护植物。在江苏第二次重点保护野生植物资源调查中被列为省级调查物种。

(1) 调查方法

实测法结合样方法。

(2) 地理分布

A. 历史记录

根据植物标本记录查阅,在江苏境内采集的榉树腊叶标本有28份:

(ⅰ）采集人：刘玉壶，时间：无，采集号：3191，采集地点：江苏省；保存于中国科学院华南植物园标本馆(IBSC)。

(ⅱ）采集人：P. Courtois，时间：1912-03-13，采集号：5440，采集地点：江苏省 Hong-ce；保存于中国科学院华南植物园标本馆(IBSC)。

(ⅲ）采集人：Y. L. Keng，时间：1928-08-17，采集号：1695，采集地点：江苏省南京市；保存于中国科学院华南植物园标本馆(IBSC)。

(ⅳ）采集人：C. N. Chen，时间：1929-04-28，采集号：8795，采集地点：江苏省南京市；保存于中国科学院华南植物园标本馆(IBSC)。

(ⅴ）采集人：Y. L. Keng，时间：1929-08-13，采集号：2368，采集地点：江苏省 From to Langcke Mt. S. I-Shing；保存于中国科学院华南植物园标本馆(IBSC)。

(ⅵ）采集人：C. C. Chen，时间：1929-09-21，采集号：119，采集地点：江苏省宝华山；保存于中国科学院华南植物园标本馆(IBSC)。

(ⅶ）采集人：F. T. Wang，时间：1931-04-14，采集号：65，采集地点：江苏省南京市；保存于中国科学院华南植物园标本馆(IBSC)。

(ⅷ）采集人：M. Chen，时间：1932-11-05，采集号：19，采集地点：江苏省南京市；保存于中国科学院华南植物园标本馆(IBSC)。

(ⅸ）采集人：M. Chen，时间：1933-04-06，采集号：145，采集地点：江苏省南京市；保存于中国科学院华南植物园标本馆(IBSC)。

(ⅹ）采集人：M. Chen，时间：1933-04-21，采集号：180，采集地点：江苏省南京市；保存于中国科学院华南植物园标本馆(IBSC)。

(ⅺ）采集人：周太炎，刘昉勋，时间：1950-04-24，采集号：691，采集地点：鼋头渚附近；保存于中国科学院华南植物园标本馆(IBSC)。

(ⅻ）采集人：工作站同仁，时间：1951-07-01，采集号：2503，采集地点：江苏省宝应城内；保存于中国科学院华南植物园标本馆(IBSC)。

(ⅹⅲ）采集人：邬文祥，时间：1958-08-09，采集号：4342，采集地点：江苏省无锡马山西；保存于中国科学院华南植物园标本馆(IBSC)。

（ⅹⅳ）采集人：M. Chen，时间：1977-02-27，采集号：221、3352，采集地点：江苏省南京市；保存于中国科学院华南植物园标本馆(IBSC)。

（ⅹⅴ）采集人：M. Chen，时间：1931-04-21，采集号：180，采集地点：江苏省南京市；保存于江西省·中国科学院庐山植物园标本馆(LBG)。

（ⅹⅵ）采集人：M. Chen，时间：1933-04-21，采集号：180，采集地点：江苏省南京市；保存于江西省·中国科学院庐山植物园标本馆(LBG)。

（ⅹⅶ）采集人：无，时间：无，采集号：无，采集地点：江苏省；保存于江苏省·中国科学院植物研究所标本室(NAS)。

（ⅹⅷ）采集人：无，时间：无，采集号：无，采集地点：江苏省；保存于江苏省·中国科学院植物研究所标本室(NAS)。

（ⅹⅸ）采集人：Y. W. Law，时间：无，采集号：3191，采集地点：江苏省；保存于江苏省·中国科学院植物研究所标本室(NAS)。

（ⅹⅹ）采集人：刘玉壶，时间：无，采集号：710，采集地点：江苏；保存于江苏省·中国科学院植物研究所标本室(NAS)。

（ⅹⅹⅰ）采集人：Courtois，时间：1919-04-07，采集号：22879、22882，采集地点：江苏省，Z. K. W.；保存于江苏省·中国科学院植物研究所标本室(NAS)。

（ⅹⅹⅱ）采集人：A. J. M. Delavay，时间：1930-08-04，采集号：951，采集地点：江苏省；保存于江苏省·中国科学院植物研究所标本室(NAS)。

（ⅹⅹⅲ）采集人：J. Kozlov，时间：1936-08-16，采集号：309，采集地点：江苏省，Hamdgow Park；保存于江苏省·中国科学院植物研究所标本室(NAS)。

（ⅹⅳ）采集人：岳俊三，时间：1954-05-14，采集号：229，采集地点：江苏省宝华山；保存于江苏省·中国科学院植物研究所标本室(NAS)。

（ⅹⅹⅴ）采集人：李华，时间：1954-11-16，采集号：0118，采集地点：江苏省；保存于江苏省·中国科学院植物研究所标本室(NAS)。

（ⅹⅹⅵ）采集人：邓懋彬、袁春台，时间：1956-10-16，采集号：无，采集地点：江苏省，茅山东南麓；保存于江苏省·中国科学院植物研究所标本室(NAS)。

查阅资料，榉树在江苏地区记载较多。如1928年江苏南京(Nanking,

Yuan Tai Shan. S. Nanking;Y. L. Keng,1696);1929年江苏南京(Nanking,Tschsiashan;C. N. Chen,8795);1929江苏宝华山(C. C. Chen,1257);1930江苏镇江(A. J. M. Delavay,1042、1069);1933年苏州上方山有采集记录(H. Migo);1934年南京牛首山林场(龚家骥,362);1934年江苏镇江(H. Migo);1935年江苏宜兴铜官山芙蓉寺前(沈隽,898);1935年江苏宝华山四方亭(贺贤育,731);1940年紫金山(无采集人无号);1950年无锡(周太炎、刘昉勋,691);1954年在句容宝华山有采集记录(岳俊三,229);1954年南京紫金山(杨世基,39);1956年江苏溧阳县洛岗(刘昉勋、邓懋彬、黄致远,2574);1956年金坛金牛洞(刘昉勋,3621);1956年,苏州东洞庭山(丁志遵、王意成,0326);1956年苏州木渎灵藏山(丁志遵、王意成,0203);1956年句容茅山金牛附近(邓懋彬、袁春台,3516);1956年江苏宜兴深洞村(2060);1956年江苏茅山东南麓(邓懋彬、袁春台,3621);1961年江苏宝应垦殖场(刘守炉等,234);1979年10月在宜兴老鹰岕曾发现有分布(方文哲,8014);1995年无锡市充山南坡(W. X. Wu,9966)。

此外,榉树作为古树名木也有不少记载(方寅,1998),如南通芦泾乡有2株120年以上的榉树,其中1株胸径72 cm,高22 m,另1株胸径62 cm,高21 m;溧阳龙潭林场平桥林区有胸径96 cm以上的榉树。另外,溧阳涧溪村有清朝时期榉树,溧阳伍员山保存了2株500年树龄的榉树。1999年,江苏省第一次重点保护野生植物资源调查发现,苏州上方山已无胸径大于15 cm的野生个体,仅有残存个体散生沟谷;宜兴老鹰岕、金坛金牛洞已无野生榉树分布。溧阳龙潭林场有胸径20～40 cm的榉树数百株,沿沟谷坡地带状分布。溧阳金刚有20余株胸径15～20 cm的榉树;句容宝华山北坡有数百株榉树个体;金坛西南部的磨盘山和方山范围累计有千余亩以榉树为常见种的落叶阔叶林,为当时江苏境内发现的最大榉树种群(郝日明,2000)。

B. 现状分布

根据野外实地调查,江苏境内的榉树目前分布于南京、镇江、无锡和常州4个省辖市的多个地点,现分述如下(表4-9):

(1) 南京老山(响铃庵、响堂大马山路)有小片分布,以及狮子岭兜率寺及石龙路也有分布;南京将军山舒凫台。

(2) 句容磨盘山林场,海拔范围在 69.7～101 m;句容茅山李塔村大片分布;句容宝华山南坡锅底洼等地。

(3) 宜兴小黑沟自然保护区,海拔 118 m;善卷洞,海拔 74 m;茗岭磐山寺,海拔范围在 85～109 m;淌水龙,海拔 132 m;大龙西岕,海拔范围在 122.7～133 m。

(4) 溧阳龙潭林场,海拔范围在 30～115 m;戴埠镇深溪岕村金刚岕,海拔 226 m;戴埠镇南渚惠家村,海拔范围在 102～196 m。

表 4-9 江苏分布的榉树资源状况简表

分布地点	位 置	海拔(m)	东经(°/′/″)	北纬(°/′/″)	资源状况
句容	茅山李塔村	171	119°18′29″	31°42′38″	丰富
		261	119°18′36″	31°42′43″	
		261	119°18′33″	31°42′45″	
		144	119°18′32″	31°42′41″	
		140	119°18′30″	31°42′40″	
	隆昌寺北	269	119°05′04″	32°07′45″	一般
	隆昌寺南	215	119°05′04″	32°07′91″	
	宝华玉兰园	193	119°05′09″	32°07′80″	
	宝华山西	263	119°05′05″	32°07′97″	
	磨盘山林场	101	119°18′28″	31°43′27″	
南京老山	响铃庵	56	118°34′36″	32°03′25″	较少
	响堂大马山路	266	118°34′24″	32°04′47″	
	石龙路	259	118°32′42″	32°03′40″	
	兜率寺	228	118°32′42″	32°03′49″	
南京将军山	舒凫台	79	118°46′01″	31°55′26″	较少

(续表)

分布地点	位　置	海拔(m)	东经(°′″)	北纬(°′″)	资源状况
宜兴	大龙西岕	133	119°44′13″	31°15′30″	较少
	淌水龙	132	119°45′05″	31°15′30″	
	善卷洞	74	119°39′49″	31°18′01″	
	小黑沟	118	119°44′04″	31°14′36″	
	茗岭(磐山寺)	85	119°44′01″	31°11′18″	
溧阳	龙潭林场	32	119°29′29″	31°25′33″	丰富
	龙潭林场(仙人洞)	115	119°29′03″	31°15′33″	
	深溪岕	226	119°30′48″	31°10′18″	
	南渚	108	119°27′59″	31°12′18″	

(3) 种群数量

此次野外调查过程中,通过实测法在南京、句容、溧阳、宜兴4个地区共记录榉树206株。其中,南京地区有20株,占实测法调查总数的9.70%(表4-10);镇江句容有68株,占实测法调查总数的33.01%(表4-11);常州溧阳有91株,占实测法调查总数的44.17%(表4-12);无锡宜兴有27株,占实测法调查总数的13.11%(表4-13)。从更新方式看,这些地区的榉树主要为实生形式,而萌生现象不明显。

表4-10　南京分布的榉树资源(实测法)

分布地点	DBH(cm)	高度(m)	海拔(m)	东经(°′″)	北纬(°′″)	冠幅(m)	更新方式
将军山	17.05	10.5	79	118°46′01″	31°55′26″	4×5	实生
	24.05	10.8	79	118°46′01″	31°55′26″	7×8	实生
	21.31	8.2	79	118°46′01″	31°55′26″	5×5	实生
	13.83	8.0	79	118°46′01″	31°55′26″	5×5	实生
	14.04	8.0	79	118°46′01″	31°55′26″	5×5	实生

(续表)

分布地点	DBH(cm)	高度(m)	海拔(m)	东经(°′″)	北纬(°′″)	冠幅(m)	更新方式
老山响铃庵	55.85	14.6	56	118°34′36″	32°03′25″	12×12	实生
	55.15	13.0	56	118°34′36″	32°03′25″	12×13	实生
	111.57	16.0	56	118°34′36″	32°03′25″	16×17	母株
	56.95	15.6	56	118°34′36″	32°03′25″	14×10	实生
老山响堂大马山路	43.00	13.0	266	118°34′24″	32°04′48″	8×9	实生
	12.10	6.5	266	118°34′24″	32°04′48″	3×3	实生
	11.18	7.6	266	118°34′24″	32°04′48″	3×4.5	实生
	15.58	6.5	266	118°34′24″	32°04′48″	4×4.5	实生
老山石龙路	25.60	13.8	259	118°32′42″	32°03′41″	8×6	实生
	25.38	12.5	259	118°32′42″	32°03′41″	4×5	实生
	34.93	13.2	259	118°32′42″	32°03′41″	9×12	实生
	27.93	14.0	259	118°32′42″	32°03′41″	7×8	实生
	39.94	16.2	259	118°32′42″	32°03′41″	10×10	实生
	35.73	16.0	259	118°32′42″	32°03′41″	8×8	实生
老山兜率寺	65.85	21.0	228	118°32′42″	32°03′49″	14×15	实生

表 4-11 句容分布的榉树资源(实测法)

分布地点	DBH(cm)	高度(m)	海拔(m)	东经(°′″)	北纬(°′″)	冠幅(m)	更新方式
宝华山南大门——隆昌寺	17.66	8.6	98	119°04′09″	32°07′25″	6×7	实生
	18.91	9.6	101	119°04′12″	32°07′26″	7×5	实生
	10.79	11.2	105	119°04′13″	32°07′26″	4×5	实生
	9.77	7.6	105	119°04′13″	32°07′26″	5×3	实生
	9.22	9.6	105	119°04′13″	32°07′26″	7×7	实生
	7.73	11.6	105	119°04′13″	32°07′26″	5×7	实生
	12.38	12.2	105	119°04′13″	32°07′26″	8×8	实生

(续表)

分布地点	DBH (cm)	高度 (m)	海拔 (m)	东经 (°′″)	北纬 (°′″)	冠幅 (m)	更新方式
宝华山南大门——隆昌寺	8.67	7.7	113	119°04′26″	32°07′29″	8×8	实生
	3.58	8.2	112	119°04′29″	32°07′31″	7×7	实生
	17.3	7.0	112	119°04′29″	32°07′31″	3×3	实生
	3.89	12.2	112	119°04′29″	32°07′31″	7×8	实生
	9.73	8.8	112	119°04′29″	32°07′31″	3×3	实生
	13.85	11.9	156	119°04′30″	32°07′31″	5×6	实生
	5.34	9.0	156	119°04′30″	32°07′31″	3×3	实生
	8.32	9.6	156	119°04′30″	32°07′31″	5×5	萌生植株
	15.35	2.2	156	119°04′30″	32°07′31″	1×1	实生
	26.2	6.6	168	119°04′33″	32°07′33″	5×5	实生
	28.65	9.8	167	119°04′33″	32°07′33″	7×7	实生
	41.05	6.8	226	119°04′50″	32°07′42″	3×3	断头
	12.8	13.2	226	119°04′50″	32°07′42″	5×6	萌生植株
宝华山隆昌寺东北角——宝华玉兰园	9.75	4.5	212	119°04′50″	32°07′42″	3×2	实生
	12.15	4.5	205	119°05′10″	32°07′49″	3×2	实生
	6.5	5.0	205	119°05′10″	32°07′49″	2×2	实生
	27.55	7.2	205	119°05′10″	32°07′49″	1×2	实生
	13.25	8.7	205	119°05′10″	32°07′49″	5×6	实生
	33.3	13.2	207	119°05′15″	32°07′50″	6×8	实生
	23.75	8.9	207	119°05′15″	32°07′50″	4×5	实生
	24.05	9.2	207	119°05′15″	32°07′50″	5×5	实生
	14.65	9.0	207	119°05′15″	32°07′50″	3×5	实生
	26.18	9.2	207	119°05′15″	32°07′50″	4×5	实生
	21.25	7.8	207	119°05′15″	32°07′50″	3×4	实生
	16.35	7.6	207	119°05′15″	32°07′50″	3×4	实生

(续表)

分布地点	DBH (cm)	高度 (m)	海拔 (m)	东经 (°′″)	北纬 (°′″)	冠幅 (m)	更新方式
	29.85	10.8	207	119°05′15″	32°07′50″	4×5	实生
	22.6	11	207	119°05′15″	32°07′50″	4×5	实生
	16.28	6.8	207	119°05′15″	32°07′50″	3×3	实生
宝华山隆昌寺北下方	12.21	6.2	212	119°05′35″	32°07′56″	3×3	实生
	15.61	8.0	212	119°05′35″	32°07′56″	4×5	实生
	6.25	8.0	212	119°05′35″	32°07′56″	4×3	实生
	42.75	13.3	212	119°05′35″	32°07′56″	9×11	实生
	39.3	10.8	212	119°05′35″	32°07′56″	7×9	实生
	24	6.7	208	119°05′03″	32°07′57″	4×4	实生
	29.48	10.3	217	119°05′01″	32°07′47″	6×7	实生
	55.2	13.1	223	119°05′02″	32°07′46″	7×9	实生
	33.5	8.0	223	119°05′02″	32°07′46″	7×8	实生
	41.85	12.6	223	119°05′02″	32°07′46″	8×10	实生
	31.78	12.8	223	119°05′02″	32°07′46″	6×8	实生
	20.93	11.0	223	119°05′02″	32°07′46″	6×5	实生
	35.2	10.8	223	119°05′02″	32°07′46″	7×7	实生
磨盘山	47.45	23	101	119°18′28″	31°43′27″	5×6	实生
	12	8	74	119°18′38″	31°43′28″	3×3	实生
	16	10	74	119°18′38″	31°43′28″	3×4	实生
	15	7	74	119°18′38″	31°43′28″	3×4	实生
	26	24	74	119°18′38″	31°43′28″	5×6	实生
	11.24	7	73	119°18′36″	31°43′25″	3×3	实生
	10.19	7.5	73	119°18′36″	31°43′25″	3×2	实生
	11.59	8	73	119°18′36″	31°43′25″	3×3	实生
	35.19	20	70	119°18′33″	31°43′23″	5×4	实生
	25.89	22	70	119°18′33″	31°43′23″	4×3	实生

(续表)

分布地点	DBH (cm)	高度 (m)	海拔 (m)	东经 (°/′/″)	北纬 (°/′/″)	冠幅 (m)	更新方式
磨盘山	26.43	24	70	119°18′33″	31°43′23″	3×4	实生
	24.65	19	70	119°18′33″	31°43′23″	4×2	实生
	21.66	19	70	119°18′33″	31°43′23″	4×2	实生
	28.66	17	70	119°18′33″	31°43′23″	4×4	实生
	27.2	15	70	119°18′33″	31°43′23″	4×4	实生
	17.36	19	70	119°18′33″	31°43′23″	4×3	实生
	25.92	23	70	119°18′33″	31°43′23″	4×5	实生
	19.11	20	70	119°18′33″	31°43′23″	3×3	实生
	26.43	24	70	119°18′33″	31°43′23″	4×5	实生
	22.71	16	70	119°18′33″	31°43′23″	4×4	实生

表4-12 溧阳分布的榉树资源（实测法）

分布地点	DBH (cm)	高度 (m)	海拔 (m)	东经 (°/′/″)	北纬 (°/′/″)	冠幅 (m)	更新方式
龙潭林场（仙人洞）	38.12	13.2	30	119°29′20″	31°25′33″	7×6	实生
	39.65	13.5	30	119°29′20″	31°25′33″	5×5	实生
	43.12	14.2	32	119°29′29″	31°25′33″	4×5	实生
	51.37	15.7	39	119°29′23″	31°15′50″	8×6	实生
	51.34	15.4	39	119°29′23″	31°15′50″	8×6	实生
	40.83	14.8	40	119°29′23″	31°15′50″	9×6	实生
	26.00	13	115	119°29′03″	31°15′33″	8×6	实生
	24.00	13	115	119°29′03″	31°15′33″	9×6	实生
	18.00	13	115	119°29′03″	31°15′33″	4×6	实生
	12.00	13	115	119°29′03″	31°15′33″	4×6	实生
	22.00	13	115	119°29′03″	31°15′33″	4×6	实生
	20.00	13	115	119°29′03″	31°15′33″	4×6	实生
	20.00	13	115	119°29′03″	31°15′33″	4×6	实生

(续表)

分布地点	DBH (cm)	高度 (m)	海拔 (m)	东经 (°′″)	北纬 (°′″)	冠幅 (m)	更新方式
	24.00	13	115	119°29′03″	31°15′33″	4×6	实生
戴埠镇—南渚—惠家村—小阳山	19.78	9	135	119°27′47″	31°13′02″	3×4	实生
	4.00	2.5	135	119°27′47″	31°13′02″	1×1	实生
	29.08	14	135	119°27′47″	31°13′02″	4×5	实生
	16.88	13	138	119°27′47″	31°13′03″	3×5	母株
	16.18	11	138	119°27′47″	31°13′03″	3×5	萌生植株
	29.87	16	138	119°27′47″	31°13′03″	3×5	母株
	25.61	14	138	119°27′47″	31°13′03″	4×5	萌生植株
	29.14	17	140	119°27′47″	31°13′03″	4×6	实生
	31.86	16	140	119°27′47″	31°13′03″	6×5	母株
	30.99	14.4	140	119°27′47″	31°13′03″	4×5	萌生植株
	1.59	5.5	140	119°27′47″	31°13′03″	2×3	实生
	16.88	15	139	119°27′48″	31°13′04″	4×6	母株
	12.10	13.1	139	119°27′48″	31°13′04″	3×5	萌生植株
	10.51	12.3	139	119°27′48″	31°13′04″	3×4	萌生植株
	23.38	18	132	119°27′48″	31°13′04″	4×5	实生
	16.05	13	132	119°27′48″	31°13′04″	3×3	实生
	13.92	16	151	119°27′47″	31°13′05″	3×4	母株
	13.54	15.6	151	119°27′47″	31°13′05″	3×4	萌生植株
	8.00	6	151	119°27′47″	31°13′05″	5×4	实生
	31.11	20	151	119°27′47″	31°13′05″	6×8	实生
	19.20	18	151	119°27′47″	31°13′05″	4×4	实生
	10.00	11	151	119°27′47″	31°13′05″	3×3	实生

(续表)

分布地点	DBH (cm)	高度 (m)	海拔 (m)	东经 (°/′/″)	北纬 (°/′/″)	冠幅 (m)	更新方式
戴埠镇—南渚—惠家村—小阳山	40.13	13	151	119°27′47″	31°13′05″	6×8	母株
	15.22	15.7	151	119°27′47″	31°13′05″	4×5	萌生植株
	28.03	15	169	119°27′46″	31°13′05″	5×6	母株
	13.22	15.2	169	119°27′46″	31°13′05″	3×4	萌生植株
	6.00	5	168	119°27′44″	31°13′05″	2×2	实生
	12.10	8	127	119°27′42″	31°13′05″	3×4	实生
	29.36	13	127	119°27′42″	31°13′05″	9×10	实生
	38.18	12	127	119°27′42″	31°13′05″	8×10	实生
	30.25	15	127	119°27′42″	31°13′05″	5×6	实生
	30.99	19	136	119°27′42″	31°13′04″	4×5	实生
	29.43	17	136	119°27′42″	31°13′04″	8×12	实生
	23.89	17	136	119°27′42″	31°13′04″	3×4	实生
	20.06	14	184	119°27′41″	31°13′04″	6×8	实生
	44.90	20	188	119°27′42″	31°13′02″	10×12	实生
	13.31	13	102	119°27′44″	31°13′01″	4×4	实生
	31.05	19	102	119°27′44″	31°13′01″	8×8	实生
	15.00	19	102	119°27′44″	31°13′01″	4×5	母株
	13.00	15.3	102	119°27′44″	31°13′01″	3×4	萌生植株
	25.70	12	102	119°27′44″	31°13′01″	5×7	实生
	25.00	11	157	119°27′44″	31°13′00″	5×6	实生
	30.00	20	157	119°27′44″	31°13′00″	6×8	母株
	12.00	14.7	151	119°27′42″	31°12′57″	3×4	萌生植株
	20.00	18	151	119°27′42″	31°12′57″	5×8	母株

(续表)

分布地点	DBH (cm)	高度 (m)	海拔 (m)	东经 (°′″)	北纬 (°′″)	冠幅 (m)	更新方式
戴埠镇—南渚—惠家村—小阳山	28.00	19	151	119°27′42″	31°12′57″	4×7	萌生植株
	32.00	20	151	119°27′42″	31°12′57″	4×8	实生
	26.00	20	151	119°27′42″	31°12′57″	4×5	实生
	27.00	18	151	119°27′42″	31°12′57″	5×6	实生
	18.00	17	151	119°27′42″	31°12′57″	3×4	实生
	20.00	18	151	119°27′42″	31°12′57″	3×3	实生
	24.00	17	151	119°27′42″	31°12′57″	3×4	实生
	25.00	18	151	119°27′42″	31°12′57″	3×4	实生
	28.00	19	151	119°27′42″	31°12′57″	5×6	实生
	33.00	20	151	119°27′42″	31°12′57″	5×6	实生
	26.00	19	151	119°27′42″	31°12′57″	6×8	实生
	22.00	14	151	119°27′42″	31°12′57″	4×5	实生
	34.00	15	146	119°27′47″	31°12′53″	4×5	实生
	24.00	16	123	119°27′59″	31°12′49″	3×4	实生
	28.00	15	143	119°27′29″	31°12′54″	4×5	实生
	26.00	14.8	143	119°27′29″	31°12′54″	4×5	实生
戴埠镇—南渚—惠家村—大阳山	27.00	12	176	119°27′24″	31°12′52″	5×4	实生
	20.00	11	176	119°27′24″	31°12′52″	4×3	实生
	16.00	20	179	119°27′22″	31°12′52″	7×6	实生
	26.00	15	179	119°27′22″	31°12′52″	3×4	实生
	15.00	15	179	119°27′22″	31°12′52″	4×4	实生
	27.71	19	179	119°27′22″	31°12′52″	5×6	实生
	28.66	16	179	119°27′22″	31°12′52″	4×5	实生
	46.69	16	81	119°28′14″	31°12′50″	9×11	实生
	40.61	20	81	119°28′14″	31°12′50″	8×10	实生
	30.92	16.6	81	119°28′14″	31°12′50″	4×5	实生

(续表)

分布地点	DBH (cm)	高度 (m)	海拔 (m)	东经 (°′″)	北纬 (°′″)	冠幅 (m)	更新方式
戴埠镇—南渚—大公狼山	31.53	15	71	119°27′53″	31°13′01″	6×8	实生
	38.22	20	71	119°27′53″	31°13′01″	5×8	实生
	28.00	19	71	119°27′53″	31°13′01″	4×5	实生
	30.00	18	71	119°27′53″	31°13′01″	4×5	实生
	24.00	15	196	119°27′37″	31°12′57″	3×4	实生
戴埠镇—南渚—馒头山东	25.96	21	108	119°27′55″	31°12′41″	5×6	实生

表 4-13 宜兴分布的榉树资源（实测法）

分布地点	DBH (cm)	高度 (m)	海拔 (m)	东经 (°′″)	北纬 (°′″)	冠幅 (m)	更新方式
大龙西岕	35	12	133	119°44′13″	31°15′30″	5×7	实生
	49	20	123	119°44′44″	31°15′02″	9×10	实生
茗岭磬山寺	18	19	85	119°44′01″	31°11′18″	4×5	实生
	20	22	85	119°44′01″	31°11′18″	6×7	实生
	15	16	85	119°44′01″	31°11′18″	5×6	实生
	14	15.6	85	119°44′01″	31°11′18″	6×7	实生
	30	23	85	119°44′01″	31°11′18″	10×12	实生
	15	16.5	85	119°44′01″	31°11′18″	6×7	实生
	14	15.7	85	119°44′01″	31°11′18″	5×6	实生
	10	12.1	85	119°44′01″	31°11′18″	4×5	实生
	12	13.2	85	119°44′01″	31°11′18″	4×5	实生
	32	20	109	119°44′01″	31°11′16″	10×12	实生
	28	19.5	109	119°44′01″	31°11′16″	7×8	实生
	32	20.7	109	119°44′01″	31°11′16″	10×11	实生
	25	19.3	109	119°44′01″	31°11′16″	8×9	实生

(续表)

分布地点	DBH (cm)	高度 (m)	海拔 (m)	东经 (°′″)	北纬 (°′″)	冠幅 (m)	更新方式
茗岭磐山寺	24	18.9	109	119°44′01″	31°11′16″	8×9	实生
	26	20.5	109	119°44′01″	31°11′16″	10×12	实生
	12	13.1	109	119°44′01″	31°11′16″	4×5	实生
	10	11.3	109	119°44′01″	31°11′16″	3×4	实生
	15	16.3	109	119°44′01″	31°11′16″	5×6	实生
	32	15	202	119°41′15″	31°12′29″	8×9	实生
善卷洞	4	3	25	119°39′45″	31°17′59″	2×2	实生
	10	7	74	119°39′52″	31°18′00″	3×3	实生
淌水龙	1.5	1.6	132	119°45′05″	31°15′30″	—	实生
小黑沟	—	0.9	118	119°44′04″	31°14′36″	—	实生
	—	0.5	118	119°44′04″	31°14′36″	—	实生
	—	0.4	118	119°44′04″	31°14′36″	—	实生

此外,由于榉树在句容、溧阳、金坛等地分布较多,我们在这些地方的榉树集中分布区域进行典型抽样,做了样方调查。现以句容茅山李塔村的榉树种群调查为例,简要分析其种群的年龄结构组成。

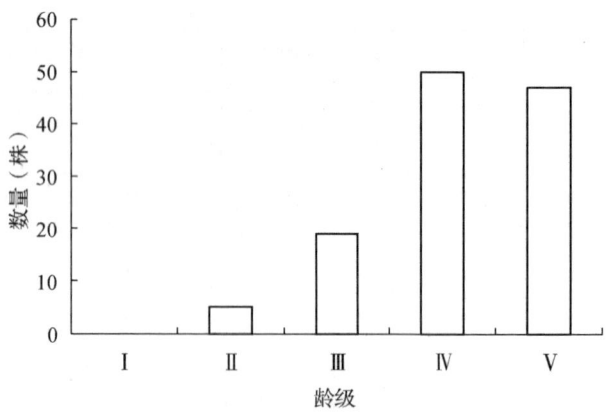

图4-3 句容茅山李塔村榉树种群的龄级结构

从图4-3可见,在镇江茅山李塔村调查的5个20 m×20 m样地共计2 000 m²内,共记录榉树植株121株,植株密度为605株/hm²。根据Ⅴ级立木制对其进行分级(Ⅰ龄级,DBH<2.5 cm;Ⅱ龄级,2.5 cm≤DBH<7.5 cm;Ⅲ龄级,7.5 cm≤DBH<15 cm;Ⅳ龄级,15 cm≤DBH<22.5 cm;Ⅴ龄级,DBH≥22.5 cm),结构发现:Ⅰ龄级个体缺失;Ⅱ龄级个体共计5株,占总数的4.1%;Ⅲ龄级个体共计19株,占总数的15.7%;Ⅳ龄级个体共计50株,占总数的41.3%;Ⅴ龄级个体47株,占总数的38.8%。总体看来,该地区的榉树种群成年植株数量较为丰富,但幼年个体较少,缺乏Ⅰ龄级个体,属于衰退种群。

(4) 濒危现状

根据植物标本记载,榉树在江苏境内的南京、镇江、无锡和常州均有分布记录。根据此次的野外实地调查,该种目前分布于上述4个省辖市的5个分布地点(表4-9~表4-13)。尽管分布地点较多,但是调查后发现不同地点的榉树种群的规模与种群数量存在较大差异。而且,部分地区如茅山榉树种群的年龄结构不够合理。

根据江苏第一次重点保护野生植物调查结果,只在溧阳龙潭林场有榉树数百株,散生于多条沟谷坡地中,呈带状分布;在溧阳金刚岕有20余株。另外,在金坛西南部的磨盘山和方山石家山有千余亩以榉树为常见种的落叶阔叶林。此次调查与第一次野生植物资源调查相比,榉树野生种群的分布地点与种群规模均有了显著增加。此次调查表明:在溧阳龙潭林场仙人洞和六江岕,溧阳市戴埠镇南渚惠家村的大阳山和小阳山,金坛市薛埠镇方山石家山林场,句容市磨盘山林场均有较大规模的榉树野生种群,但榉树的种群密度差异较大(表4-14)。其中,以龙潭林场仙人洞的榉树种群的密度最大,达1 292株/hm²,这很可能与该区位于部队附近,极少受到人为干扰有关。另外,在宜兴的善卷洞、潭水龙、龙池山、大龙西岕、小黑沟自然保护区和茗岭磬山寺也发现有少量零星分布的榉树野生个体。

表 4-14　江苏分布的榉树各龄级的数量组成(样方法)

分布地区	密度(株/hm²)						分布面积(hm²)	数量(株)
	Ⅰ	Ⅱ	Ⅲ	Ⅳ	Ⅴ	总体		
溧阳龙潭林场仙人洞	717	17	92	142	150	1 292	5	6 460
溧阳龙潭林场六江岕	167	108	8	17	175	475	5	2 375
金坛市方山石家山林场	90	35	15	160	175	475	10	4 750
方山石家山采石场上方	25	33	58	158	75	350	5	1 750
句容市磨盘山林场	58	25	8	42	133	267	5	1 335
镇江茅山李塔村	0	25	95	250	235	605	20	12 100
总计	152	39	48	142	166	570	50	28 770

榉树为中等喜光树种,喜温暖气候和湿润肥沃土壤,在微酸性、中性、石灰质土及轻度盐碱土上均能生长,但在干燥瘠薄山地上生长不良。该种为深根性树种,侧根扩张,抗风力强,树冠大,落叶量多,还有改良土壤之功效。在我省的宁镇山区与宜溧山地不仅有自然分布,而且也常常有栽培,也是深受当地群众喜爱的造林绿化树种。例如,我们在溧阳戴埠镇南渚惠家村调查时发现,该村旁生长着1株胸径达 175.8 cm 的榉树($119°28'14''$E,$31°12'50''$N),这是目前我省已知的 DBH 最大的榉树。

根据 IUCN 评估标准,榉树可列为"易危种"(VU,Vulnerable)等级。

9. 天目木兰 *Yulania amoena*(W. C. Cheng)D. L. Fu

落叶乔木,高 8～12 m;树皮灰色或灰白色;小枝带紫色,芽有白色长柔毛。叶互生,纸质,宽倒披针状矩圆形或矩圆形,长 10～15 cm,宽 3.5～5 cm,顶端长渐尖或短尾尖,基部楔形或圆形,全缘,下面叶脉及脉腋有毛;叶柄长 8～11 mm。花先叶开放,单生于枝顶,杯状,有芳香,直径约 6 cm;花被片 9,倒披针形或近匙形,长约 5～5.6 cm,粉红色或淡粉红色,里面白色;雄蕊多数,长约 9～10 mm,花丝紫红色,花药侧向纵裂。聚合果圆筒形,长约 4～6 cm;蓇葖少数,木质,有瘤状点,顶端圆或钝。花期 3～4 月,果期 9～10 月。

天目木兰为中国特有树种。花形美丽、气味芳香，可供观赏；花蕾还可入药。在1991年《中国植物红皮书》（第一册）中被列为国家Ⅲ级保护渐危种；在江苏第二次重点保护野生植物资源调查中被列为省级调查物种。在2014年《中国物种红色名录》中被列为"易危种"（VU）等级。

(1) 调查方法

实测法。

(2) 地理分布

A. 历史记录

根据植物标本记录查阅，目前确切在江苏境内采集的天目木兰的腊叶标本仅2份：

（ⅰ）采集人：邓懋彬，时间：1976 - 11，采集号：7650，采集地点：江苏省溧阳市深溪岕；保存于江苏省·中国科学院植物研究所标本室（NAS）。

（ⅱ）采集人：邓懋彬，时间：1988 - 09 - 15，采集号：87460，采集地点：江苏省宜兴市；保存于江苏省·中国科学院植物研究所标本室（NAS）。

根据植物标本记录，天目木兰在江苏境内的溧阳和宜兴等地曾经有植物采集记录。

B. 现状分布

《江苏植物志》（第二卷，P8）也记载：该种"宜兴、溧阳有零星分布"。而根据野外调查，目前我们仅在宜兴小黑沟自然保护区发现该种的野生植株，分布于靠近山顶的山坡或沟谷边。我们先后多次前往深溪岕，穿越阔叶林或沿着水沟向上攀爬寻找，目前均暂未发现。推测原因，可能与该种的生境遭到破坏有关。

(3) 种群数量

根据第一次江苏重点保护野生植物资源调查，仅在江苏宜兴记录到天目木兰4株，而在本次调查共记录天目木兰31株。其中，萌生植株15株，实生植株16株，均散生于宜兴地区小黑沟自然保护区海拔300～325 m的毛竹林中，伴生种主要为毛竹（*Phyllostachys edulis*）、垂珠花（*Styrax dasyanthus*）、冬青(*Ilex chinensis*)和尾叶樱(*Cerasus dielsiana*)。靠近山顶的竹阔混交林中,偶有少数天目木兰的小苗,伴生种为金钱松、茶条槭(*Acer tataricum* subsp. *ginnala*)、野葛(*Pueraria montana* var. *lobata*)、美洲商陆(*Phytolacca americana*)、野山楂(*Crataegus cuneata*)、湖北算盘子(*Glochidion wilsonii*)。在这 16 株实生植株中,除 3 株较大外,其余实生植株均为幼苗。这些实生苗散生于针阔混交林中,而在实生苗附近未发现有天目木兰的大树,不少实生苗分布于天目木兰大树的山坡上方,因此推测此处的天目木兰幼苗很可能是鸟类通过取食植物种子后传播扩散形成的。该区最大的 1 棵天目木兰植株的胸径为 40.4 cm,高达 18 m,分布于湿润的沟谷附近。

表 4-15 江苏分布的天目木兰资源状况简表

分布地点	DBH (cm)	高度 (m)	海拔 (m)	东经 (°/′/″)	北纬 (°/′/″)	冠幅 (m)	更新方式
小黑沟沟谷	40.4	18.0	300	119°44′19″	31°14′27″	6×8	实生
	2.5	3.1	300	119°44′19″	31°14′27″	1×1	萌生
	1.0	0.8	300	119°44′19″	31°14′27″	—	萌生
	—	0.5	300	119°44′19″	31°14′27″	—	萌生
	—	0.3	300	119°44′19″	31°14′27″	—	萌生
	16.6	10.0	295	119°44′19″	31°14′27″	3×4	实生
	5.0	5	295	119°44′19″	31°14′27″	2×2	萌生
	2.5	3.2	295	119°44′19″	31°14′27″	1×2	萌生
	2.5	3.2	295	119°44′19″	31°14′27″	1×1	萌生
	2.5	3.1	295	119°44′19″	31°14′27″	1×1	实生
	1.5	1.2	295	119°44′19″	31°14′27″	—	萌生
	1.4	0.8	295	119°44′19″	31°14′27″	—	萌生
	2.5	3.1	300	119°44′19″	31°14′27″	—	实生
	1.5	1.2	300	119°44′19″	31°14′27″	—	萌生
	1.5	1.1	300	119°44′19″	31°14′27″	—	萌生
	1.5	1.3	300	119°44′19″	31°14′27″	—	实生

（续表）

分布地点	DBH (cm)	高度 (m)	海拔 (m)	东经 (°′″)	北纬 (°′″)	冠幅 (m)	更新方式
	1.1	1.2	300	119°44′19″	31°14′27″	—	萌生
	1.1	1.2	300	119°44′19″	31°14′27″	—	萌生
小黑沟近山顶	1.4	0.8	310	119°44′19″	31°14′27″	—	实生
	1.4	0.9	310	119°44′19″	31°14′27″	—	萌生
		0.5	325	119°44′18″	31°14′31″	—	萌生
		0.7	325	119°44′18″	31°14′31″	—	实生
		0.6	325	119°44′18″	31°14′31″	—	实生
		0.2	325	119°44′18″	31°14′31″	—	实生
		0.2	325	119°44′18″	31°14′31″	—	实生
		0.4	325	119°44′18″	31°14′31″	—	实生
		0.8	325	119°44′18″	31°14′31″	—	实生
		0.4	325	119°44′18″	31°14′31″	—	实生
		0.6	325	119°44′18″	31°14′31″	—	实生
		0.8	325	119°44′18″	31°14′31″	—	实生
		0.8	325	119°44′18″	31°14′31″	—	实生

（4）濒危现状

目前，天目木兰仅在江苏境内的宜兴小黑沟自然保护区有少量分布，而且种群规模较小，成年植株极少。这可能主要与以下原因有关：① 生物学原因。主要表现为：该种生长缓慢、结实率低、种子发芽率低，种群自然更新能力弱。如在野外调查中发现，不论在山坡沟谷还是靠近山顶，林下天目木兰的实生苗均较少；② 毛竹林的入侵。野外调查发现，现有的天目木兰的生境中毛竹生长旺盛，这可能也影响了天目木兰的自然更新。因为毛竹林郁闭度较高，林内枯枝落叶层较厚，可能影响天目木兰种子的萌发与生长。因此建议考虑采取人为措施，对天目木兰分布的竹阔混交林进行适当的人工抚育，改善该种的自然生境，以利于其自然种群更新。

根据 IUCN 评估标准,天目木兰可列为"极危种"(CR)等级。

10. 宝华玉兰 *Magnolia zenii* W. C. Cheng

落叶乔木,树皮灰白色;叶纸质,倒卵状长圆形或长圆形,先端宽圆具渐尖头,基部阔楔形或圆钝,托叶痕长为叶柄长的 1/5~1/2。花先叶开放,芳香;花被片 9,近匙形,外面中部以下紫红色;成熟蓇葖果近圆形,顶端钝圆;花期 3~4 月,果期 8~9 月。

宝华玉兰树干挺拔通直,材质较好,花艳丽芳香,是珍贵庭园观赏树木;花果还可入药(刘玉壶等,1996);仅分布于江苏句容宝华山。宝华玉兰在 1991 年《中国植物红皮书》(第一册)中被列为国家Ⅲ级保护濒危种;在 1999 年《国家重点保护野生植物名录(第一批)》中被列为国家Ⅱ级保护植物;在 2004 年《中国植物红色名录》中被列为极危种植物。在江苏第二次重点保护野生植物资源调查中被列为国家级重点调查物种。在 2004 年《中国物种红色名录》中被列为"极危种(CR)"。

(1) 调查方法

实测法结合样方法。

(2) 地理分布

A. 历史记录

根据植物标本记录查阅,在江苏境内采集的宝华玉兰腊叶标本有 6 份:

(ⅰ) 采集人:C. Pei,时间:1932-06-09,采集号:3123,采集地点:江苏省宝华山;保存于江苏省·中国科学院植物研究所标本室(NAS)。

(ⅱ) 采集人:W. C. Cheng,时间:1933-03-31,采集号:4233,采集地点:江苏省南京市;保存于江苏省·中国科学院植物研究所标本室(NAS)。

(ⅲ) 采集人:C. Pei,时间:1931-03-22,采集号:2147,采集地点:宝华山;保存于中国科学院植物研究所标本馆(PE)。

(ⅳ) 采集人:H. Migo,时间:1933-03-31,采集号:125,采集地点:江苏省句容市宝华山;保存于中国科学院植物研究所标本馆(PE)。

(ⅴ) 采集人:W. C. Cheng,时间:1933-09-09,采集号:4449,采集地

点：江苏省南京市；保存于中国科学院植物研究所标本馆（PE）。

（vi）采集人：W. C. Cheng，时间：1934 - 03 - 25，采集号：4664，采集地点：江苏省南京市；保存于中国科学院植物研究所标本馆（PE）。

宝华玉兰为极小种群分布种，相关历史记录较少。根据以上记录，所有标本记录都来自句容宝华山和南京。早在1931年在宝华山就有标本采集记录（C. Pei，2417）；1932年宝华山也有采集记录（C. Pei，3123）；1933年郑万钧教授采集标本（W. C. Cheng，4233、4449、4664），并根据模式标本（C. Pei，2417、3123；W. C. Cheng，1233）命名并发表宝华玉兰。1933年宝华山还有标本记录（M. Chen，125）；随后在贵州印江（黔北队，0382；1959年）、江西遂川（岳俊三等，3652、4359；1963年）、江西瑞昌（谭策铭，95423；1995年）、重庆金佛山（金佛山考察队，1279；1986年）、湖南南岳（Kuang Li-Hui，170；1997年）、浙江临安（Tan Ce-Ming，98330；1998年）、河南嵩县（关克俭、戴天伦，1981；1960年）也有标本采集记录，是否是自然种群不明。根据文献记录1984年建立宝华山自然保护区时，统计到宝华山有13株，生长在海拔约200 m的丘陵地（郝日明，2000）。1999年对宝华山自然保护区的宝华玉兰的调查结果显示当时的宝华玉兰成年个体有34株（郝日明，2000；徐惠强，2001）。根据最近对宝华山半自然群落和自然群落的4个样地的调查，发现了宝华玉兰149株，其中成年个体38株（王剑伟等，2008）。

B. 现状分布

经宝华山自然保护区长期定位观测及本次野外调查记录，现存宝华玉兰仅分布于宝华山北坡相距不远的3个地段，分别为：隆昌寺东北锅底洼、宝华山大华山北坡与隆昌寺西面。隆昌寺东北方向的锅底洼为宝华玉兰的集中分布地，这里隶属于宝华山自然保护区的核心区，宝华玉兰单株星散分布，共调查到成年宝华玉兰28棵；宝华山大华山北坡毛竹林上缘的落叶阔叶林内调查到宝华玉兰7棵；隆昌寺西面调查到宝华玉兰3棵。这3处均在国家森林公园范围内，位于山坡中下部，林地水热条件相对较好，湿润凉爽。另外，在宝华山锅底洼南面至将军洞分布有较大人工种群，本次调查未将其列入调查范围。

宝华玉兰的主要分布地点如下表(表4-16):

表4-16 江苏分布的宝华玉兰资源状况简表

分布地点	位置	海拔(m)	东经(°′″)	北纬(°′″)	资源状况
句容	宝华山北坡	172	119°05′14.12″	32°07′59.73″	较少(少量小苗更新)
	锅底洼	195	119°05′13.35″	32°07′58.73″	较少(少量小苗更新)
		220	119°05′14.55″	32°07′59.32″	较少(少量小苗更新)
		234	119°05′12.52″	32°07′54.97″	较少(少量小苗更新)
	隆昌寺西面	228	119°04′47.47″	32°08′08.94″	极少
	大华山北坡	234	119°06′23.72″	32°08′00.62″	较少
		211	119°06′23.39″	32°08′00.77″	较少

(3) 种群数量

本次野外调查记录宝华玉兰植株66株,包括38株成年个体与28株幼苗。这表明宝华玉兰在野外可以天然更新,种群数量有进一步扩大的潜力。38株宝华玉兰成年植株实测记录如下:

表4-17 江苏分布的宝华玉兰成年植株

分布位置	东经(°′″)	北纬(°′″)	胸径(cm)	高度(m)	海拔(m)
隆昌寺东北锅底洼	119°05′14.12″	32°07′59.32″	5.5	6.0	187
	119°05′14.55″	32°07′59.32″	7.8	7.0	193
	119°05′11.28″	32°07′58.86″	10.7	6.8	199
	119°05′12.35″	32°07′58.07″	13.8	13.0	183
	119°05′14.35″	32°05′58.82″	15.5	11.5	192
	119°05′14.36″	32°07′58.44″	16.5	9.2	204
	119°05′14.12″	32°07′58.84″	18.4	13.0	211
	119°05′15.47″	32°07′59.49″	19.5	8.4	216
	119°05′14.12″	32°07′58.50″	19.5	12.2	182

(续表)

分布位置	东经(°/′/″)	北纬(°/′/″)	胸径(cm)	高度(m)	海拔(m)
隆昌寺东北锅底洼	119°05′14.55″	32°07′59.32″	21.6	13.8	177
	119°05′14.12″	32°07′59.73″	22.3	14.2	172
	119°05′14.12″	32°07′59.02″	24.7	15.6	210
	119°05′15.47″	32°07′59.49″	27.6	14.8	205
	119°05′14.35″	32°07′58.82″	29.0	21.7	187
	119°05′14.88″	32°07′58.23″	29.8	16.9	162
	119°05′14.72	32°07′58.48″	31.0	21.1	185
	119°05′14.15″	32°07′59.32″	31.5	14.2	211
	119°05′14.56″	32°07′59.33″	34.4	22.0	188
	119°05′14.55″	32°07′59.32″	35.3	16.2	220
	119°05′14.35″	32°07′58.82″	35.6	16.2	218
	119°05′13.12″	32°07′58.35″	36.5	17.2	226
	119°05′14.83″	32°07′58.21″	37.3	22.0	206
	119°05′13.42″	32°07′58.61″	38.0	18.2	206
	119°05′12.79″	32°07′58.16″	38.4	15.2	213
	119°05′12.52″	32°07′54.97″	44.9	22.5	234
	119.09′86.26″	32°14′99.83″	37.31	13.5	205
	119.09′81.57″	32°15′01.09″	11.21	8.8	203
	119.09′81.48″	32°15′01.17″	22.97	11.8	196
隆昌寺西面	119°04′47.33″	32°08′08.72″	20.6	12.6	225
	119°04′47.44″	32°08′09.13″	16.2	13.7	231
	119°04′47.47″	32°08′08.94″	13.0	10.6	228
大华山北坡	119°06′24.07″	32°07′59.25″	7.2	7.0	223
	119°06′23.08″	32°08′12.49″	9.2	8.2	218
	119°06′23.39″	32°08′00.77″	11.6	8.8	211
	119°06′23.72″	32°08′00.62″	14.4	10.2	234

(续表)

分布位置	东经(°/′/″)	北纬(°/′/″)	胸径(cm)	高度(m)	海拔(m)
大华山北坡	119°06′23.88″	30°08′00.45″	19.1	12.3	217
	119°06′23.62″	32°08′00.56″	27.2	19.0	225
	119°06′23.33″	32°08′00.65″	32.9	21.0	207

此外,在宝华山隆昌寺东北方向的锅底洼设立的样地调查结果表明:在设立的4个20 m×20 m的乔木样方内,共记录宝华玉兰植株37株,植株密度为230株/hm²。因此,宝华玉兰零星分布于样地内,其种群密度较小。

(4) 濒危现状

A. 致濒机制

宝华玉兰分布区域狭小,对生存的环境的要求苛刻以及生长环境的不断恶化是宝华玉兰致濒的主要原因。宝华玉兰局限分布于宝华山北坡海拔200 m左右。宝华玉兰在其分布区内有一定数量的幼苗,森林郁闭度高,林下透光度较差,使得生长在该环境下的幼苗难以长成大树,阻碍了宝华玉兰的天然更新。宝华玉兰的竞争主要来自种间(蒋国梅,2010),这对其种群数量的增加起到了阻碍作用。所以,我们可以推测:宝华玉兰所处适宜生境的种子可以自然萌发;且其所处生境具有较高的物种多样性,但是种间竞争阻碍了宝华玉兰幼苗成长为成年植株。

B. 保护现状

现在宝华玉兰集中分布区内,建立了省级自然保护区(133.33 hm²)以及国家森林公园,对宝华玉兰采取了就地保护措施。不过,在宝华玉兰集中分布的锅底洼,较低海拔的毛竹不断地向宝华玉兰天然分布区蔓延,这影响了群落中其他植物的生存和自然更新,对宝华玉兰的生存构成了威胁,建议相关部门采取相应措施以阻止毛竹的蔓延。

宝华玉兰生境较为特殊,种群数量极小,应积极进行宝华玉兰的生物学与生态学特性相关研究,并从种群数量特征分析、繁殖体系建立以及群体遗传学等方面深入研究,来探讨宝华玉兰濒危机制,保护其天然种质资源。同时,进一步开展宝华玉兰引种试验,为宝华玉兰迁地保护提供理论基础,扩大宝华玉兰的应用范围。目前,研究人员已经对宝华玉兰进行了播种扦插繁殖等研究,在其天然分布区附近区域进行引种实验,甚至引种到海南,总体表现良好。

根据 IUCN 评估标准,宝华玉兰可列为"极危种"(CR)等级。

11. 香樟 *Cinnamomum camphora*(L.)J. Presl

常绿大乔木,高可达 30 m;树冠广卵形,枝、叶及木材均有樟脑气味;树皮幼时绿色,平滑,老时渐变为黄褐色或灰褐色纵裂;顶芽广卵形或圆球形,鳞片宽卵形或近圆形,外面略被绢状毛;叶互生,卵状椭圆形,长 6~12 cm,宽 2.6~5.5 cm,先端急尖,基部宽楔形至近圆形,边缘全缘,薄革质,有光泽,基部圆形,具离基三出脉,近基部的第一对或第二对侧脉长而显著,脉腋有腺点。叶柄纤细,长 2~3 cm。圆锥花序生于新枝的叶腋内,长 3.5~7 cm。花常淡黄绿色,长约 3 mm;花梗长 1~2 mm,无毛。能育雄蕊 9,退化雄蕊 3。子房球形,长约 1 mm,无毛。浆果卵球形或近球形,直径 6~8 mm,熟时呈紫黑色。花期 4~5 月,果期 8~11 月。

香樟木材坚硬、树姿雄伟,可供材用或绿化。在 1999 年《国家重点保护野生植物名录(第一批)》中被列为国家Ⅱ级保护植物;在江苏第二次重点保护野生植物资源调查中被列为省级调查物种。

(1) 调查方法

实测法结合样方法。

(2) 地理分布

A. 历史记录

根据植物标本记录查阅,目前确切在江苏境内采集的香樟腊叶标本有 10 份:

(ⅰ)采集人:C. H. Tso,时间:1926 - 05 - 27,采集号:516,采集地点:无;保存于江苏省·中国科学院植物研究所标本室(NAS)。

(ⅱ)采集人:陈斌全,时间:1935 - 04 - 24,采集号:63,采集地点:江苏省南京市;保存于江苏省·中国科学院植物研究所标本室(NAS)。

(ⅲ)采集人:沈隽,时间:1935 - 09 - 21,采集号:862,采集地点:江苏省宜兴市;保存于江苏省·中国科学院植物研究所标本室(NAS)。

（ⅳ）采集人：周、刘、谭，时间：1951-09，采集号：1224，采集地点：江苏省常熟市；保存于江苏省·中国科学院植物研究所标本室（NAS）。

（ⅴ）采集人：刘玉壶，时间：1954-04-30，采集号：3164，采集地点：江苏省；保存于江苏省·中国科学院植物研究所标本室（NAS）。

（ⅵ）采集人：无，时间：1958-11-30，采集号：3633，采集地点：江苏省苏州市；保存于江苏省·中国科学院植物研究所标本室（NAS）。

（ⅶ）采集人：方文哲、刘守炉等，时间：1963-10-21，采集号：169，采集地点：江苏省苏州市；保存于江苏省·中国科学院植物研究所标本室（NAS）。

（ⅷ）采集人：W. X. Wu，时间：1967-05-10，采集号：5337，采集地点：江苏省无锡市惠山北麓；保存于江苏省·中国科学院植物研究所标本室（NAS）。

（ⅸ）采集人：Y. H. King，时间：1984-03-30，采集号：2710，采集地点：江苏省无锡市惠山；保存于江苏省·中国科学院植物研究所标本室（NAS）。

（ⅹ）采集人：W. X. Wu，时间：1995-08-28，采集号：9965，采集地点：江苏省无锡市；保存于江苏省·中国科学院植物研究所标本室（NAS）。

根据以上植物标本信息，可以发现香樟在江苏境内的南京、常熟、苏州、无锡和宜兴等地曾经有植物标本采集，但是这些标本并未注明是来自野生植株还是栽培植株。

B. 现状分布

由于该种长期以来被广泛栽培，在江苏境内关于野生香樟植株的分布各家观点不一。《江苏植物志》(第二卷，P24)记载："南京、镇江、宜兴、常熟、苏州等地普遍栽培，徐州、连云港等市区亦有栽培，苏州（东、西洞庭山）和宜兴等地有野生大树，生于土壤肥沃的向阳山坡或河岸平地。"根据江苏第一次野外植物资源调查，吴县市西山岛有1 000余株萌芽更新的香樟林，郝日明等(2000)建议将其作为自然林。

根据我们最近的野外调查：采用实测法发现在苏州市穹窿山的茅蓬坞孙武苑(120°25′18″E，31°15′42″N，海拔为120 m)以及苏州高新区上方山国家森林公园(119°18′28″E，31°43′27″N，海拔为73.6 m和101 m)有少量野生香樟植株分布

(表4-18)。而在苏州西山景区缥缈村茶园上方(120°14′34″E,31°5′58″N,海拔为157 m)分布着大片的香樟萌生林,我们在该地进行了样方调查。

表4-18 江苏分布的香樟资源状况简表

分布地点	位 置	海拔(m)	东经(°′″)	北纬(°′″)	资源状况
苏州	西山景区缥缈村茶园上方	157	120°14′34″	31°05′58″	一般
	穹窿山茅蓬坞孙武苑	120	120°25′18″	31°15′42″	较少
	上方山国家森林公园	74	119°18′28″	31°43′27″	较少
	上方山国家森林公园	101	119°18′29″	31°43′27″	较少

(3) 种群数量

首先,此次野外调查过程中,通过实测法在苏州的2个地区共记录香樟9株。其中,上方山国家森林公园仅记录2株,占实测法调查总数的22.22%(表4-19);穹窿山茅蓬坞共记录7株,占实测法调查总数的77.78%(表4-19)。从更新方式看,这些地区的香樟主要为实生形式,而萌生现象不明显。

表4-19 苏州分布的香樟资源状况简表(实测法)

分布地点	DBH(cm)	高度(m)	海拔(m)	东经(°′″)	北纬(°′″)	冠幅(m)	更新方式
上方山国家森林公园	5.0	23	101	119°18′28″	31°43′27″	2×3	实生
	10.0	8	74	119°18′48″	31°43′28″	6×4	实生
穹窿山茅蓬坞	50.0	19	120	120°25′18″	31°15′42″	3×5	实生
	52.5	23	120	120°25′19″	31°15′43″	10×12	实生
	67.5	23	120	120°25′20″	31°15′44″	10×10	实生
	66.2	24	120	120°25′21″	31°15′45″	10×13	实生
	80.6	22	120	120°25′22″	31°15′46″	10×14	实生
	59.6	24	120	120°25′23″	31°15′47″	5×8	母株
	51.0	25	120	120°25′24″	31°15′48″	4×3	萌生植株

其次,根据野外调查的实际情况并结合香樟野生种群的分布特点,在苏州西山景区缥缈村茶园上方(120°14′34″E,31°05′58″N,海拔为157 m)的针阔混交林设立4个20 m×20 m的样地。在每个1 600 m² 样方内共记录到香樟野生植株88株,实生植株49株,萌生植株39株,香樟种群的萌生率为44.32%。

参照V级立木法的划分,对该区香樟种群进行龄级分级(Ⅰ龄级,DBH<2.5 cm;Ⅱ龄级,2.5 cm≤DBH<7.5 cm;Ⅲ龄级,7.5 cm≤DBH<15 cm;Ⅳ龄级,15 cm≤DBH<22.5 cm;Ⅴ龄级,DBH≥22.5 cm)。结果发现(图4-4):Ⅰ龄级共有21株,占总数的23.86%;Ⅱ龄级个体共计21株,占总数的23.86%;Ⅲ龄级个体共计27株,占总数的30.68%;Ⅳ龄级个体共计10株,占总数的11.36%,Ⅴ龄级个体9株,占总数的10.23%。因此,该区香樟种群5个龄级均有分布,但以Ⅰ、Ⅱ、Ⅲ龄级的个体较多。最大植株的胸径为39.26 cm,平均胸径大小为11.02 cm。总体上看,该地区的香樟种群低龄级植株数量较为丰富,但高龄级个体较少,属于稳定型种群。此外,根据这4个样地的调查数据,推算该地香樟植株的密度为550株/hm²。

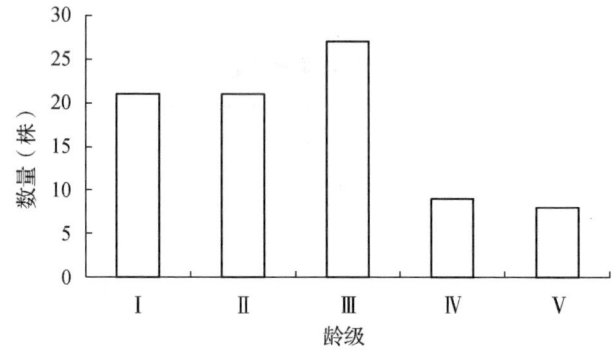

图4-4 苏州西山景区缥缈村茶园上方香樟种群的龄级结构

(4) 濒危现状

根据此次的野外调查,目前江苏境内的香樟分布于1个省辖市的3个地点(表4-18),其中以苏州西山岛的分布最多。与第一次调查结果相比,我们在苏州穹窿山的茅蓬坞和高新区的上方山发现少量野生香樟,萌生现象不明显,但是该地的香樟因为景区的道路扩建和旅游业的大力发展而受到一定的威胁。相比之下,在苏州西山岛的香樟萌生林分布广泛,种群密度较大,植株数量较多,萌生现象显著。但是野外调查中发现,西山岛的香樟目前正面临着生境破坏、偷采盗伐、土地利用改变等因素的影响。例如在缥缈村的山坡上,我们发现少数成年香樟植株由于靠近茶园或果园而被砍伐。

根据 IUCN 评估标准,香樟可列为"近危种"(NT, Near threathened)等级。

12. 华东楠 *Machilus leptophylla* Hand.-Mazz.

华东楠又称华东润楠或薄叶润楠,为樟科常绿乔木,高达 20 m;树皮灰褐色。枝粗壮,暗褐色,无毛。顶芽近球形,直径达 2 cm。叶互生或在当年生枝上轮生,倒卵状长圆形,长 14～24 cm,宽 3.5～7 cm,先端短渐尖,基部楔形,坚纸质,中脉在上面凹下,在下面显著凸起,侧脉每边 14～24 条;叶柄长 1～3 cm,无毛。圆锥花序 6～10 个,聚生于新枝的基部,长 8～12 cm,柔弱,多花;花通常 3 朵生在一起,总梗、分枝和花梗略具微柔毛;花长 7 mm,白色,有香气,花梗为丝状,长约 5 mm。果球形,直径约 1 cm,宿存花被片反曲;果梗长 5～10 mm,肉质,鲜红色。花期 4 月,果期 7 月。

华东楠为中国特有树种。树皮可提取树脂;种子可榨油;木材纹理直,材质坚实,可供建筑、家具使用;树姿优美,可作园林绿化观赏树种。在江苏第二次重点保护野生植物资源调查中被列为省级调查物种。

(1) 调查方法

实测法。

(2) 地理分布

首先,根据植物标本记录查阅,目前确切在江苏境内采集的华东楠腊叶标本有 13 份:

(ⅰ) 采集人:左景烈,时间:1926-05,采集号:无,采集地点:江苏省;保存于中国科学院华南植物园标本馆(IBSC),无照片。

(ⅱ) 采集人:王名金,时间:1956-07,采集号:2433,采集地点:宜兴龙池山;保存于中国科学院华南植物园标本馆(IBSC),无照片。

(ⅲ)采集人:毛少华,时间:1962-03-17,采集号:001,采集地点:宜兴龙池山庙前;保存于中国科学院庐山植物园标本馆(LBG)。

(ⅳ)采集人:刘昉勋、黄志远,时间:无,采集号:2857,采集地点:江苏省宜兴市;保存于江苏省·中国科学院植物研究所标本室(NAS)。

(ⅴ)采集人:沈隽,时间:1935-10-03,采集号:1028,采集地点:江苏省宜兴市;保存于江苏省·中国科学院植物研究所标本室(NAS)。

(ⅵ)采集人:刘昉勋、王名金、黄志远,时间:1956-07-10,采集号:2349,采集地点:江苏省宜兴市;保存于江苏省·中国科学院植物研究所标本室(NAS)。

(ⅶ)采集人:方文哲,时间:1960-08-14,采集号:无,采集地点:江苏省宜兴市;保存于江苏省·中国科学院植物研究所标本室(NAS)。

(ⅷ)采集人:毛少华,时间:1962-03-17,采集号:001,采集地点:江苏省宜兴市龙池山;保存于江苏省·中国科学院植物研究所标本室(NAS)。

(ⅸ)采集人:邓懋彬,时间:1976-12-0,采集号:7650,采集地点:江苏省溧阳;保存于江苏省·中国科学院植物研究所标本室(NAS)。

(ⅹ)采集人:C. L. Tso,时间:1924-06-23,采集号:1806,采集地点:江苏省;保存于中国科学院植物研究所标本馆(PE)。

(ⅺ)采集人:T. P. Wang,时间:1939-11-06,采集号:10909,采集地点:江苏省 Naping patung;保存于中国科学院植物研究所标本馆(PE)。

(ⅻ)采集人:刘昉勋、王名金、黄志远,时间:1956-07-01,采集号:2349,采集地点:宜兴市茗岭;保存于中国科学院植物研究所标本馆(PE)。

(ⅹⅲ)采集人:毛少华,时间:1962-03-27,采集号:001,采集地点:宜兴龙池山庙前;保存于中国科学院植物研究所标本馆(PE)。

根据上述标本信息,除了部分标本采集地点未注明外,不难发现华东楠在江苏主要分布于宜兴、溧阳等地区。

其次,根据《中国植物志》英文版(*Flora of China*)记载,华东楠主要分布于我国福建、浙江、江苏、湖南、广东、广西和贵州7个省份。在江苏境内分布于"宜兴(龙池山和茗岭)和溧阳(深溪岕)"(刘启新,2013)。根据此次野外调查,该种目前在江苏境内仅见于宜兴,在深溪岕的多次野外调查过程中均未见此种。具体分布地点如下:

① 淌水龙,海拔为 132.7 m;② 龙池山,海拔范围在 82.3～114 m;③ 茗岭,海拔为 414 m(表 4-20)。

表 4-20 江苏分布的华东楠资源状况简表

分布地点	DBH (cm)	高度 (m)	海拔 (m)	东经 (°′″)	北纬 (°′″)	冠幅 (m)	更新方式
宜兴龙池山	1	1	92	119°41′35″	31°13′23″	1×1	实生
	13	9	115	119°41′35″	31°13′23″	2×4	实生
	18	15	118	119°41′35″	31°13′23″	5×6	实生
	13	7	103	119°41′37″	31°13′08″	6×7	实生
	10	12	103	119°41′37″	31°13′08″	4×6	实生
	22	12	110	119°41′36″	31°13′08″	4×6	实生
	8	7	110	119°41′36″	31°13′08″	4×6	实生
	22	12	110	119°41′36″	31°13′08″	5×6	实生
	11	10	110	119°41′36″	31°13′08″	4×4	实生
	25	12	114	119°41′36″	31°13′08″	6×8	实生
	10	11	114	119°41′36″	31°13′08″	4×6	实生
	8	6	82	119°41′37″	31°14′19″	5×5	实生
宜兴茗岭	4	3	414	119°39′49″	31°10′12″	—	实生
	4	2	414	119°39′49″	31°10′12″	—	实生
	2	1	414	119°39′49″	31°10′12″	—	实生
	2	1	414	119°39′49″	31°10′12″	—	实生
宜兴淌水龙	25	12	133	119°44′36″	31°15′30″	—	实生

(3) 种群数量

根据此次野外调查,目前仅在宜兴 3 个地点发现 17 株华东楠(表 4-20)。

参照Ⅴ级立木法的划分,对该区华东楠种群进行龄级分级(Ⅰ龄级,DBH<2.5 cm;Ⅱ龄级,2.5 cm≤DBH<7.5 cm;Ⅲ龄级,7.5 cm≤DBH<15 cm;Ⅳ龄级,15 cm≤DBH<22.5 cm;Ⅴ龄级,DBH≥22.5 cm)。结果发现(图4-5):Ⅰ龄级有3株,占总数的17.65%;Ⅱ龄级个体共计2株,占总数的11.76%;Ⅲ龄级个体共计7株,占总数的41.18%;Ⅳ龄级个体共计3株,占总数的17.65%,Ⅴ龄级个体2株,占总数的11.76%。因此,该区华东楠种群尽管在5个龄级均有分布,但以Ⅰ、Ⅲ、Ⅳ龄级的个体较多。最大1株的胸径为25.0 cm,最小1株胸径仅1.0 cm,平均胸径为11.53 cm。从总体上看,该地区的华东楠种群规模偏小,并以低龄级植株为主。

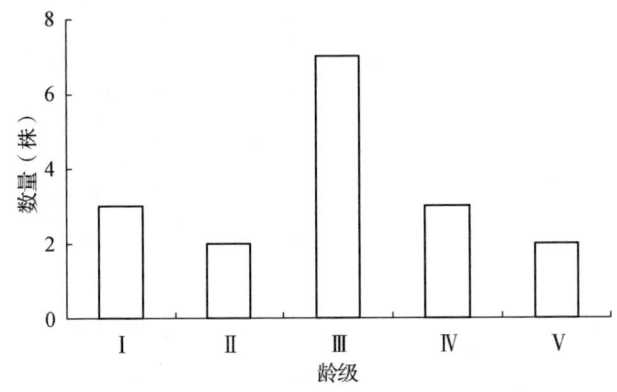

图4-5 宜兴华东楠种群的龄级结构

(4) 濒危现状

根据江苏第二次野外植物资源调查,目前在江苏境内华东楠仅分布于1个省辖市无锡。而根据植物标本记录以及《江苏植物志》(上册)记载,江苏境内也只有宜兴有野生的华东楠分布。同时,由于现存的华东楠种群成年植株较少,我们在2013~2016年连续四年的野外调查与观测过程中均未发现该区华东楠的结实现象。

目前华东楠在江苏宜兴分布的3个地点,不论是在自然保护区内(如龙池山),还是在自然保护区外(如涧水龙和茗岭),均存在严重的偷采盗挖华东楠植物的现象。我们在野外调查过程中,发现当地少数村民私自上山盗挖该种,将其当做"楠木"移栽于自家庭院内,然而由于管理不善或生境改变等原因,该种绝大多数生长不良甚至枯死。因此,建议相关管理部门应该加强宣传教育,澄清物种分类的错误认识,同时严格执法,禁止一切破坏华东楠种群的行为。

根据 IUCN 评估标准,华东楠可列为"极危种"(CR)等级。

13. 红楠 *Machilus thunbergii* Sieb. et Zucc.

常绿乔木。树高 10～15 m,树干粗短;树皮黄褐色;树冠平顶或扁圆;枝多而伸展,紫褐色,老枝粗糙,嫩枝紫红色,二三年生枝上有少数皮孔;顶芽卵形,鳞片棕色革质,宽圆形;叶倒卵形至倒卵状披针形,先端短尖,尖头钝,基部楔形,革质,上面黑绿色有光泽,叶背粉绿色,中脉上面稍凹下,下面明显凸起,侧脉 7～10 对;叶柄纤细,有浅槽,带红色;花序顶生或在新枝上腋生,无毛,花序梗长 6～9 cm,花柄长 1～1.5 cm;子房球形;花柱细长,柱头头状;果扁球形,直径 1 cm,熟时黑紫色,宿存的花被片向外反曲;花期 5 月,果期 9～11 月。

红楠在我国分布于山东、江苏、浙江、安徽、台湾、福建、江西、湖南、广东和广西。日本和朝鲜也有分布。红楠木材纹理直,坚硬适中,可供建筑、桥梁及贵重家具用材;也可药用或作庭院观赏树种。在江苏第二次重点保护野生植物资源调查中被列为省级调查物种。

(1) 调查方法

实测法结合样方法。

(2) 地理分布

A. 历史记录

红楠主要分布于中亚热带地区,在江苏分布与相关记录很少。根据标本查阅,红楠标本采集信息如下:

(ⅰ) 采集人:S.N.,时间:无;采集号:无,采集地点:江苏南京市;保存于内蒙古大学植物标本室(HIMC)。

（ⅱ）采集人:袁发银,时间:1981-08,采集号:11119,采集地点:江苏省浮溪;保存于广西植物标本馆(IBK)。

（ⅲ）采集人:武考队,时间:1981-04,采集号:2230,采集地点:江苏崇安县(今属无锡市);保存于中国科学院华南植物园(IBSC),无照片。

（ⅳ）采集人:左景烈,时间:1926-04,采集号:384,采集地点:江苏省;保存于中国科学院华南植物园标本馆(IBSC),无照片。

（ⅴ）采集人:C.L.Tso,时间:1926-04,采集号:384,采集地点:江苏省,(确切地点未知);保存于中国科学院植物研究所标本馆(PE)。

（ⅵ）采集人:236-6部队,时间:1974-07,采集号:0896,采集地点:江苏无锡崇安县桐木附近;保存于中国科学院植物研究所(PE)。

（ⅶ）采集人:刘昉勋、王名金、黄志远,时间:1956-07-10,采集号:2431,采集地点:江苏省宜兴市;保存于江苏省·中国科学院植物研究所标本室(NAS)。

（ⅷ）采集人:刘昉勋、黄志远,时间:1956-10,采集号:2885,采集地点:江苏省宜兴市;保存于江苏省·中国科学院植物研究所标本室(NAS)。

（ⅸ）采集人:刘、姚,时间:1981-09-22,采集号:8487,采集地点:江苏省连云港市;保存于江苏省·中国科学院植物研究所标本室(NAS)。

（ⅹ）采集人:章毓英,时间:1958-08,采集号:无,采集地点:江苏南京市;保存于南京农业大学(NAU),无照片。

从江苏境内保存的标本信息分析,红楠曾经在江苏的南京、无锡、连云港等地有分布。

B. 现状分布

此次野外调查记录表明,江苏境内的野生红楠分布于2个省辖市的5个地点,分别是连云港市云台山柳河保护区、宜兴市龙池山省级自然保护区(澄光禅寺附近)、小黑沟自然保护区、芙蓉寺以及宜兴市茗岭磬山寺沟谷附近(表4-21)。因此,不论从分布的地点还是从每个分布地点的数量看,江苏境内的红楠主要分布于宜兴山区。其中,在宜兴地区的分布,以龙池山较为集中。

表 4-21　江苏分布的红楠资源状况简表

分布地点	位　置	海拔(m)	东经(°′″)	北纬(°′″)	资源状况
连云港	云台山柳河保护区	173	119°27′49″	34°42′17″	较少
宜兴	龙池山	99	119°41′37″	31°13′08″	一般
		149	119°41′40″	31°13′05″	
	芙蓉寺	222	119°44′10″	31°17′50″	较少
	小黑沟	78	119°43′59″	31°18′10″	较少
	茗岭磐山寺	120	119°44′01″	31°11′11″	较少

(3) 种群数量

此次野外调查过程中,通过实测法在连云港和宜兴 2 个地区共记录红楠 47 株。其中,在连云港云台山记录 13 株,占实测法调查总数的 27.66%(表 4-22);宜兴地区共记录 34 株,占实测法调查总数的 72.34%(表 4-23)。从更新方式看,这些地区的红楠主要为实生形式,而萌生现象不明显。

此外,我们在宜兴龙池山自然保护区内红楠分布相对集中的地段,设置了 4 20 m×20 m 的乔木样方。在 1 600 m² 的样方内,共记录红楠植株 32 株,因此该区红楠植株的密度为 200 株/hm²。

表 4-22　连云港分布的红楠资源(实测法)

分布地点	DBH (cm)	高度 (m)	海拔 (m)	东经 (°′″)	北纬 (°′″)	冠幅 (m)	更新方式
连云港云台山	15.0	7.2	173	119°27′49″	34°42′17″	4×5	实生
	8.1	5.5	173	119°27′50″	34°42′17″	2×2	实生
	—	0.2	173	119°27′51″	34°42′17″	—	实生
	—	0.1	173	119°27′52″	34°42′17″	—	实生
	—	0.1	173	119°27′53″	34°42′17″	—	实生
	—	0.2	173	119°27′54″	34°42′17″	—	实生
	—	0.2	173	119°27′55″	34°42′17″	—	实生

(续表)

分布地点	DBH (cm)	高度 (m)	海拔 (m)	东经 (°/′/″)	北纬 (°/′/″)	冠幅 (m)	更新方式
连云港云台山	—	0.1	173	119°27′56″	34°42′17″	—	实生
	—	0.2	173	119°27′57″	34°42′17″	—	实生
	—	0.1	173	119°27′58″	34°42′17″	—	实生
	—	0.2	173	119°27′59″	34°42′17″	—	实生
	—	0.1	173	119°27′60″	34°42′17″	—	实生
	—	0.1	173	119°27′61″	34°42′17″	—	实生

表4－23 宜兴分布的红楠资源（实测法）

分布地点	DBH (cm)	高度 (m)	海拔 (m)	东经 (°/′/″)	北纬 (°/′/″)	冠幅 (m)	更新方式
龙池山	7.5	6.5	91	119°41′35″	31°13′23″	2×2	母株
	0.8	0.9	91	119°41′35″	31°13′23″	—	萌生植株
	0.6	0.6	91	119°41′35″	31°13′23″	—	萌生植株
	8.9	4.0	91	119°41′39″	31°13′09″	2×2	实生
	12.5	8.0	93	119°41′35″	31°13′23″	3×5	实生
	14.7	12.0	94	119°41′35″	31°13′23″	3×4	实生
	23.0	14.0	99	119°41′38″	31°13′23″	3×5	实生
	15.9	15.0	97	119°41′38″	31°13′23″	3×4	实生
	19.5	9.0	104	119°41′38″	31°13′54″	3×3	实生
	17.7	15.0	105	119°41′35″	31°13′23″	4×3	实生
	20.0	15.0	105	119°41′35″	31°13′23″	3×3	实生
	22.0	15.0	104	119°41′35″	31°13′23″	5×6	实生
	8.9	9.0	105	119°41′39″	31°13′09″	2×2	母株
	3.7	8.5	105	119°41′39″	31°13′09″	1×2	萌生植株
	3.0	8.5	105	119°41′39″	31°13′09″	2×3	萌生植株

(续表)

分布地点	DBH (cm)	高度 (m)	海拔 (m)	东经 (°/′/″)	北纬 (°/′/″)	冠幅 (m)	更新方式
龙池山	20.5	7.0	110	119°41′33″	31°11′08″	3×4	实生
	3.8	10.0	114	119°41′38″	31°11′13″	3×4	实生
	5.7	9.0	118	119°41′38″	31°11′13″	3×6	实生
	14.2	7.5	99	119°41′37″	31°13′08″	2×4	实生
	10.7	8.5	97	119°41′37″	31°13′08″	2×3	实生
	8.0	9.0	95	119°41′37″	31°13′08″	2×3	母株
	5.0	7.0	95	119°41′37″	31°13′08″	1×2	萌生植株
	7.0	9.0	101	119°41′37″	31°13′23″	2×2	实生
芙蓉寺	1.2	0.8	222	119°44′10″	31°17′50″	—	实生
小黑沟	—	0.5	78	119°43′59″	31°18′10″	—	实生
	1.5	2.2	118	119°44′04″	31°14′36″	1×1.1	实生
	1.8	1.7	165	119°44′12″	31°14′32″	1×1	实生
茗岭磬山寺	18.0	14.0	120	119°44′02″	31°11′19″	3.3×4	实生
	20.0	15.0	120	119°44′02″	31°11′19″	3.6×4	实生
	15.0	13.0	120	119°44′02″	31°11′19″	3×4	实生
	20.0	16.0	120	119°44′02″	31°11′19″	3.5×4	实生
	22.0	16.0	120	119°44′02″	31°11′19″	3.5×4	实生
	22.0	17.0	120	119°44′02″	31°11′19″	4×5	实生
	20.0	15.0	120	119°44′02″	31°11′19″	3.5×4	实生

参照Ⅴ级立木法的划分,对宜兴地区的红楠种群进行龄级分级(Ⅰ龄级,DBH<2.5 cm;Ⅱ龄级,2.5 cm≤DBH<7.5 cm;Ⅲ龄级,7.5 cm≤DBH<15 cm;Ⅳ龄级,15 cm≤DBH<22.5 cm;Ⅴ龄级,DBH≥22.5 cm)。结果发现(图4-6):Ⅰ龄级有5株,占总数的14.71%;Ⅱ龄级个体共计6株,占总数的17.65%;Ⅲ龄级个体共计10株,占总数的29.41%;Ⅳ龄级个体共计12株,占总数的35.29%,Ⅴ龄级个体1株,占总数的2.94%。因此,该区红楠种群

5个龄级均有分布,但Ⅴ龄级的个体较少,仅有1株。最大植株的胸径为23.00 cm,平均胸径大小为11.95 cm。总体上看,该地区红楠种群的低龄级植株较为丰富,而高龄级个体较少,种群结构趋向于稳定。但是,宜兴地区的红楠种群分布地点分散,成年植株偏少,人为干扰明显,这些均对该区红楠的生存构成较大的威胁。

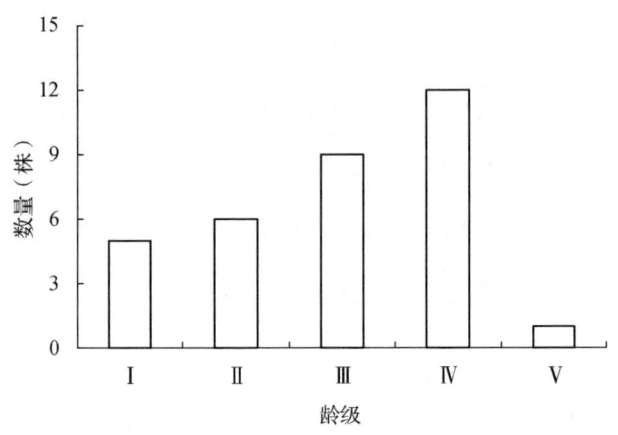

图 4-6　宜兴红楠种群的龄级结构

(4) 濒危现状

A. 致濒机制

红楠稍耐荫,喜水湿温热的环境,对小气候的要求较高。红楠群落一般郁闭度较高,但其幼苗生长更偏向于阳性,常常由于较低的光照量而造成幼苗的大量死亡。本次调查发现,江苏境内的红楠自然种群规模较小,而且在不少分布地方红楠种群的数量也极少,同时受到一定的人为干扰,其生存环境趋于恶化,种群适应性较弱。如龙池山的红楠种群受到寺庙重建和道路拓宽等施工的影响,云台山柳河的红楠幼苗遭到严重的人为采挖等。因此,江苏红楠种群的数量减少,除了受到物种本身生长特性的限制外,更主要的原因是人为活动的影响。

B. 保护现状

江苏省野生红楠分布范围极窄,且种群数目相当稀少,处于濒危状态。尽管江苏目前分布的红楠大多处于自然保护区内(如柳河、龙池山和小黑沟)。但是野外调查发现,两地的自然保护区(云台山和龙池山—小黑沟)对红楠的保护力度不够,人为干扰明显。因此,为了有效保护江苏省野生红楠资源,建议红楠分布点的相关人员严格执法,禁止一切人为的破坏或干扰;其次,应该加强科学研究,可以考虑采取适当的人工辅助措施,例如在成年植株分布集中的地段适当开辟林窗,以促进红楠幼苗的更新与生长。

根据 IUCN 评估标准,红楠可列为"极危种"(CR)等级。

14. 银缕梅 *Parrotia subaequalis* (H. T. Chang) R. M. Hao et H. T. Wei

落叶小乔木,高达 15 m;常有大型头状、坚硬虫瘿。树皮灰褐色,片状剥落,光滑。单叶互生,叶片薄革质,倒卵形或椭圆状倒卵形,长 4~7.5 cm,宽 2~4.5 cm,先端渐尖或钝尖,基部稍不对称,圆形或有时微下延,边缘中上部有 4~6 个波状钝齿,下部全缘,中脉和侧脉在上面凹陷,侧脉 4~5 对,直达齿端,脉腋具簇毛;叶柄长 5~7 mm,被星状毛。短穗状花序生于侧枝顶端或腋生;花序轴长 5~8 mm;花近无梗;有花 3~7 朵,无花瓣,先叶开放。苞片卵形至条形,边缘簇生硬毛,外面密被锈褐色毡毛。最下部 1~2 朵为雄花,雄蕊 5~15,花丝极短;花序上部多为两性花,萼筒短,萼裂片卵形,被长毛;花丝丝状,黄绿色,盛花期常下垂,长 15~18 mm,花药红色;柱头 2,子房被星状毛。蒴果,木质,近球形,2 裂,密被星状毛;花柱宿存。种子狭纺锤形,长 6~7 mm,褐色,有光泽,基部具淡黄色种脐。花期 3~4 月,果期 8~10 月。

银缕梅为我国特有的珍稀濒危树种。在 1999 年国务院批准的《国家重点保护野生植物名录(第一批)》中银缕梅被列为国家 I 级濒危植物,在 2004 年《中国植物红色名录》中又被列为濒危种(EN)。银缕梅材质坚硬,纹理致密,树冠优美,花形奇特且色彩艳丽,常作为良好的城镇绿化树种(Zhang et al. ,2003;Li and Del Tredici,2008)。早在 1935 年,植物学家沈隽教授首次在宜兴芙蓉寺采集到该植物果枝标本,随后张宏达教授依据这份标本将其定名为小叶金缕梅(*Hamamelis subaequalis* Chang)(张宏达,1979)。20世纪90年代被邓懋彬等人重新发现并被命名为小叶银缕梅(*Shaniodendron subaequale*)(邓懋彬和金岳杏,1997;龚滨等,2012)。郝日明和魏宏图(1998)根据其花部形态特征并结合分子研究证据,将该种确认为小叶银楼梅,归入银缕梅属(*Parrotia*)(Li and Zhang,2015)。在江苏第二次重点保护野生植物资源调查中,银缕梅被列为国家级重点调查物种。在2004年《中国物种红色名录》中(第一卷),该种被列为濒危种(EN)(王松和解炎,2004)。

(1)调查方法

实测法结合样方法。

(2)地理分布

A. 历史记录

由于银缕梅的发现时间不长,目前的植物标本记录以及地理分布信息不多。《中国植物志》英文版(*Flora of China*)记载该种分布于我国浙江、安徽和江苏(Zhang et al.,2003)。吴征镒等(2003)指出该种主要分布于大别山东坡和天目山北部。根据植物标本记录查阅,目前在江苏境内采集的银缕梅标本有5份:

(ⅰ)采集人:沈隽,时间:1935-09,采集号:958,采集地点:宜兴市铜官山芙蓉寺对面山;保存于中国科学院华南植物园(IBSC),无照片。

(ⅱ)采集人:邓、魏,时间:1991-06-19,采集号:82185,采集地点:江苏省宜兴市善卷洞;保存于江苏省·中国科学院植物研究所标本室(NAS)。

(ⅲ)采集人:王希渠,时间:1991-08-09,采集号:900501,采集地点:江苏省宜兴市善卷洞;保存于江苏省·中国科学院植物研究所标本室(NAS)。

(ⅳ)采集人:熊豫宁,时间:1991-09-20,采集号:91001,采集地点:江苏省宜兴市善卷洞;保存于江苏省·中国科学院植物研究所标本室(NAS)。

(ⅴ)采集人:沈隽,时间:1935-09,采集号:958,采集地点:宜兴市铜官山芙蓉寺对面山;保存于中山大学标本馆(SYS),无照片。

根据以上植物标本信息,可以发现银缕梅在江苏境内的宜兴等地曾经有植物采集。

B. 现状分布

根据野外实地调查,我们发现目前在江苏境内银缕梅有 2 个分布地点:① 宜兴市的善卷洞风景区,海拔范围为 28.5～42.8 m;② 宜兴市宜兴林场的大龙西岕,海拔范围为 207～240.9 m。

(3) 种群数量

此次野外调查在江苏省宜兴大龙西岕和善卷洞风景区采样实测法共记录银缕梅植株 72 株。其中,实生植株 49 株,萌生植株有 23 株,萌生植株的比例为 31.94%,这表明银缕梅种群具有较为明显的萌生特性。

在宜兴善卷洞风景区共记录银缕梅植株 31 株。其中,成年个体 22 株(DBH≥5 cm),占该地点银缕梅总数的 70.97%,胸径(DBH)大于 20 cm 的个体共 3 株,胸径(DBH)最大的个体为 29.80 cm,这也是目前江苏境内的已知的 DBH 最大的银缕梅植株。大龙西岕的银缕梅植株有 41 株。其中,成年个体 31 株(DBH≥5 cm),占该地点银缕梅总数的 75.61%。萌生植株有 22 株,萌生植株的比例为 53.66%。因此,这两个分布地点的银缕梅种群均以成年个体为主,并且萌生为该种群主要的更新方式之一。

此外,由于宜兴大龙西岕的银缕梅野生种群规模较大,故在地理位置为 119°44′42″E,31°14′55″N,海拔 207 m 处设置 30 m×40 m 的矩形样方,在样方内共记录到银缕梅 177 株,其中萌生植株 66 株,实生植株 111 株,种群萌生比例为 37.29%。因此该区银缕梅植株的密度为 1 475 株/hm^2。

参照 V 级立木法并结合野外实际记录数据,以大小级代替年龄级,按照 DBH 大小将该样方内的 177 株银缕梅个体划分为五个龄级:Ⅰ龄级,DBH<2.5 cm;Ⅱ龄级,2.5 cm≤DBH<7.5 cm;Ⅲ龄级,7.5 cm≤DBH<15 cm;Ⅳ龄级,15 cm≤DBH<22.5 cm;Ⅴ龄级,DBH≥22.5 cm。Ⅰ龄级个体共计 90 株,占总数的 50.84%;Ⅱ龄级个体共计 54 株,占总数的 30.51%;Ⅲ龄级个体

共计21株,占总数的11.86%；Ⅳ龄级个体共计8株,占总数的4.52%，Ⅴ龄级个体4株,占总数的2.26%(图4-7)。总体看来,该地区的银缕梅种群幼年个体数量丰富,属于增长型种群。在《江苏省第一次重点保护野生植物资源调查》中,在宜兴大龙西岕和善卷洞风景区各有一处记录银缕梅野生种群,其中宜兴大龙西岕的银缕梅野生种群规模较大,共计78株成年个体(根据第一次调查报告P12~14 表3数据统计得出),胸径在6~15 cm龄级的个体占优势,而胸径在1~5 cm的幼树和胸径16~20 cm的大树偏少,在种群结构上属于稳定型种群。分布在宜兴善卷洞风景区的银缕梅种群规模较小,仅有9株成年个体,其中胸径为8 cm的个体有3株,胸径6 cm的有4株,胸径大于20 cm的个体仅有2株,分散生长在道路旁、水塘边和山坡附近。

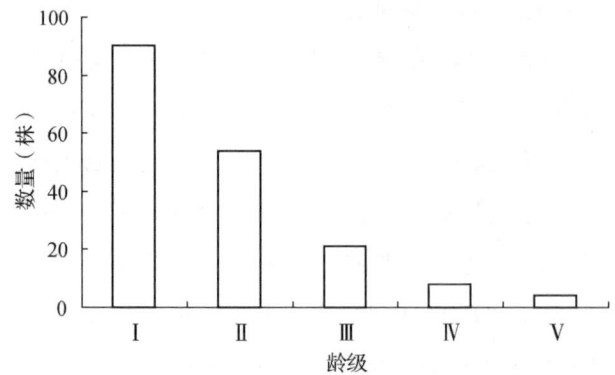

图4-7 宜兴大龙溪岕银缕梅种群的龄级结构

此外,方顺清(2004)曾报道在江苏宜兴龙池山自然保护区有银缕梅分布,但此次调查未见。通过与宜兴林场林业技术人员了解,该文提及的银缕梅实际分布于大龙西岕。

将此次调查与第一次重点保护野生植物资源调查结果相比,不难发现：不论是善卷洞还是大龙西岕,两地分别的银缕梅种群数量均有明显增加,而且后者的银缕梅种群结构也发生变化,年龄结构趋于合理。这可能主要与以下因素有关。① 我省林业部门以及当地相关机构长期以来对银缕梅种群的生态保护高度重视,例如为了更好地保护银缕梅,将宜兴林场管辖的大龙西岕纳入龙池山—小黑沟省级自然保护区;在大龙西岕银缕梅集中分布的区域,对即将入侵到其分布区的毛竹林设置隔离浅沟,有效地阻止了毛竹向银缕梅分布区的扩散和入侵;② 对善卷洞风景区的银缕梅也采取了强有力的保护措施。如在模式标本的发现地树立石碑,镌刻铭文,宣传介绍该种的发现历史。对景区内部分银缕梅植株进行挂牌,积极开展科普宣传教育。这些措施均起到了良好的作用,使得宜兴大龙西岕和善卷洞风景区的银缕梅野生种群极少受到干扰,种群规模及个体总数均有所增加,并且该种野生种群的分布面积得以扩展。

表 4-24 江苏分布的银缕梅资源状况简表(实测法)

分布地点	DBH (cm)	高度 (m)	海拔 (m)	东经 (°′″)	北纬 (°′″)	冠幅 (m)	更新方式
宜兴善卷洞	29.8	11	42.8	119°40′05″	31°17′58″	3×3.5	实生
	7.0	8	42.8	119°40′05″	31°17′58″	2×3.2	实生
	6.0	8	42.8	119°40′05″	31°17′58″	2×3.2	实生
	2.0	2	42.8	119°40′05″	31°17′58″	—	实生
	3.0	3	42.8	119°40′05″	31°17′58″	—	实生
	2.0	2	42.8	119°40′05″	31°17′58″	—	实生
	6.0	7	42.8	119°40′05″	31°17′58″	2×3.2	实生
	6.0	7	42.8	119°40′05″	31°17′58″	2×3.2	实生
	12.0	8	43.2	119°40′06″	31°18′01″	2×3.4	实生
	10.0	7	43.2	119°40′06″	31°18′01″	2×3	实生
	13.0	9	43.2	119°40′06″	31°18′01″	2×3.3	实生
	10.0	8	43.2	119°40′06″	31°18′01″	2×3.2	实生
	8.0	7	43.2	119°40′06″	31°18′01″	2×3	实生
	26.8	7	38.2	119°40′03″	31°18′03″	2×3	实生
	28.8	12	42.6	119°40′03″	31°18′03″	3×4	母株
	17.6	12	42.6	119°40′03″	31°18′04″	3×4	萌生植株

(续表)

分布地点	DBH (cm)	高度 (m)	海拔 (m)	东经 (°′″)	北纬 (°′″)	冠幅 (m)	更新方式
宜兴善卷洞	8.3	9	28.5	119°40′06″	31°18′04″	3×3	实生
	7.1	8	28.5	119°40′07″	31°18′05″	3×2	实生
	7.0	7	28.5	119°40′08″	31°18′06″	3×2	实生
	7.0	7	28.5	119°40′09″	31°18′07″	3×2	实生
	11.0	9	28.5	119°40′10″	31°18′08″	3×3	实生
	8.0	7	28.5	119°40′11″	31°18′09″	2×3	实生
	8.0	7	28.5	119°40′12″	31°18′10″	2×3	实生
	8.0	6	28.5	119°40′13″	31°18′11″	2×2	实生
	7.0	6	28.5	119°40′14″	31°18′12″	2×2	实生
	5.0	5	28.5	119°40′15″	31°18′13″	2×2	实生
	8.0	8	28.5	119°40′16″	31°18′14″	3×3	实生
	8.0	7	28.5	119°40′17″	31°18′15″	2×2	实生
	6.0	7	28.5	119°40′18″	31°18′16″	2×2	实生
	5.0	6	28.5	119°40′19″	31°18′17″	2×2	实生
	4.0	5	28.5	119°40′20″	31°18′18″	2×2	实生
宜兴大龙西岕	25.0	10	207.1	119°44′42″	31°14′55″	3×3.5	实生
	23.4	10	207.1	119°44′42″	31°14′56″	3×3.5	实生
	21.5	9	207.1	119°44′42″	31°14′57″	3×3.2	母株
	17.7	9	207.1	119°44′42″	31°14′58″	3×3	萌生植株
	12.0	10	233.1	119°44′39″	31°14′54″	3×3.5	母株
	6.0	5.7	233.1	119°44′39″	31°14′54″	2×2.6	萌生植株
	5.0	5.1	236.4	119°44′39″	31°14′54″	2×2	实生
	11.0	9	236.4	119°44′39″	31°14′55″	3×3	母株
	3.5	9	236.4	119°44′39″	31°14′55″	2.4×3	萌生植株
	5.2	5	236.4	119°44′39″	31°14′55″	2×2	萌生植株
	3.0	4	236.4	119°44′39″	31°14′55″	—	萌生植株

（续表）

分布地点	DBH (cm)	高度 (m)	海拔 (m)	东经 (°/′/″)	北纬 (°/′/″)	冠幅 (m)	更新方式
宜兴大龙西岕	8.5	8	235.7	119°44′39″	31°14′55″	3×3.2	母株
	3.5	5	235.7	119°44′39″	31°14′55″	2×2	萌生植株
	4.2	6	235.7	119°44′39″	31°14′55″	2×2.2	萌生植株
	15.0	9	238.4	119°44′38″	31°14′54″	3×3.3	母株
	14.0	9	238.4	119°44′39″	31°14′55″	2×3	萌生植株
	9.0	7	238.4	119°44′38″	31°14′54″	2×3	母株
	7.0	7	238.4	119°44′39″	31°14′55″	2×2.3	萌生植株
	15.0	5	238.4	119°44′38″	31°14′54″	3×4	母株
	6.0	4	238.4	119°44′39″	31°14′55″	2×2.5	萌生植株
	9.0	8	238.4	119°44′38″	31°14′54″	3×3	母株
	8.0	8	238.4	119°44′39″	31°14′55″	2×3	萌生植株
	9.0	6	239.5	119°44′38″	31°14′54″	2×2.2	母株
	6.0	5	239.5	119°44′39″	31°14′55″	2×2	萌生植株
	6.0	5	240.1	119°44′38″	31°14′54″	2×2.2	母株
	5.0	5	240.1	119°44′39″	31°14′55″	2×2	萌生植株
	11.0	7	240.9	119°44′38″	31°14′54″	2×2.4	母株
	4.0	6	240.9	119°44′38″	31°14′54″	2×2	萌生植株
	12.0	7	240.9	119°44′38″	31°14′54″	2×3	母株
	19.5	8	211.8	119°44′38″	31°14′54″	3×4	母株
	5.0	4	211.8	119°44′38″	31°14′54″	1.4×2	萌生植株
	3.2	4	211.8	119°44′38″	31°14′54″	—	萌生植株
	5.0	4	211.8	119°44′38″	31°14′54″	1×2	萌生植株
	3.6	2	211.8	119°44′38″	31°14′54″	—	萌生植株
	1.0	1	211.8	119°44′38″	31°14′54″	—	萌生植株
	15.5	8	211.3	119°44′41″	31°14′55″	3×4	母株
	2.0	2	211.3	119°44′41″	31°14′55″	—	萌生植株

（续表）

分布地点	DBH (cm)	高度 (m)	海拔 (m)	东经 (°/′/″)	北纬 (°/′/″)	冠幅 (m)	更新方式
宜兴大龙西岕	1.5	2	211.3	119°44′42″	31°14′56″	—	萌生植株
	6.0	4	210.5	119°44′41″	31°14′55″	2×2	实生
	10.0	6	211.6	119°44′41″	31°14′55″	2×3	母株
	9.0	6	211.6	119°44′41″	31°14′55″	2×3	萌生植株

（4）濒危现状

根据江苏第二次野生植物资源调查,银缕梅种群目前见于我省宜兴市的2个分布地点。由于大龙西岕业已属于龙池山—小黑沟省级自然保护区,而善卷洞为风景名胜区,两地的银缕梅种群目前均得到较好的保护(Li and Zhang,2015)。但是在野外调查过程中我们也发现,大龙西岕分布的银缕梅种群由于交通便利,水泥石阶路一直修砌到林地,林地中少数银缕梅植株曾经遭到偷采盗挖。而善卷洞风景区分布的银缕梅则面临着因为近年来游客数量激增而带来的保护压力。因此,建议分别对两地的银缕梅种群加强管理,采取不同的生态保护对策,以便维持银缕梅种群所在群落的阶段性演替。

根据IUCN评估标准,银缕梅可列为"极危种"(CR)等级。

15. 翅荚香槐 *Cladrastis platycarpa*（Maxim.）Makino

落叶乔木,高达16 m;树皮暗灰色,多皮孔。一回奇数羽状复叶;小叶3～4对,互生或近对生,长椭圆形或卵状长圆形,基部小叶最小,顶生小叶最大。通常长4～10 cm,宽3～5.5 cm,先端渐尖,基部钝圆或宽楔形;小叶柄长3～5 mm,密被灰褐色柔毛;小托叶钻状,长达2 mm,无毛。圆锥花序腋生,长30 cm;花梗细,长3～4 mm;花萼阔钟状,与花梗等长,萼齿5,三角形;花冠白色,芳香;雄蕊10,离生;子房线形,胚珠5～6枚。荚果扁平,长椭圆形或长圆形,长4～8 cm,宽1.5～2 cm,两侧具翅,不开裂,通常有种子1～2粒;种子长圆形,压扁,种皮深褐色或黑色。花期4～6月,果期7～10月。

翅荚香槐分布于浙江、湖南、广东、广西、贵州和云南,在日本也有分布。其木材为黄色,可从中提黄色染料;材质坚重致密,有光泽,可用于制作各种器具、农具;花序大,有芳香,秋叶鲜黄色,为良好的观赏树,适应范围广,是良好的石灰岩造林树种。在江苏第二次重点保护野生植物资源调查中被列为省级调查物种。

(1) 调查方法

实测法。

(2) 地理分布

根据植物标本记录查阅,目前确切得知在江苏境内采集的翅荚香槐标本仅有2份:

(ⅰ) 采集人:刘昉勳、王名金、黄志远,时间:1956-06,采集号:2295,采集地点:宜兴市黄石岭;保存于江苏省·中国科学院植物研究所标本室(NAS)。

(ⅱ) 采集人:刘昉勳、王名金、黄志远,时间:1956-06,采集号:2295,采集地点:宜兴市黄石岭;保存于中国科学院植物研究所标本馆(PE)。

根据以上植物标本信息,可以发现翅荚香槐在江苏境内的宜兴等地曾经有植物采集记录。

根据《中国植物志》英文版(*Flora of China*)Vol. 10记载,分布于我国广东、广西、贵州、湖南、江苏、云南和浙江7个省份。根据此次野外调查,该种目前在江苏境内仅见于溧阳,在宜兴的多次野外调查过程中均未见此种。具体分布地点如下:深溪岕村金刚岕,海拔455~457 m(表4-25)。

(3) 种群数量

根据此次野外调查,目前仅在溧阳戴埠镇深溪岕村金刚岕发现8株翅荚香槐(表4-25),最大1株的胸径(DBH)仅22.0 cm,最小1株胸径仅2.0 cm,平均胸径为12.0 cm。从调查的数据看,该区的翅荚香槐萌生现象较为明显。

表 4-25 江苏分布的翅荚香槐资源状况简表

分布地点	DBH (cm)	高度 (m)	海拔 (m)	东经 (°′″)	北纬 (°′″)	冠幅 (m)	更新方式
溧阳戴埠镇深溪岕村金刚岕	18	9	455	119°30′54″	31°10′24″	6×5	实生
	12	8	455	119°30′54″	31°10′24″	3×5	萌生
	7	6	455	119°30′54″	31°10′24″	3×4	萌生
	3.5	5	455	119°30′54″	31°10′24″	—	萌生
	1.5	2	455	119°30′54″	31°10′24″	—	萌生
	22	14	457	119°30′53″	31°10′26″	4×8	实生
	20	12	457	119°30′53″	31°10′26″	5×8	实生
	12	10	457	119°30′53″	31°10′26″	3×5	萌生

(4) 濒危现状

根据江苏第二次野生植物资源调查,翅荚香槐种群目前见于我省常州的1个分布地点。而根据植物标本的记载,在江苏宜兴曾有该种的自然分布,但是我们在多次的野外调查中均未能发现。究其原因,很可能由于宜兴地区近年来大力发展竹业,原有的阔叶林生境遭到破坏。在溧阳的金刚岕,我们发现翅荚香槐分布于常绿、落叶阔叶混交林中,伴生植物主要有青冈(*Cyclobalanopsis glauca*)、盐肤木(*Rhus chinensis*)、山胡椒(*Lindera glauca*)和棟叶吴萸(也称臭辣树)(*Tetradium glabrifolium*)等。附近的毛竹林生长茂盛,很可能会入侵到翅荚香槐的生境中。因此,建议对该地分布的翅荚香槐种群加强管理,协调好生态保护与旅游开发的关系,以利于该种在江苏境内的生存与繁衍。

根据 IUCN 评估标准,翅荚香槐可列为"极危种"(CR)等级。

16. 椿叶花椒 *Zanthoxylum ailanthoides* Sieb. et Zucc.

落叶乔木,高稀达 15 m,胸径 30 cm;茎干有鼓钉状、基部宽达 3 cm、长 2~5 mm 的锐刺,当年生枝的髓部甚大,常空心,花序轴及小枝顶部常散生短直刺,各部无毛。叶有小叶 11~27 片或稍多;小叶整齐对生,狭长披针形或位于叶轴基部的近卵形,长 7~18 cm,宽 2~6 cm,顶部渐狭长尖,基部圆,对称或一侧稍偏斜,叶缘有明显裂齿,油点多,肉眼可见,叶背灰绿色或有灰白色粉霜,中脉在叶面凹陷,侧脉每边 11~16 条。花序顶生,多花,几无花梗;萼片及花瓣均 5 片;花瓣淡黄白色,长约 2.5 mm;雄花的雄蕊 5 枚;退化雌蕊极短,2~3 浅裂;雌花有心皮 3 个,稀 4 个,果梗长 1~3 mm;分果瓣淡红褐色,干后淡灰或棕灰色,顶端无芒尖,径约 4.5 mm。油点多,干后凹陷;种子径约 4 mm。花期 8~9 月,果期 10~12 月。

该种果实可作调味料;种子可榨油;根、茎、叶还可入药。此种为本次野外植物调查过程中发现的江苏地理分布新记录物种。在 2014 年被发现后,在江苏第二次重点保护野生植物资源调查中被列为省级调查物种。

(1) 调查方法

实测法。

(2) 地理分布

根据文献查阅与标本记录,《中国植物志》《中国高等植物》和 Flora of China 均未记载江苏有椿叶花椒分布。已知该种在国内分布于我国东南部的福建、广东、广西、贵州、江西南部、浙江、四川东南部、云南东南部和台湾,在日本(包括小笠原和琉球群岛)、朝鲜和菲律宾也有分布(黄成就,1997;杨远波等,2008)。此次调查发现椿叶花椒分布于江苏省无锡市宜兴市张渚镇的小黑沟—龙池山省级自然保护区的龙池山,海拔 160 m;宜兴市湖㳇镇磬山的溪边的常绿、落叶阔叶林中,海拔 110 m。群落中乔木层伴生种类主要有蓝果树(*Nyssa sinensis*)、白栎(*Quercus fabri*)、紫楠(*Phoebe sheareri*)和柘树(*Cudrania tricuspidata*)等,灌木层主要有山鸡椒(*Litsea cubeba*)、山胡椒(*Lindera glauca*)和楤木(*Aralia chinensis*)等,草本植物有蕺菜(*Houttuynia cordata*)、珍珠菜(*Lysimachia clethroides*)、络石(*Trachelospermum jasminoides*)、苔草(*Carex* sp.)等。因此,目前宜兴地区已经成为椿叶花椒在我国的最北分布地点。

(3) 种群数量

根据此次野外调查,目前仅在江苏宜兴市的龙池山和磬山两地发现 5 株椿叶花椒(表4-26),最大1株的胸径(DBH)为15.7 cm,分布于龙池山的落叶阔叶林中;最小1株胸径仅5.1 cm,分布于宜兴磬山的小溪旁。从调查的数据看,该区的椿叶花椒均为实生(表4-26)。

表4-26 江苏分布的椿叶花椒资源状况简表

分布地点	DBH (cm)	高度 (m)	海拔 (m)	东经 (°/′/″)	北纬 (°/′/″)	冠幅 (m)	更新方式
宜兴龙池山	15.7	9.1	156	119°41′46.6″	31°13′8.64″	4×5	实生
宜兴磬山	15	8.5	120	119°44′2.52″	31°11′10.38″	3×5	实生
	12	7.2	120	119°44′2.52″	31°11′10.38″	3×4	实生
	7.1	6	120	119°44′2.52″	31°11′10.38″	2×3	实生
	5.1	6.2	114	119°44′1.14″	31°11′15.06″	2×3.4	实生

(4) 濒危现状

根据江苏第二次野生植物资源调查,椿叶花椒种群目前分布于我省宜兴市的2个分布地点,并且仅有5株(表4-26)。而根据植物标本以及文献记载,此前在江苏境内均未发现该种的自然分布,这是在该种宜兴地区的首次发现,也是该种在我省的首次发现。然而,由于受到生产建设和旅游活动的影响,目前椿叶花椒在江苏境内的分布面临着较大的威胁。在龙池山自然保护区,由于寺庙的重建和道路的拓宽,目前发现的椿叶花椒的部分伴生植物已经遭到砍伐;在磬山地区分布的椿叶花椒则由于寺庙修建以及磬山寺风景区的扩建,该种的生境将受到影响。因此,建议对该宜兴地区分布的椿叶花椒植株进行挂牌保护,并尽可能减少人为活动的影响,协调好生态保护与旅游开发的关系,以便该种能够在江苏境内生存与繁衍。

根据IUCN评估标准,椿叶花椒可列为"极危种"(CR)等级。

17. 糯米椴 *Tilia henryana* var. *subglabra* V. Engl.

糯米椴又称光叶糯米椴,落叶乔木,高达15 m及以上,嫩枝及顶芽均无毛或近秃净;叶圆形,长6~18 cm,先端宽而圆,有短尖尾,基部心形,整正或偏斜,上面无毛,下面除脉腋处有毛外,其余秃净无毛,侧脉5~6对,边缘有锯齿,侧脉直达齿尖并突出成齿刺,长 3~5 mm;叶柄长 3~5 cm,被黄色茸毛;聚伞花序长 10~12 cm,有花 30~100 朵以上,花序柄有星状毛;苞片狭窄倒披针形,长 7~10 cm,宽 1~1.3 cm,先端钝,基部狭窄,仅下面被稀疏星状柔毛,下半部 3~5 cm 与花序柄合生;花瓣长 6~7 mm;果近球形,被细柔毛。花期 7~8 月,果期 9~10 月。

该种分布于江苏、江西、安徽、河南、湖北、陕西等地,长江流域各地常用作行道树。糯米椴的茎皮纤维柔韧,可制人造棉;木材可用于建筑。在江苏第二次重点保护野生植物资源调查中被列为省级调查物种。

(1) 调查方法

实测法结合样方法。

(2) 地理分布

A. 历史记录

在江苏境内,有关糯米椴的历史记录较少。

首先,根据植物标本记录查阅,目前确切知道在江苏境内采集的糯米椴标本主要如下所示:

(ⅰ) 采集人:方文哲等,时间:1963,采集号:382,采集地点:江苏南京市栖霞寺后;保存于广西植物标本馆(IBK),无照片。

(ⅱ) 采集人:W. C. Cheng,时间:1933 - 09,采集号:4450,采集地点:江苏;保存于江西省·中国科学院庐山植物园(LBG)。

(ⅲ) 采集人:无,时间:无,采集号:无,采集地点:江苏省;保存于江苏省·中国科学院植物研究所标本室(NAS)。

(ⅳ) 采集人:W. C. Cheng,时间:1929 - 09 - 21,采集号:301,采集地点:江苏省江浦;保存于江苏省·中国科学院植物研究所标本室(NAS)。

(ⅴ) 采集人:叶培忠,时间:1933 - 10 - 20,采集号:651,采集地点:江苏省南京;保存于江苏省·中国科学院植物研究所标本室(NAS)。

(ⅵ) 采集人:龚家骥,时间:1934 - 10 - 13,采集号:356,采集地点:江苏省南京栖霞山;保存于江苏省·中国科学院植物研究所标本室(NAS)。

(ⅶ) 采集人:龚家骥,时间:1935 - 07 - 24,采集号:843,采集地点:江苏省宝华山;保存于江苏省·中国科学院植物研究所标本室(NAS)。

(ⅷ)采集人:沈隽,时间:1935-09-28,采集号:957,采集地点:江苏省宜兴市;保存于江苏省·中国科学院植物研究所标本室(NAS)。

(ⅸ)采集人:贺贤育,时间:1939-09-04,采集号:2767,采集地点:江苏省句容宝华山;保存于江苏省·中国科学院植物研究所标本室(NAS)。

(ⅹ)采集人:岳俊三,时间:1954-11-03,采集号:0312,采集地点:江苏省栖霞山;保存于江苏省·中国科学院植物研究所标本室(NAS)。

(ⅺ)采集人:岳俊三,时间:1956-06-10,采集号:406,采集地点:江苏茅山林场;保存于江苏省·中国科学院植物研究所标本室(NAS)。

(ⅻ)采集人:刘昉勳、王名金、黄志远,时间:1956-07-12,采集号:2502,采集地点:江苏省宜兴芙蓉寺;保存于江苏省·中国科学院植物研究所标本室(NAS)。

(ⅹⅲ)采集人:邓懋彬,时间:1956-10,采集号:3566,采集地点:江苏省句容市茅山;保存于江苏省·中国科学院植物研究所标本室(NAS)。

(ⅹⅳ)采集人:傅立国,时间:1957-05-31,采集号:0216,采集地点:江苏省南京市明孝陵;保存于江苏省·中国科学院植物研究所标本室(NAS)。

(ⅹⅴ)采集人:傅立国,时间:1959-07-11,采集号:0311,采集地点:江苏省南京陵园;保存于江苏省·中国科学院植物研究所标本室(NAS)。

(ⅹⅵ)采集人:无,时间:1971-08-30,采集号:455,采集地点:江苏省江浦老山;保存于江苏省·中国科学院植物研究所标本室(NAS)。

(ⅹⅶ)采集人:C. L. Tso,时间:1926-04,采集号:384,采集地点:江苏南京市栖霞山;保存于中国科学院植物研究所(PE),无照片。

(ⅹⅷ)采集人:M. Chen,时间:1933-05,采集号:456,采集地点:江苏句容市宝华山;保存于中国科学院植物研究所(PE),无照片。

根据以上植物标本信息,可以发现糯米椴在江苏境内的南京、句容和宜兴等地曾经有植物采集。

此外,强建和(2007)在溧水县杨树山海拔172 m处采集到糯米椴果实,采种植株胸径26～50 cm不等,高达17 m;杨树山糯米椴散生于次生林中,并与少量马尾松林混生。刘彩霞(2011)报道在南京栖霞山有糯米椴两株,分别位于试茶亭与话山亭附近。

根据《中国植物志》英文版(*Flora of China*)Vol. 12 记载,糯米椴分布于我国福建、浙江、江苏、湖南、广东、广西和贵州 7 个省份。根据新版《江苏植物志》(第二卷)记载:在江苏境内糯米椴分布于"宜兴(龙池山和茗岭)和溧阳(深溪岕)"(刘启新,2013)。

B. 现状分布

根据我们最近的野外调查,江苏境内的糯米椴野生种群分布点主要有南京、句容以及宜兴 3 个地区。① 南京地区的牛首山(118°44′25″E,31°53′29″N,海拔 185 m)、栖霞山(118°57′22″E,32°09′15″N,海拔 74 m)分布有少量的野生糯米椴;② 在句容宝华山的隆昌寺北下方附近的不同海拔高度下(海拔 74~176 m)也有糯米椴的分布;③ 在宜兴龙池山(119°41′47″E,31°12′50″N,海拔 270 m)有较少量的糯米椴分布。江苏分布的糯米椴的详细调查记录见表 4-27。

表 4-27　江苏分布的糯米椴资源状况简表

分布地点	位　置	海拔(m)	东经(°/′/″)	北纬(°/′/″)	资源状况
南京	牛首山	185	118°44′25″	31°53′29″	较少(2)
	栖霞山	74	118°57′22″	32°09′15″	较少(5)
句容	宝华山隆昌寺北下方	62	119°05′02″	32°08′01″	较少(12)
		147	119°05′02″	32°08′01″	
		176	119°05′03″	32°07′57″	
宜兴	龙池山	270	119°41′47″	31°12′50″	较少(1)

(3) 种群数量

首先,此次野外调查过程中,通过实测法在南京、宜兴和句容 3 个地区共记录糯米椴 13 株。其中,在南京的牛首山和栖霞山分别记录 2 株和 5 株;在宜兴龙池山仅记录 1 株;在句容宝华山(海拔 147~176 m)记录 5 株,具体如表 4-28 所示。在实测法调查的所有个体中,最大胸径为 59.7 cm,分布在句容宝华山(海拔176 m);最小胸径为4.8 cm,在宜兴龙池山发现;实测法调查的所有个体平均胸径为22.70 cm。从更新方式看,这些地区的糯米椴主要为实生形式,3个地区的实地调查均未见木糯米椴的萌生现象,说明糯米椴主要采取实生作为其种群繁殖和更新的方式。

表4-28 江苏分布的糯米椴资源状况简表

分布地点	DBH (cm)	高度 (m)	海拔 (m)	东经 (°/′/″)	北纬 (°/′/″)	冠幅 (m)	更新方式
南京牛首山(实测法)	34.2	9.2	185	118°50′01″	32°03′25″	8.5×9.2	实生
	37.6	9.4	182	118°50′01″	32°03′25″	7.7×8.3	实生
南京栖霞山(实测法)	13.7	8.6	74	118°57′22″	32°09′15″	3.2×4.5	实生
	8.7	6.2	74	118°57′22″	32°09′15″	2.8×3.6	实生
	10.6	7.8	74	118°57′22″	32°09′15″	2.5×2.6	实生
	26.2	12.5	120	118°57′33″	32°09′25″	5.5×4.6	实生
	30.15	15.8	112	118°57′34″	32°09′14″	7.2×6.8	实生
宜兴龙池山(实测法)	5.3	3.5	270	119°41′47″	31°12′50″	1.3×1.5	实生
句容宝华山(实测法)	59.7	4.6	176	118°05′03″	32°07′57″	3.2×4.1	断头
	43.1	12.8	176	118°05′03″	32°07′57″	6.2×4.7	实生
	25.8	10.6	147	118°05′02″	32°08′01″	5.2×4.6	实生
	23.1	12.3	176	118°05′02″	32°08′01″	5.3×6.0	实生
	22.4	11.8	176	118°05′02″	32°08′01″	3.9×5.7	实生
句容宝华山(样方法)	24.3	14.2	147	118°05′14″	32°07′59″	6.3×4.9	实生
	37.3	16.5	147	118°05′14″	32°07′59″	5.5×6.2	实生
	6.4	5.3	147	118°05′14″	32°07′59″	2.3×3.7	实生
	4.8	3.7	176	118°05′13″	32°07′51″	3.2×1.4	实生
	26.4	11.4	147	118°05′13″	32°07′51″	5.6×4.4	实生
	20.4	13.3	147	118°05′13″	32°07′51″	4.8×6.5	实生
	12.6	12.5	147	118°05′13″	32°07′51″	2.6×3.7	实生

其次,根据野外调查的实际情况并结合糯米椴野生种群的分布特点,在宝华山隆昌寺下方(118°05′13″E,32°07′51″N,海拔 147 m)设立 20 m×20 m 的 4 个乔木样方,在面积为 1 600 m² 的样方内,共记录糯米椴植株 7 株,植株密度为 40 株/hm²。糯米椴群落由 7 株成年个体与其他物种组成,其中胸径大于 15 cm 的占大多数,而胸径较小的数量偏少。参照 V 级立木法并结合野外实际记录数据,以大小级代替年龄级,按照 DBH 大小将该样方内的糯米椴个体划分为五个龄级:Ⅰ龄级,DBH<2.5 cm;Ⅱ龄级,2.5 cm≤DBH<7.5 cm;Ⅲ龄级,7.5 cm≤DBH<15 cm;Ⅳ龄级,15 cm≤DBH<22.5 cm;Ⅴ龄级,DBH≥22.5 cm。结果发现(图 4-8):缺少Ⅰ龄级植株;Ⅱ龄级个体共计 2 株,占总数的 28.57%;Ⅲ龄级个体共计 1 株,占总数的 14.29%;Ⅳ龄级个体共计 1 株,占总数的 14.29%,Ⅴ龄级个体 3 株,占总数的 42.86%。最大植株的胸径为 37.3 cm;最小植株的胸径为 4.8 cm;平均胸径大小为 18.89 cm。总体上看,该地区的糯米椴种群个体较少,而且缺少Ⅰ龄级个体,属于不稳定型的衰退种群。

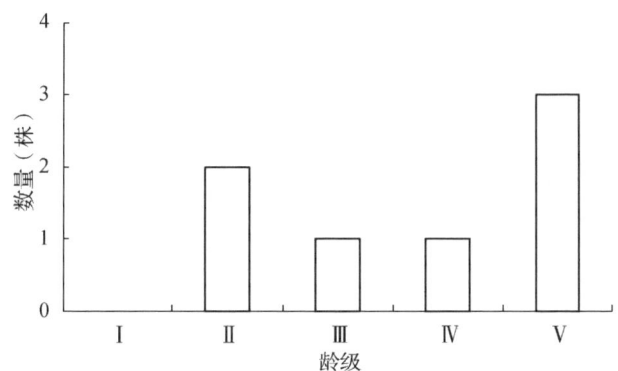

图 4-8 宝华山隆昌寺糯米椴种群的龄级结构

(4)濒危现状

此次野外植物资源调查结果表明,目前江苏境内的糯米椴仅见于南京、镇江和无锡 3 个省辖市的 4 个分布点(表 4-27),而且种群规模极小。尽管所分布的地点牛首山、栖霞山、宝华山和龙池山均属于自然保护区或国家森林公园,但是目前该种保护形势不容乐观。首先,糯米椴生长速度较为缓慢,在生长过程中易于受到外界环境因素的影响;其次,目前4个分布地点的糯米椴种群数量均极小,不利于其自然更新。例如以种群数量稍多的宝华山为例,由于糯米椴分布于落叶阔叶林中,森林内的郁闭度较高,林下的透光度较差,生长在该环境下的糯米椴幼苗及幼树因光资源不足很难成长为大树;再次,由于糯米椴的木材柔韧性好,在个别分布地点的人为砍伐时有发生。因此,强化野生植物资源管理,保护好糯米椴的野生种群已经刻不容缓。

目前,我省林业部门的相关机构已对糯米椴开展扦插繁殖和种子催芽萌发等研究,在糯米椴苗木培育方面已经取得部分可喜成果,这为今后糯米椴的种质资源保护、引种驯化和开发利用提供了基础。

根据 IUCN 评估标准,糯米椴可列为"极危种"(CR)等级。

18. 南京椴 *Tilia miqueliana* Maxim.

落叶乔木。高 20 m,树皮灰白色;嫩枝有黄褐色茸毛,顶芽卵形,被黄褐色茸毛。叶卵圆形,长 9～12 cm,宽 7～9.5 cm,先端急短尖,基部心形,整正或稍偏斜,上面无毛,下面被灰色或灰黄色星状茸毛,侧脉 6～8 对,边缘有整齐锯齿;叶柄长 3～4 cm,圆柱形,被茸毛。聚伞花序长 6～8 cm,有花 3～12 朵,花序柄被灰色茸毛;花柄长 8～12 mm;苞片狭窄倒披针形,长 8～12 cm,宽 1.5～2.5 cm,两面有星状柔毛,初时较密,先端钝,基部狭窄,下部 4～6 cm 与花序柄合生,有短柄,柄长 2～3 mm,有时无柄;萼片长 5～6 mm,被灰色毛;花瓣比萼片略长;退化雄蕊花瓣状,较短小;雄蕊比萼片稍短;子房有毛,花柱与花瓣平齐。果实球形,无棱,被星状柔毛,有小突起。花期 7 月,果期 8～9 月。

南京椴是重要的用材树种与蜜源植物以及优良的庭院观赏树种。该种喜湿润气候,对土壤理化性质具有改良作用。在我国南京椴主要分布于江苏、浙江、安徽、江西、广东,日本也有分布。在江苏第二次重点保护野生植物资源调查中被列为省级调查物种。

(1) 调查方法

实测法结合样方法。

(2) 地理分布

根据文献记载以及标本采集记录,南京椴在江苏省内的分布区域曾经较为广泛,种群数量并不清楚。

A. 历史记录

根据植物标本查阅,南京椴在江苏境内的标本采集记录如下:

(ⅰ)采集人:何如保,时间:1954-05,采集号:382、383,采集地点:江苏省南京,紫金山;保存于河南师范大学生物系植物标本室(HENU)。

(ⅱ)采集人:左景烈,时间:1926-09,采集号:478、2108、2544,采集地点:江苏省;保存于中国科学院华南植物园标本馆(IBSC)。

(ⅲ)采集人:C. C. Chen,时间:1929,采集号:1208、1255,采集地点:江苏省;保存于中国科学院华南植物园标本馆(IBSC)。

(ⅳ)采集人:无,时间:1933,采集号:351,采集地点:南京牛首山;保存于中国科学院华南植物园标本馆(IBSC)。

(ⅴ)采集人:M. Chen,时间:1933,采集号:988,采集地点:江苏宝华山;保存于中国科学院华南植物园标本馆(IBSC)。

(ⅵ)采集人:无,时间:1958-08,采集号:21404,采集地点:江苏省新海连宿城(宿迁);保存于中国科学院华南植物园标本馆(IBSC)。

(ⅶ)采集人:陈斌全,时间:1990-07,采集号:498,采集地点:江苏省;保存于中国科学院华南植物园标本馆(IBSC)。

(ⅷ)采集人:W. C. Cheng,时间:1933,采集号:4475、4403,采集地点:江苏宝华山;保存于江西省·中国科学院庐山植物园标本馆(LBG)。

(ⅸ)采集人:贺贤育,时间:1934-06-08,采集号:2545,采集地点:江苏省明陵;保存于江苏省·中国科学院植物研究所标本室(NAS)。

(ⅹ)采集人:龚家骥,时间:1935-09-09,采集号:933,采集地点:江苏省宝华山;保存于江苏省·中国科学院植物研究所标本室(NAS)。

（ⅺ）采集人：沈隽，时间：1935－09－28，采集号：946，采集地点：江苏省宜兴市；保存于江苏省·中国科学院植物研究所标本室（NAS）。

（ⅻ）采集人：李华，时间：1954－05－07，采集号：382，采集地点：江苏省南京市紫金山；保存于江苏省·中国科学院植物研究所标本室（NAS）。

（ⅹⅲ）采集人：无，时间：1954－08－28，采集号：无，采集地点：江苏省南京市；保存于江苏省·中国科学院植物研究所标本室（NAS）。

（ⅹⅳ）采集人：无，时间：1958－11－24，采集号：无，采集地点：江苏省新海连市；保存于江苏省·中国科学院植物研究所标本室（NAS）。

可见，根据以前的植物标本采集记录，分布在江苏境内的南京椴主要采自南京牛首山、紫金山、句容宝华山、宿迁和宜兴等地。

根据近年来的研究文献记载，南京椴在江苏省内的分布曾有少量报道。童丽丽等（2006）对南京牛首山南京椴群落的结构进行了调查与分析，表明牛首山南京椴种群受到毛竹林的入侵干扰；汤诗杰和汤庚国（2007）、汤诗杰等（2008）报道南京椴在江苏省的野生分布区有南京的紫金山、牛首山、老山，句容宝华山，淮安（盱眙），徐州与安徽萧县交界的皇藏峪自然保护区，调查发现这些地区的南京椴种群数量从十几株到百余株不等，相对集中或单生于落叶阔叶林或常绿落叶阔叶混交林中，大多树龄较大并处于林冠层。有的种群虽有种子落在地上，但林下无自然更新的小苗；有的种群虽有小苗，但并无各龄级小苗的梯度，尤其是没有中等大小的树，表明南京椴自然更新能力比较差，可能是导致其野生种群越来越小、群落个体数越来越少的主要原因。史锋厚等（2006，2012）报道仅在南京牛首山、江苏宝华山等地分布有大于30株的南京椴群落，盱眙铁山寺等地有少量分布，对其群落学以及种子萌发与休眠等的研究，认为南京椴种群数量锐减主要源于生境的破坏和繁殖困难，其中人为干扰是其种群数量和个体数目不断减少的主要原因。

B. 现状分布

根据此次的野外实地调查，江苏境内的南京椴目前分布于镇江（句容）、南京、连云港、苏州和常州（溧阳）5个地区的多个地点，现分述如下（表4-29）：

(1) 句容宝华山(南大门、隆昌寺附近、宝华玉兰园)有小片分布,海拔在93~253 m;

(2) 南京牛首山的祖堂山近山顶,海拔 177 m,地理位置为 118°44′36″E,31°53′41″N;

(3) 连云港云台山(东北角阳坡、墟沟)有少量分布,海拔在 102~248 m;

(4) 苏州穹窿山,在海拔 193 m 的宁邦寺附近发现 1 株;茅蓬坞孙武苑,海拔在 117~193 m 发现有成片分布的南京椴种群;

(5) 溧阳深溪岕,海拔 389 m,地理位置为 119°28′27″E,31°12′18″N 处的南山竹海仅发现 1 株。

表 4-29 江苏分布的南京椴资源状况简表

分布地点	位置	海拔(m)	东经(°/′/″)	北纬(°/′/″)	资源状况
句容宝华山	南大门	93	119°04′14″	32°07′26″	一般(49)
	隆昌寺附近	218	119°05′02″	32°08′01″	
	宝华玉兰园	253	119°05′13″	32°07′51″	
南京牛首山	祖堂山近山顶	177	118°44′36″	31°53′41″	较少(15)
连云港云台山	东北角阳坡	102	119°28′17″	34°43′10″	较少(11)
	墟沟	248	119°27′13″	34°43′09″	
苏州穹窿山	宁邦寺	193	120°25′28″	31°16′07″	较少(1)
	孙武苑	117	120°25′18″	31°15′41″	一般(68)
溧阳深溪岕	南山竹海	389	119°28′27″	31°12′18″	较少(1)

(3) 种群数量

首先,此次野外调查过程中,通过实测法在苏州和溧阳 2 个地区共记录南京椴 81 株。其中,在南京牛首山记录 15 株;句容宝华山记录 49 株;在连云港云台山记录 11 株;在苏州穹窿山的宁邦寺和孙武苑分别记录 1 株和 4 株,溧阳南山竹海仅记录 1 株。江苏分布的南京椴资源状况如下表所示(表 4-30)。另外,在句容宝华山记录本次实测法调查中最大的植株,胸径为 41.0 cm。在实测法调查的所有个体中,最小胸径为 1.1 cm,实测法调查的所有个体平均胸径为 21.5 cm。从更新方式上看,所有实测法记录的南京椴植株均为实生,未见萌生植株。

表 4-30 江苏分布的南京椴资源状况简表(实测法)

分布地点	DBH (cm)	高度 (m)	海拔 (m)	东经 (°/′/″)	北纬 (°/′/″)	冠幅 (m)	更新方式
穹窿山宁邦寺	36.4	14	193	120°25′28″	31°16′01″	7×8	实生
穹窿山孙武苑	25.2	21	133	120°25′17″	31°15′44″	5×6	实生
	16.9	12	133	120°25′17″	31°15′44″	5×5	实生
	15.8	11	133	120°25′17″	31°15′44″	2×4	实生
	23.6	8	133	120°25′17″	31°15′44″	4×7	实生
溧阳南山竹海	15.0	12	389	119°28′27″	31°12′19″	3×5	实生
南京牛首山	29.0	8.7	98	118°44′36″	31°53′41″	5×6	实生
	25.0	7.2	98	118°44′36″	31°53′41″	5×5	实生
	19.1	7.5	103	118°44′37″	31°53′41″	4×7	实生
	18.4	7.5	103	118°44′37″	31°53′41″	4.5×5.5	实生
	21.8	7.8	103	118°44′37″	31°53′41″	5.5×6.2	实生
	27.2	9.5	103	118°44′37″	31°53′41″	8×6	实生
	30.9	11.2	103	118°44′37″	31°53′41″	8×5.5	实生
	29.2	11	103	118°44′37″	31°53′41″	7×7	实生
	29.3	11.5	103	118°44′37″	31°53′41″	7×6	实生
	27.8	8	103	118°44′37″	31°53′41″	6.5×6.5	实生
	30.1	10.2	103	118°44′37″	31°53′41″	9×7	实生
	23.4	8.2	105	118°44′36″	31°53′41″	7×6	实生
	36.0	11	105	118°44′36″	31°53′41″	6×6	实生
	26.0	12.2	97	118°44′36″	31°53′41″	5×4	实生
	29.5	10.2	97	118°44′36″	31°53′41″	5×6	实生

（续表）

分布地点	DBH (cm)	高度 (m)	海拔 (m)	东经 (°′″)	北纬 (°′″)	冠幅 (m)	更新方式
句容宝华山	29.00	8.2	208	119°04′14″	32°07′26″	4×5	实生
	38.50	10.3	226	119°05′02″	32°07′46″	5×7	实生
	21.30	6.2	226	119°05′02″	32°07′46″	6×4.5	实生
	14.50	10.2	231	119°05′11″	32°07′48″	3×4	实生
	11.35	7	213	119°05′16″	32°07′49″	2×2	实生
	11.50	7.2	205	119°05′10″	32°07′49″	1×2	实生
	16.50	8	205	119°05′10″	32°07′49″	3×4	实生
	18.10	11.2	207	119°04′15″	32°07′50″	5×5	实生
	5.00	7	207	119°04′15″	32°07′50″	1×1	实生
	19.5	13.6	223	119°05′13″	32°07′51″	6×8	实生
	25.6	13.8	223	119°05′13″	32°07′51″	7×8	实生
	5.0	7.5	223	119°05′13″	32°07′51″	5×5	实生
	30.0	12.2	223	119°05′13″	32°07′51″	5×8	实生
	9.9	8	223	119°05′13″	32°07′51″	5×6	实生
	28.2	12	223	119°05′13″	32°07′51″	5×7	实生
	26.3	15.6	223	119°05′13″	32°07′51″	4×7	实生
	32.0	16.8	223	119°05′13″	32°07′51″	6×6	实生
	19.9	13.2	223	119°05′13″	32°07′51″	5×8	实生
	9.8	7.5	223	119°05′13″	32°07′51″	3×4	实生
	21.4	12	223	119°05′13″	32°07′51″	3×4	实生
	18.3	11	223	119°05′13″	32°07′51″	5×3	实生
	17.2	12.5	223	119°05′13″	32°07′51″	4×4	实生
	14.5	7.5	223	119°05′13″	32°07′51″	6×8	实生
	22.1	8	223	119°05′13″	32°07′51″	7×8	实生
	18.1	7	223	119°05′13″	32°07′51″	5×5	实生
	12.7	7	223	119°05′13″	32°07′51″	5×8	实生

(续表)

分布地点	DBH (cm)	高度 (m)	海拔 (m)	东经 (°′″)	北纬 (°′″)	冠幅 (m)	更新方式
句容宝华山	28.4	9	223	119°05′13″	32°07′51″	5×6	实生
	25.4	9	223	119°05′13″	32°07′51″	5×7	实生
	19.5	10	223	119°05′13″	32°07′51″	4×7	实生
	16.7	10	223	119°05′13″	32°07′51″	6×6	实生
	19.8	9.5	223	119°05′13″	32°07′51″	5×8	实生
	25.9	10	223	119°05′13″	32°07′51″	3×4	实生
	25.6	10	223	119°05′13″	32°07′51″	3×4	实生
	41.0	13.2	223	119°05′13″	32°07′51″	5×3	实生
	28.6	14	223	119°05′13″	32°07′51″	4×4	实生
	13.50	7.2	198	119°05′03″	32°07′57″	3×3	实生
	18.50	7.6	198	119°05′03″	32°07′57″	4×5	实生
	30.75	12.8	198	119°04′14″	32°07′59″	5×6	实生
	37.70	17.2	198	119°04′14″	32°07′59″	7×7	实生
	1.10	1.5	198	119°04′14″	32°07′59″	1.5×1	实生
	—	1.2	198	119°04′14″	32°07′59″	0.8×1	实生
	27.70	9	123	119°04′15″	32°07′59″	5×5	实生
	37.50	14.8	113	119°05′02″	32°08′01″	8×10	实生
	27.70	14.5	113	119°05′02″	32°08′01″	7×8	实生
	23.10	14.2	113	119°05′02″	32°08′01″	7×8	实生
	22.30	12	113	119°05′02″	32°08′01″	6×8	实生
	24.40	15.2	113	119°05′02″	32°08′01″	8×8	实生
	17.20	12.1	113	119°05′02″	32°08′01″	6×5	实生
	14.3	9	113	119°05′02″	32°08′01″	5×6	实生
连云港云台山	15.5	10	87	119°28′17″	34°43′11″	5×6	实生
	26.7	12	87	119°28′17″	34°43′11″	5×6	实生
	34.5	13	87	119°28′17″	34°43′11″	5×6	实生

(续表)

分布地点	DBH (cm)	高度 (m)	海拔 (m)	东经 (°′″)	北纬 (°′″)	冠幅 (m)	更新方式
连云港云台山	27.0	12	87	119°28′17″	34°43′11″	5×6	实生
	26.0	12	87	119°28′17″	34°43′11″	5×6	实生
	19.7	10	87	119°28′17″	34°43′11″	5×6	实生
	1.6	2	78	119°27′22″	34°43′15″	1×2	实生
	2.2	2	78	119°27′22″	34°43′15″	2×2	实生
	—	1	78	119°27′22″	34°43′15″	1×2	实生
	31.25	9.5	68	119°23′36″	34°44′01″	6×8	实生
	32.57	10.6	68	119°23′36″	34°44′01″	7×7	实生

其次,根据野外调查的实际情况并结合南京椴野生种群的分布特点,在苏州市穹窿山茅蓬坞孙武苑(120°25′18″E,31°15′42″N,海拔 120 m)处设置 1 个 20 m×20 m 的调查样方。在该样方内,共记录南京椴植株 44 株,植株密度为 1 100 株/hm², 实生植株 12 株,且均为胸径大于 19 cm 的大树,萌生植株 32 株,胸径均小于 1 cm,萌生率达 72.73%。可见,该样方内的南京椴以萌生为其种群的主要更新方式。最大植株为胸径为 30.51 cm,平均胸径为 24.93 cm。参照 V 级立木法并结合野外实际记录数据,将该地区样方内的南京椴个体划分为五个龄级,其中 I 龄级(DBH<2.5 cm)个体有 30 株;II 龄级(2.5 cm≤DBH<7.5 cm)个体有 1 株;III 龄级(7.5 cm≤DBH<15 cm)个体缺失;IV 龄级(15 cm≤DBH<22.5 cm)个体有 4 株;V 龄级(DBH≥22.5 cm)个体有 9 株(图 4-9)。可见,该地区的南京椴种群年龄结构不完整,并且以幼年个体较多,成年植株偏少。

(4) 濒危现状

此次调查结果表明,在江苏境内目前南京椴分布于南京、镇江、苏州、常州和连云港 5 个省辖市的 9 个地点(表 4-29)。而根据《江苏植物志》(下册,P481)记载:"南京椴产江苏北部,连云港云台山等地,生于山坡、山沟或林中。"因此,本次野外调查结果,丰富了南京椴在江苏境内的地理分布记录。其

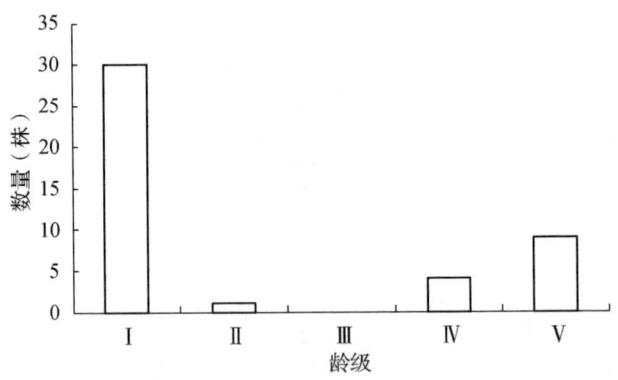

图 4-9 穹窿山茅蓬坞孙武苑南京椴种群的龄级结构

中,苏州(穹窿山)、常州(溧阳南山竹海)此前均未曾报道。在此次发现的9个分布地点中,各个地点的南京椴种群数量均较小。相比之下,以宝华山和穹窿山两地的南京椴种群的数量较多。

根据本次野外调查,目前江苏境内分布的南京椴种群面临的最大保护压力来自旅游开发。如在在溧阳深溪岕的南坡——靠近南山竹海的山顶附近,所发现1株南京椴分布于成片的毛竹林中,这很可能与当地为了旅游开发,大面积地人为砍伐阔叶林而发展单一的毛竹林有关。同样,在苏州调查所发现的穹窿山南京椴种群,紧邻旅游栈道,对南京椴的生境造成较大的破坏。因此,建议在旅游开发过程中应该加强南京椴的生境保护。

根据 IUCN 评估标准,南京椴可列为"濒危种"(EN)等级。

19. 山拐枣 *Poliothyrsis sinensis* Oliv.

落叶乔木,树皮灰褐色,小枝圆柱形;叶厚纸质,卵形,先端渐尖,有2~4个圆形紫色腺体,边缘浅钝齿,掌状脉5条,中间3主脉较粗壮。花单性,雌雄同序,顶生;蒴果长圆形,3瓣裂;外果皮革质,生灰色绒毛;内果皮木质。种子多数,周围有翅,扁平。花期夏初,果期5~9月。

该种木材优良,花多而香,为蜜源植物。主要分布在我国秦岭淮河以南,南岭山脉以北的大片地区。生于海拔200~1500 m 的山坡常绿落叶阔叶混交林和落叶阔叶林中。在江苏第二次重点保护野生植物资源调查中被列为省级调查物种。

(1) 调查方法：

实测法结合样方法。

(2) 地理分布

根据文献记载以及标本采集记录，山拐枣在江苏省内的分布区域曾经较为广泛，但种群数量并不清楚。

A. 历史记录

根据植物标本查阅，山拐枣在江苏境内的标本采集记录如下：

（ⅰ）采集人：左景烈，时间：1926-04，采集号：无，采集地点：江苏；保存于中国科学院华南植物园标本馆（IBSC），无照片。

（ⅱ）采集人：C. L. Tso，时间：1926-04，采集号：449，采集地点：江苏省；保存于中国科学院华南植物园标本馆（IBSC）。

（ⅲ）采集人：刘昉勋，时间：1956-06，采集号：2013，采集地点：宜兴善卷洞；中国科学院华南植物园标本馆（IBSC），无照片。

（ⅳ）采集人：邓懋彬、袁春台等，时间：1956-10，采集号：3625，采集地点：句容县，茅山白云观石头山；保存于中国科学院昆明植物研究所标本馆（KUN）。

（ⅴ）采集人：C. L. Tso，时间：1926-05-13，采集号：449，采集地点：江苏省；保存于江苏省·中国科学院植物研究所标本室（NAS）。

（ⅵ）采集人：沈隽，时间：1935-09-27，采集号：933，采集地点：江苏省宜兴市；保存于江苏省·中国科学院植物研究所标本室（NAS）。

（ⅶ）采集人：刘昉勋、王名金、黄志远，时间：1956-06-10，采集号：2013，采集地点：江苏宜兴；保存于江苏省·中国科学院植物研究所标本室（NAS）。

（ⅷ）采集人：邓懋彬、袁春台，时间：1956-10-28，采集号：3625，采集地点：江苏省句容市；保存于江苏省·中国科学院植物研究所标本室（NAS）。

（ⅸ）采集人：方文哲，时间：1979-10-15，采集号：8105，采集地点：江苏省宜兴市；保存于江苏省·中国科学院植物研究所标本室（NAS）。

(X)采集人:邓懋彬、袁春台等,时间:1956-10,采集号:3625,采集地点:句容县茅山白云观石头山;保存于陕西省·中国科学院西北植物研究所标本馆(WUK)。

可见,根据植物标本记录信息,山拐枣曾经在江苏境内的句容和宜兴等地有分布。

B. 现状分布

本次野外调查发现,目前山拐枣在江苏境内分布于以下2个地点:① 宜兴市善卷洞风景区,海拔范围在20~76.6 m的落叶阔叶林;② 句容市宝华山自然保护区隆昌寺东北方向的锅底洼,海拔217 m(表4-31)。

表4-31 江苏分布的山拐枣资源状况简表

分布地点	位置	海拔(m)	东经(°′″)	北纬(°′″)	资源状况
宜兴	善卷洞	75	119°39′28″	31°18′18″	一般(99,实测)
句容	宝华山锅底洼	217	119°05′14″	32°07′54″	较少(11,样方)

(3)种群数量

此次野外调查过程中,通过实测法在宜兴善卷洞共记录山拐枣99株,其中萌生植株29株,实生植株70株,种群的萌生率为29.3%,可见萌生为该地区山拐枣种群更新的主要方式之一。这些植株均生长于宜兴地区善卷洞风景区内观光缆车入口后的小山坡上,海拔为20~77 m,分布的群落类型为落叶阔叶林,伴生种主要为化香(*Platycarya strobilacea*)、麻栎、黄檀和黄连木等。山拐枣最大植株的胸径为33.0 cm,平均胸径为13.1 cm(表4-32)。

表4-32 宜兴分布的山拐枣资源状况简表(实测法)

分布地点	DBH(cm)	高度(m)	海拔(m)	东经(°′″)	北纬(°′″)	冠幅(m)	更新方式
宜兴善卷洞	11	6	20	119°39′50″	31°17′59″	3×4	实生
	23	14	20	119°39′50″	31°17′59″	5×7	实生
	22	7	22	119°39′44″	31°17′58″	6×9	实生

（续表）

分布地点	DBH (cm)	高度 (m)	海拔 (m)	东经 (°′″)	北纬 (°′″)	冠幅 (m)	更新方式
宜兴善卷洞	7	6	22	119°39′44″	31°17′58″	2×5	实生
	5	5	22	119°39′44″	31°17′58″	2×2	实生
	10	10	22	119°39′44″	31°17′58″	3×3	实生
	6	5	22	119°39′44″	31°17′58″	2×3	实生
	7	6	22	119°39′44″	31°17′58″	3×3	实生
	10	9	22	119°39′44″	31°17′58″	3×4	实生
	5	6	22	119°39′44″	31°17′58″	2×2	母株
	6	5	22	119°39′44″	31°17′58″	2×2	萌生植株
	14	6	23	119°39′45″	31°17′59″	4×6	实生
	22	12	23	119°39′45″	31°17′59″	4×8	实生
	20	12	23	119°39′45″	31°17′59″	3×5	实生
	20	12	23	119°39′45″	31°17′59″	3×4	实生
	4	3	25	119°39′45″	31°17′59″	2×2	实生
	7	6	25	119°39′45″	31°17′59″	3×3	实生
	13	10	25	119°39′45″	31°17′59″	3×4	实生
	16	9	25	119°39′45″	31°17′59″	3×4	母株
	8	9	25	119°39′45″	31°17′59″	2×2	萌生植株
	3	2	25	119°39′45″	31°17′59″	1×2	实生
	5	3	25	119°39′45″	31°17′59″	2×2	实生
	3	4	25	119°39′45″	31°17′59″	1×1	实生
	22	9	73	119°39′47″	31°18′02″	6×9	母株
	20	8.4	73	119°39′47″	31°18′02″	3×4	萌生植株
	9	7	73	119°39′47″	31°18′02″	2×3	萌生植株

（续表）

分布地点	DBH (cm)	高度 (m)	海拔 (m)	东经 (°′″)	北纬 (°′″)	冠幅 (m)	更新方式
宜兴善卷洞	5	5.2	73	119°39′47″	31°18′02″	2×2.5	萌生植株
	21	5	73	119°39′47″	31°18′02″	5×6	实生
	6	4	73	119°39′47″	31°18′02″	2×2	实生
	10	4	73	119°39′47″	31°18′02″	4×4	实生
	10	9	73	119°39′47″	31°18′02″	4×5	母株
	8	7.1	73	119°39′47″	31°18′02″	2×3	萌生植株
	7	6.2	73	119°39′47″	31°18′02″	2×2.5	萌生植株
	4	4.2	73	119°39′47″	31°18′02″	—	萌生植株
	15	5	73	119°39′47″	31°18′02″	2×2	实生
	14	9	73	119°39′47″	31°18′02″	3×3	母株
	6	6.2	73	119°39′47″	31°18′02″	2×3	萌生植株
	23	10	77	119°39′49″	31°18′02″	8×12	实生
	18	8	77	119°39′49″	31°18′02″	4×5	实生
	22	15	77	119°39′49″	31°18′02″	6×8	母株
	8	7.0	77	119°39′49″	31°18′02″	2×3	萌生植株
	7	6.1	77	119°39′49″	31°18′02″	2×3	萌生植株
	12	8	77	119°39′49″	31°18′02″	3×4	实生
	21	17	77	119°39′49″	31°18′02″	4×5	母株
	19	10	77	119°39′49″	31°18′02″	3×4	萌生植株
	6	5	77	119°39′49″	31°18′02″	2×3	实生
	15	12	77	119°39′49″	31°18′02″	3×4	实生
	8	7	77	119°39′49″	31°18′02″	2×3	实生

（续表）

分布地点	DBH (cm)	高度 (m)	海拔 (m)	东经 (°/′/″)	北纬 (°/′/″)	冠幅 (m)	更新方式
宜兴善卷洞	12	14	77	119°39′49″	31°18′02″	3×3	实生
	10	12	77	119°39′49″	31°18′02″	3×4	实生
	16	15	77	119°39′49″	31°18′02″	4×6	母株
	12	13	77	119°39′49″	31°18′02″	3×4.2	萌生植株
	23	16	77	119°39′49″	31°18′02″	8×10	母株
	15	15	77	119°39′49″	31°18′02″	3.5×4	萌生植株
	10	8	77	119°39′49″	31°18′02″	3×4	萌生植株
	8	7	77	119°39′49″	31°18′02″	2×3	萌生植株
	20	14	77	119°39′49″	31°18′02″	8×10	母株
	5	6	77	119°39′49″	31°18′02″	2×2.5	萌生植株
	20	15	77	119°39′49″	31°18′02″	6×8	母株
	18	13	77	119°39′49″	31°18′02″	4×6	萌生植株
	10	12	77	119°39′49″	31°18′02″	3×4	萌生植株
	9	10	77	119°39′49″	31°18′02″	3×4	萌生植株
	32	20	77	119°39′49″	31°18′02″	5×6	实生
	33	18	77	119°39′49″	31°18′02″	5×5	母株
	16	13	77	119°39′49″	31°18′02″	3×4	萌生植株
	10	9	77	119°39′49″	31°18′02″	3×3.6	萌生植株
	18	10	77	119°39′49″	31°18′02″	4×4	母株
	7	7	77	119°39′49″	31°18′02″	3×3.6	萌生植株

(续表)

分布地点	DBH (cm)	高度 (m)	海拔 (m)	东经 (°′″)	北纬 (°′″)	冠幅 (m)	更新方式
宜兴善卷洞	5	5	77	119°39′49″	31°18′02″	2×3	萌生植株
	22	15	74	119°39′52″	31°18′00″	6×8	实生
	8	7	74	119°39′52″	31°18′00″	3×3	实生
	7	6	74	119°39′52″	31°18′00″	2×2	实生
	12	8	74	119°39′52″	31°18′00″	3×4	实生
	21	17	74	119°39′52″	31°18′00″	4×5	实生
	19	10	74	119°39′52″	31°18′00″	5×6	母株
	6	5	74	119°39′52″	31°18′00″	2×3	萌生植株
	15	12	74	119°39′52″	31°18′00″	3×4	实生
	8	7	74	119°39′52″	31°18′00″	3×3	实生
	12	14	74	119°39′52″	31°18′00″	3×3	实生
	10	12	74	119°39′52″	31°18′00″	3×4	实生
	16	15	74	119°39′52″	31°18′00″	5×6	实生
	12	13	74	119°39′52″	31°18′00″	3×4	实生
	23	16	74	119°39′52″	31°18′00″	8×10	实生
	15	15	74	119°39′52″	31°18′00″	5×5	实生
	10	8	74	119°39′52″	31°18′00″	3×4	母株
	8	7	74	119°39′52″	31°18′00″	3×3.2	萌生植株
	20	14	74	119°39′52″	31°18′00″	8×10	实生
	5	6	74	119°39′52″	31°18′00″	2×3	萌生植株
	20	15	74	119°39′52″	31°18′00″	6×8	实生
	18	13	74	119°39′52″	31°18′00″	4×6	实生
	10	12	74	119°39′52″	31°18′00″	4×4	实生
	9	10	74	119°39′52″	31°18′00″	3×3	实生

(续表)

分布地点	DBH (cm)	高度 (m)	海拔 (m)	东经 (°′″)	北纬 (°′″)	冠幅 (m)	更新方式
宜兴善卷洞	32	20	74	119°39′52″	31°18′00″	5×6	实生
	33	18	74	119°39′52″	31°18′00″	5×5	实生
	16	13	74	119°39′52″	31°18′00″	3×4	实生
	10	9	74	119°39′52″	31°18′00″	3×3	实生
	18	10	74	119°39′52″	31°18′00″	4×4	母株
	7	7	74	119°39′52″	31°18′00″	3×4	萌生植株
	5	5	74	119°39′52″	31°18′00″	2×3	萌生植株

参照Ⅴ级立木法并结合野外实际记录数据,将宜兴善卷洞分景区的山拐枣种群划分为五个龄级,其中Ⅰ龄级(DBH<2.5 cm)个体为0;Ⅱ龄级(2.5 cm≤DBH<7.5 cm)个体有26株,占总数的26.26%;Ⅲ龄级(7.5 cm≤DBH<15 cm)个体有33株,占总数的33.33%;Ⅳ龄级(15 cm≤DBH<22.5 cm)个体有32株,占总数的32.32%;Ⅴ龄级(DBH≥22.5 cm)个体有8株,占总数的8.08%(图4-10)。可见,从其龄级结构看,该地区的山拐枣种群的Ⅰ龄级个体缺失,而高龄级个体偏少,这表明该种群的年龄结构不完整,幼苗更新可能存在一定困难。

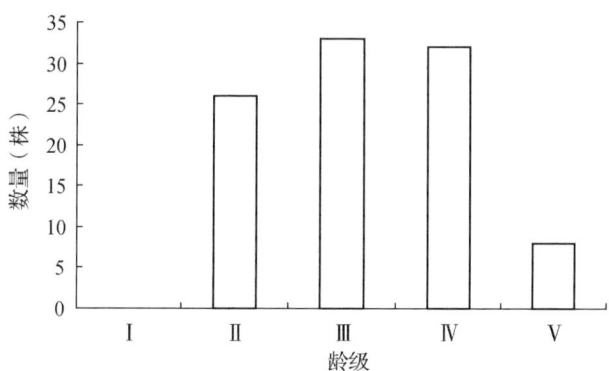

图4-10 宜兴善卷洞山拐枣种群的龄级结构

此外,在句容宝华山自然保护区内的锅底洼坡,选择坡度相对较小、干扰较小的林分中设立样地,共设置 4 个 20 m×20 m 山拐枣群落乔木样地,共计调查样地总面积为 1 600 m^2。共记录山拐枣 11 株,因此山拐枣植株密度为 68 株/hm^2。

(4) 濒危现状

A. 致濒机制

山拐枣在我国广泛分布于华中、华南、西南和东南地区,根据本次野外调查结果在江苏省内的分布仅限于句容和宜兴。山拐枣在我省内分布较少可能主要有以下原因:一是我省江南地区是山拐枣在华东地区分布的北界(樊国盛,1994),我省的气候条件不太适合山拐枣的生长;二是人为干扰对山拐枣生境的破坏。

B. 保护现状

目前江苏发现的山拐枣种群分布于句容宝华山自然保护区和宜兴善卷洞风景区内,这在客观上对山拐枣的保护有着积极的作用。然而,野外调查过程中发现,山拐枣的生态保护并未引起人们的重视。例如,在宜兴善卷洞的后门低山缓坡附近的几株山拐枣成年植株近年来由于景区扩建,山坡被夷为平地,其中分布的山拐枣也被当作杂木而被砍伐。此外,目前针对山拐枣的相关研究主要限于分类系统学研究(樊国盛,1994),而对该种的生态学研究亟待加强。

根据 IUCN 评估标准,山拐枣可列为"极危种"(CR)等级。

20. 蓝果树 *Nyssa sinensis* Oliv.

蓝果树又名紫树,落叶乔木,高达 20 m。树皮淡褐色或深灰色,粗糙,常裂成薄片状脱落;小枝圆柱形,无毛,当年生枝淡绿色,多年生枝褐色;皮孔显著,近圆形。叶纸质或薄革质,互生,椭圆形或长椭圆形,长 12~15 cm,宽 5~6 cm,顶端短急锐尖,基部近圆形;叶柄淡紫绿色,长 1.5~2 cm,上面稍扁平或微呈沟状,下面圆形。花雌雄异株,伞形或短总状花序,总花梗长 3~5 cm。

花单性;雄花着生于叶已脱落的老枝上,花梗长 5 mm;花萼的裂片细小;花瓣早落,窄矩圆形,较花丝短;雄蕊 5~10 枚,生于肉质花盘的周围。雌花生于具叶的幼枝上,基部有小苞片,花梗长 1~2 mm;花萼的裂片近全缘;花瓣鳞片状,约长 1.5 mm,花盘垫状,肉质;子房下位,和花托合生,无毛或基部微有粗毛。核果矩圆状椭圆形或长倒卵圆形,长 1~1.2 cm,宽 6 mm,厚 4~5 mm,幼时紫绿色,成熟时深蓝色,后变深褐色,常 3~4 枚;核果的果梗长 3~4 mm,总果梗长 3~5 cm。种子外壳坚硬,骨质,稍扁,有 5~7 条纵沟纹。花期 4 月下旬,果期 7~10 月。

该种常生于山谷、溪边阳光充足且较潮湿的阔叶林中。木材坚硬,可作枕木、建筑和家具用;树皮中可提取蓝果碱,具抗癌功效。此外,该种干形挺直,生长迅速,秋叶变红,还可作绿化观赏树种。在江苏第二次重点保护野生植物资源调查中被列为省级调查物种。

(1) 调查方法

实测法。

(2) 地理分布

根据《中国植物志》英文版(*Flora of China*)Vol. 13 记载,该种分布于我国浙江、江苏、安徽南部、江西、湖北、四川东南部、湖南、贵州、福建南部、广东、广西、云南,在越南也有分布。根据《江苏植物志》(下册,P538)记载:该种在江苏境内产于宜兴。

根据植物标本查阅,蓝果树在江苏境内的标本采集记录如下。

(ⅰ)采集人:蒋英,时间:无,采集号:1085,采集地点:江苏省;保存于中国科学院华南植物园标本馆(IBSC),无照片。

(ⅱ)采集人:左景烈,时间:1926-04,采集号:477,采集地点:江苏省;保存于中国科学院华南植物园标本馆(IBSC),无照片。

(ⅲ)采集人:耿以礼,时间:1929-08-18,采集号:2405、2475,采集地点:江苏省,Lungche,Mt. S. I. -Shing;保存于中国科学院华南植物园标本馆(IBSC),无照片。

(ⅳ)采集人:蒋英,时间:1932-08-30,采集号:10234,采集地点:江苏省,崇仁,礼陂桥;保存于中国科学院华南植物园标本馆(IBSC),无照片。

(ⅴ)采集人:蒋英,时间:1932-08-30,采集号:10714,采集地点:江苏省,黄龙寺往交庐桥;保存于中国科学院华南植物园标本馆(IBSC),无照片。

(ⅵ)采集人:C. Y. Luh,时间:1933-06-05,采集号:1085,采集地点:江苏省,宜兴,湖㳇,磬山;保存于中国科学院华南植物园标本馆(IBSC),无照片。

(ⅶ)采集人:傅立国,时间:1957-08-21,采集号:637,采集地点:江苏省,温泉,慈光寺沿路;保存于中国科学院华南植物园标本馆(IBSC),无照片。

(ⅷ)采集人:姚淦,时间:1982-04-28,采集号:8308,采集地点:江苏省,植物所,树木园;保存于江苏省·中国科学院植物研究所标本室(NAS)。

根据以上植物标本记录信息,蓝果树在江苏境内主要分布于宜兴等地。

根据此次野外植物调查,该物种在江苏境内分布在① 宜兴龙池山,海拔范围在91~239 m;② 宜兴芙蓉寺,海拔210 m。具体分布地点如下表(表4-33)。

表4-33 江苏分布的蓝果树资源概况

分布地点	位　置	海拔(m)	东经(°/′/″)	北纬(°/′/″)	资源状况
宜兴	龙池山	150	119°41′49″	31°12′59″	一般(48)
宜兴	芙蓉寺	210	119°44′09″	31°17′51″	较少(6)

(3)种群数量

本次调查在江苏境内共记录野生蓝果树54株。其中,萌生植株13株,实生植株41株,种群萌生率为24.07%(表4-34)。从分布地点看,有6株分布在宜兴芙蓉寺,其余48株均散生于宜兴龙池山的落叶阔林中。从植株的大小看,此次查到的蓝果树植株多为胸径大于10 cm的大树。其中,植株的最大胸径为37.3 cm,最小胸径为1.5 cm,平均胸径为17.8 cm。

表4-34 宜兴分布的蓝果树资源状况简表(实测法)

分布地点	DBH (cm)	高度 (m)	海拔 (m)	东经 (°/′/″)	北纬 (°/′/″)	冠幅 (m)	更新方式
宜兴龙池山	21.9	15.0	91	119°41′35″	31°13′23″	4×6	实生
	11.3	14.0	94	119°41′35″	31°13′23″	4×4	实生
	15.8	16.0	97	119°41′35″	31°13′23″	3×4	实生
	21.4	16.0	97	119°41′35″	31°13′23″	5×6	实生
	27.1	16.5	97	119°41′35″	31°13′23″	6×8	实生
	12.5	14.0	102	119°41′39″	31°13′23″	2×3	母株
	12.9	14.0	102	119°41′39″	31°13′23″	3×3	萌生植株
	16.7	14.0	102	119°41′39″	31°13′23″	3×5	萌生植株
	25.7	18.0	99	119°41′35″	31°13′23″	7×8	实生
	24.0	12.0	101	119°41′35″	31°13′23″	3×3	母株
	20.0	10.0	101	119°41′35″	31°13′23″	2×3	萌生植株
	24.0	13.0	100	119°41′35″	31°13′23″	3×4	实生
	20.9	13.0	102	119°41′35″	31°13′23″	5×5	实生
	22.0	13.5	101	119°41′35″	31°13′23″	2×3	实生
	21.0	9.0	102	119°41′35″	31°13′23″	2×3	实生
	19.0	13.0	100	119°41′39″	31°13′9″	3×4	母株
	15.0	12.0	100	119°41′39″	31°13′9″	2×3	萌生植株
	19.6	9.0	99	119°41′39″	31°13′9″	3×3	实生
	9.0	7.0	99	119°41′39″	31°13′9″	2×3	实生
	21.8	11.0	102	119°41′38″	31°13′54″	3×3	实生
	25.1	11.0	102	119°41′38″	31°13′54″	3×4	实生
	18.0	16.0	102	119°41′37″	31°13′23″	4×3	实生
	6.0	5.0	103	119°41′37″	31°13′8″	3×3	实生
	20.0	15.0	105	119°41′35″	31°13′23″	4×5	实生
	25.0	12.0	187	119°41′35″	31°13′23″	3×4.2	实生

(续表)

分布地点	DBH (cm)	高度 (m)	海拔 (m)	东经 (°′″)	北纬 (°′″)	冠幅 (m)	更新方式
宜兴龙池山	37.3	13.0	217	119°41′48″	31°12′58″	4×5	实生
	24.3	10.0	230	119°41′47″	31°13′23″	3×4	实生
	19.1	16.0	100	119°41′39″	31°13′9″	2×3	实生
	25.2	16.0	100	119°41′39″	31°13′9″	4×5	母株
	3.7	8.5	105	119°41′39″	31°13′9″	1×2	萌生植株
	3.0	8.5	105	119°41′39″	31°13′9″	2×3	萌生植株
	5.7	12.0	113	119°41′38″	31°11′13″	5×5	实生
	6.0	7.0	114	119°41′36″	31°13′8″	3×3	实生
	24.0	15.0	113	119°41′37″	31°13′9″	6×7	实生
	24.3	24.3	239	119°41′31″	31°12′59″	3×5	实生
	20.0	20.0	239	119°41′31″	31°12′59″	4×8	实生
	10.0	10.0	239	119°41′31″	31°12′59″	3×5	实生
	15.0	15.0	239	119°41′31″	31°12′59″	4×6	母株
	9.0	9.0	239	119°41′31″	31°12′59″	2×4	萌生植株
	15.0	15.0	239	119°41′31″	31°12′59″	3×5	实生
	25.8	25.8	228	119°41′31″	31°12′59″	5×8	母株
	12.1	12.1	228	119°41′31″	31°12′59″	4×3	萌生植株
	1.5	1.5	228	119°41′31″	31°12′59″	1×2	实生
	26.1	26.1	189	119°41′31″	31°12′59″	4×6	实生
	15.0	15.0	189	119°41′31″	31°12′59″	3×4	实生
	19.0	19.0	157	119°41′31″	31°12′59″	5×8	实生
	15.0	15.0	126	119°41′31″	31°12′59″	4×5	母株
	10.0	10.0	126	119°41′31″	31°12′59″	3×4	萌生植株
宜兴芙蓉寺	34.2	15.0	196	119°44′11″	31°17′55″	4×5	母株
	25.6	13.2	196	119°44′11″	31°17′55″	3×4	萌生植株
	22.5	12.2	196	119°44′11″	31°17′55″	3×4	萌生植株

(续表)

分布地点	DBH (cm)	高度 (m)	海拔 (m)	东经 (°′″)	北纬 (°′″)	冠幅 (m)	更新方式
宜兴芙蓉寺	23.0	12.0	196	119°44′11″	31°17′55″	3×4	萌生植株
	25.2	13.1	196	119°44′11″	31°17′55″	3×4	萌生植株
	4.4	3.5	219	119°44′13″	31°17′55″	2×3	实生

参照Ⅴ级立木法并结合野外实际记录数据,将宜兴龙池山地区的蓝果树个体划分为五个龄级,其中Ⅰ龄级(DBH<2.5 cm)个体仅有1株,占总数的2.08%;Ⅱ龄级(2.5 cm≤DBH<7.5 cm)个体有5株,占总数的10.42%;Ⅲ龄级(7.5 cm≤DBH<15 cm)个体有8株,占总数的16.67%;Ⅳ龄级(15 cm≤DBH<22.5 cm)个体有21株,占总数的43.75%;Ⅴ龄级(DBH≥22.5 cm)个体有13株,占总数的27.08%。可见,该地区的蓝果树种群低龄级个体较少,属于衰退型种群。

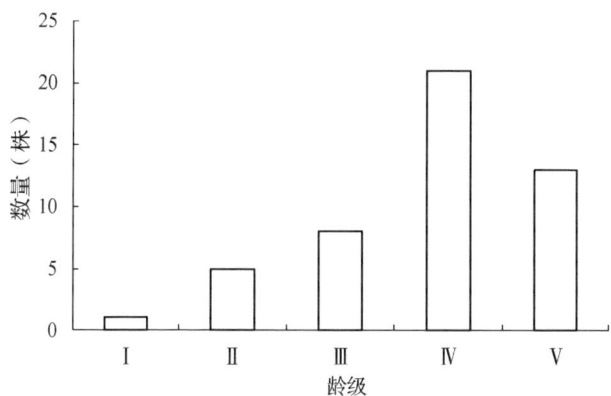

图4-11 宜兴龙池山蓝果树种群的龄级结构

(4) 濒危现状

根据此次野生植物资源调查,目前江苏境内的蓝果树仅见于1个地级市的2个分布地点,并且种群规模较小。从种群数量看,现有野生紫树植物资源主要分布于宜兴的龙池山,该区属于省级自然保护区龙池山—小黑沟自然保护区,目前多呈现散生,分布于沟谷附近或者山地阔叶林中。调查过程中发现,该种面临的主要保护压力来自旅游开发中的破坏。建议在旅游开发的过程中,如开辟旅游线路、修建汽车停车场、盘山汽车公路等,应该考虑尽可能避让紫树的分布区或尽量减少对其自然生境的破坏。

根据 IUCN 评估标准,紫树可列为"极危种"(CR)等级。

21. 明党参 *Changium smyrnioides* Wolff

多年生草本,高 50～100 cm,全体无毛,茎具粉霜。主根粗短而呈纺锤形,或细长而呈圆柱形;外面黄褐色,里面白色。基生叶近三回三出式羽状全裂,最终裂片宽卵形,长及宽各约 2 cm,无小柄;叶柄长 30～35 cm;茎上部的叶鳞片状或叶鞘状。复伞形花序;总花梗长 3～10 cm;无总苞;伞幅 6～10。花果期 4～5 月。明党参分布于亚热带长江流域,是我国特有的单种属植物,现野生种群仅在浙江、江苏、江西、安徽、湖北等省有分布。根可入药,为著名药材。

在 1991 年《中国植物红皮书》(第一册)中,明党参被列为国家Ⅲ级保护稀有种;在江苏第二次重点保护野生植物资源调查中,该种被列为省级调查物种。在 2004 年《中国物种红色名录》中该种被列为"未列入(Not listed)"物种(汪松和解炎,2004)。

(1) 调查方法

实测法和样方法。

(2) 地理分布

A. 历史记录

根据植物标本查阅,明党参在江苏境内的标本采集记录如下。

(ⅰ)采集人:华东工作站同仁,时间:1952,采集号:6804,采集地点:宜兴仙人洞;保存于江苏省·中国科学院植物研究所标本室(NAS)。

(ⅱ)采集人:岳俊三,时间:1954,采集号:0386,采集地点:江苏茅山;保存于江苏省·中国科学院植物研究所标本室(NAS)。

(ⅲ)采集人:岳俊三,时间:1954,采集号:0335,采集地点:江苏汤山;保存于江苏省·中国科学院植物研究所标本室（NAS）。

（ⅳ）采集人：邬文祥，时间：1958，采集号：2331，采集地点：镇江法海寺；保存于江苏省·中国科学院植物研究所标本室（NAS）。

（ⅴ）采集人：陈守良，时间：1964，采集号：67，采集地点：句容宝华山东坡；保存于江苏省·中国科学院植物研究所标本室（NAS）。

根据以上标本记录，明党参在江苏境内曾分布于南京、镇江、宜兴等地。根据国家第一次重点保护野生植物资源调查，该种在江苏的句容宝华山与茅山、溧阳龙潭、南京及其周边地区均有分布，群体个数不等，主要分布于落叶阔叶林的林缘、稀树灌丛林中（郝日明等，2000）。

B. 现状分布

本次野外调查结果表明，江苏境内明党参的主要分布地点如下：

（ⅰ）南京市紫金山、幕府山、老山、栖霞山。

（ⅱ）句容市宝华山国家森林公园内宝华山南坡（锅底洼）等地。

（ⅲ）溧阳市龙潭林场的六江岕（119°29′02″E，31°16′14″N，海拔为142~150 m）。

（ⅳ）金坛市薛埠镇的石家山林场落叶阔叶林的林缘（119°18′28″E，31°43′16″N，海拔为108 m）。

表4-35 江苏分布的明党参资源状况简表

分布地点	位　　置	东经（°/′/″）	北纬（°/′/″）	海拔(m)	资源状况
南京紫金山	中山植物园东北区	118°50′00.98″	32°03′51.17″	108	较少
		118°50′01.58″	32°03′50.45″	104	
	中山植物园东北区	118°50′00.37″	32°03′51.67″	115	
		118°49′77.42″	32°03′50.07″	39	
南京紫金山	天文台附近	118°49′24.27″	32°04′03.58″	219	丰富
		118°49′23.85″	32°04′04.05″	207	
		118°49′24.04″	32°04′05.80″	216	

(续表)

分布地点	位置	东经(°′″)	北纬(°′″)	海拔(m)	资源状况
南京幕府山	幕府山东南坡	118°47′86.12″	32°07′49.90″	105	丰富
	幕府山东南坡	118°47′49.00″	32°07′52.92″	103	
	幕府山山顶	118°47′52.50″	32°07′52.66″	131	
南京老山	独峰寺	118°25′08.47″	32°03′53.53″	50	丰富
	响堂	118°58′49.82″	32°08′13.04″	85	
	虎凹	118°55′40.95″	32°08′14.82″	132	
	石公山	118°37′29.78″	32°06′44.85″	158	
	伏龙山	118°34′59.49″	32°05′50.04″	178	
南京栖霞山	般若台附近	118°57′29.54″	32°09′19.85″	114	一般
	紫峰阁附近	118°57′22.06″	32°09′10.75″	78	
	红枫林	118°57′36.57″	32°09′12.42″	127	
句容宝华山	锅底洼	119°05′22.38″	32°07′98.26″	197	较少
	锅底洼	119°05′24.57″	32°07′59.73″	169	
	锅底洼	119°05′14.70″	32°08′02.08″	153	
	锅底洼	119°05′16.37″	32°08′00.15″	149	
溧阳六江岕	六江岕	119°29′01.98″	31°16′13.50″	146	较少
金坛薛埠镇	石家山林场	119°18′28.34″	31°43′16.56″	108	较少

(3) 种群数量

此次野外调查结果表明,目前明党参在江苏境内不同地点的分布数量差异较大。分布数量较多的地点有南京紫金山天文台附近、幕府山和老山。而在溧阳、金坛和句容宝华山等地,明党参的分布数量则较少(表4-36)。

在我省南部地区,明党参喜生长于毛竹林和当地的板栗林下等阴暗潮湿的生境下,近年来由于除草剂的使用频率和剂量的逐渐增加,导致该种在宜兴境内已无分布。而经过对溧阳、金坛等地多次的野外调查,仅在溧阳市六江岕发现8株处于果期的明党参植株,株高在1.1~1.4 m之内;在金坛市薛埠镇石家山林场的落叶阔叶林林下发现15株明党参野生植株。

相比之下,明党参在南京、句容等地分布较多,通过对明党参所处群落样方调查统计,在紫金山、幕府山、宝华山、老山等明党参分布区域,共设置10个10 m×10 m的明党参群落乔木样方(紫金山4个、幕府山2个、老山1个、栖霞山1个、宝华山2个),每个样方再分成4个5 m×5 m的小样方,总面积1 000 m²,共记录明党参植株284株,明党参种群密度为2 800株/hm²。

表4-36 江苏各分布地点的明党参种群数量

样方位置	东经(°/′/″)	北纬(°/′/″)	海拔(m)	株数
南京中山植物园	118°50′01″	32°03′51″	108	13
南京中山植物园	118°50′01″	32°03′51″	104	15
南京紫金山天文台	118°49′24″	32°04′04″	219	41
南京紫金山索道	118°49′24″	32°04′04″	207	30
南京幕府山东南坡	118°47′49″	32°07′52″	103	53
南京幕府山山顶	118°47′52″	32°07′52″	131	45
南京老山响堂	118°58′50″	32°08′13″	85	46
南京栖霞山般若台附近	118°57′29″	32°09′20″	114	21
句容宝华山锅底洼	119°05′22″	32°07′98″	197	12
句容宝华山锅底洼	119°05′25″	32°07′60″	169	8
溧阳市六江岕	119°29′02″	31°16′13″	128	8
金坛石家山林场	119°18′28″	31°43′17″	120	15
总计				297

表4-37 江苏各分布地点明党参的种群密度

分布地点	密度(株/hm²)	分布面积(hm²)	数量(株)
南京	1 000	74.5	74 500
句容	3 300	43.3	142 890
溧阳	120	15	1 800
金坛	150	20	3 000
总计	1 142.5	152.8	222 190

(4) 濒危现状

A. 濒危原因

此次调查发现江苏境内明党参分布于南京、镇江和常州3个省辖市的多个地点。但是在调查过程中了解到,不少分布地点的明党参种群近年来均有所下降,其中我省溧阳等南部地区的明党参种群数量急剧下降。究其原因,很可能主要与以下因素有关:

(ⅰ)生境破坏与人为采挖是导致江苏明党参濒危的最主要因素。江苏为社会经济发达地区,自然资源相对贫乏且破坏严重,自然分布生境的破坏,直接改变了集群分布的明党参种群延续与扩张所需的水热条件;同时明党参为传统名贵中药材,人为采挖现象较为严重,大量采挖使得明党参野生资源急剧减少。

(ⅱ)除草剂的大量使用,是导致我省南部地区部分明党参数量急剧下降的重要原因。野外调查中发现,明党参对触杀型和吸收型除草剂均较为敏感。而在宜兴、溧阳等经济较为发达的地区,不论是在林场管辖的阔叶林林区还是农民承包的果园或竹林,为了清除防火道植物或去除杂草,在生长季节里均存在除草剂滥用的现象。而除草剂的大剂量高频次的使用,多数均随地表径流直接进入附近水体,这对明党参的生境具有严重的破坏作用。

(ⅲ)虫媒传粉、胚发育后熟、对生境要求严格等生物学特性是导致明党参数量较少的一大诱因。明党参为多年生草本,通常早春开始生长,但是生长季节较短,一般持续到初夏。生长期间主要以昆虫(甲虫类)进行异花传粉,尽管自然条件下明党参具有较高的结实率,但其种子的胚属于后熟类型,需要经过4～6个月的后熟时期。同时,明党参对生境要求较为严格,水分和温度是影响胚的后熟过程、种子萌发以及幼苗生长的关键因子。

此外,随着人为干扰程度的加剧,明党参的生境片段化或破碎化将加剧,而传粉昆虫的传播距离通常较短,这将导致明党参的种群基因流减小,造成明党参居群的杂合度降低,从而使得其适应性减弱,这又将进一步加剧明党参群的濒危程度。

B. 保护现状

首先,明党参是伞形科多年生草本,在1991年《中国植物红皮书》(第一册)中,明党参曾被列为国家Ⅲ级保护稀有种。但在1999年国务院批准的《国家重点保护野生植物名录(第一批)》中,该种不再被列为珍稀濒危植物。其次,由于该种在野外通常成片生长,因此在我省的多数分布区域并未引起当地林业机构或民众的重视。实际上,长期以来明党参一直是名贵的传统中药材原料。这些因素可能是导致该种在我省南部的局部地区被大量偷采盗挖的主要原因之一。而近年来我们的野外调查发现,除草剂的普遍使用对该种的生存构成了极大的威胁。而这一点目前尚未引起相关部门的足够重视。因此,建议相关部门应该加大管理力度、严格执法,并在林业或农业生产实践活动中尽量减少除草剂对明党参的影响。

根据IUCN评估标准,明党参可列为"濒危种"(EN)等级。

22. 秤锤树 *Sinojackia xylocarpa* Hu

落叶小乔木或灌木,高达7 m,嫩枝密被星状短柔毛,灰褐色,后红褐色近无毛,表皮常呈纤维状脱落;叶纸质,倒卵形或椭圆形,长3~9 cm,顶端急尖,基部楔形或近圆形,边缘具硬锯齿;总状聚伞花序生于侧枝顶端,有花3~5朵;花梗柔弱下垂,疏被星状短柔毛,长达3 cm;果实卵形,顶端具圆锥状喙,连喙长2~2.5 cm,红褐色,有浅棕色皮孔,无毛;花期3~4月,果期7~9月。秤锤树为我国特有植物,秋季落叶后,宿存下垂果实,宛如秤锤满树,为优良的观花观果树种。分布于江苏南京及附近地区,生于海拔300~800 m处的林缘、疏林中或丘陵山地。

在1991年《中国植物红皮书》(第一册)中,秤锤树被列为国家Ⅱ级保护濒危种;在1999年国务院批准的《国家重点保护野生植物名录(第一批)》中秤锤树被列为国家Ⅱ级濒危植物;在2004年《中国植物红色名录》中又被列为"易危种(VU)"。在江苏第二次重点保护野生植物资源调查中,该种被列为国家级调查物种。

（1）调查方法

实测法。

（2）地理分布

A. 历史记录

根据植物标本查阅,秤锤树在江苏境内的标本采集记录如下。

（ⅰ）采集人:李华,时间:1915,采集号:268、096,采集地点:江苏南京;保存于江苏省·中国科学院植物研究所标本室(NAS)。

（ⅱ）采集人:N. K. Chun,时间:1925,采集号:无,采集地点:南京明孝陵;保存于江苏省·中国科学院植物研究所标本室(NAS)。

（ⅲ）采集人:R. C. Ching,时间:1927,采集号:3458,采集地点南京幕府山燕子矶;保存于江苏省·中国科学院植物研究所标本室(NAS)。

（ⅳ）采集人:耿以礼,时间:1928,采集号:1376、1974,采集地点:南京燕子矶十二洞;保存于中国科学院植物研究所标本馆(PE)。

（ⅴ）采集人:C. C. Kung,时间:1933,采集号:无,采集地点:南京老山;保存于江苏省·中国科学院植物研究所标本室(NAS)。

（ⅵ）采集人:M. Chen,时间:1933,采集号:1013,采集地点:江苏宝华山;保存于中国科学院华南植物园标本馆(NAS)。

（ⅶ）采集人:贺贤育,时间:1934,采集号:3782,采集地点:南京老山林场第三区;保存于江苏省·中国科学院植物研究所标本室(NAS)。

（ⅷ）采集人:龚家骥,时间:1935,采集号:889,采集地点:江苏宝华山;保存于江苏省·中国科学院植物研究所标本室(NAS)。

（ⅸ）采集人:刘昉勋,时间:1951,采集号:858,采集地点:南京中山陵;保存于江苏省·中国科学院植物研究所标本室(NAS)。

根据标本记录分析,秤锤树在江苏境内曾分布于南京的明孝陵、幕府山、老山,以及镇江句容的宝华山。

B. 现状分布

秤锤树是由中国植物学家胡先骕先生于1928年命名并发表的。由于发现时间不长,相关文献报道并不多。20世纪70年代以后分类学家曾进行多次调查,在南京周边以及江苏省其他地区一直未发现有野生的秤锤树群落。陈瑞冰等(2015)根据对句容宝华山珍稀植物的调查与分析,认为秤锤树在镇江句容已经野生灭绝。江苏省第一次重点保护野生植物资源调查过程中也未发现秤锤树野生植株,并推测它在江苏可能已经野生灭绝(郝日明等,2000)。本次野外调查结果发现,江苏境内的野生秤锤树见于南京老山。

(3) 种群数量

根据野外调查,目前秤锤树在江苏多处均有栽培:南京幕府山、中山植物园(靠近明孝陵、珍稀植物园、树木园)、明孝陵(内红门靠近植物园附近)、老山林场、南京林业大学校园。以上分布点的秤锤树都为栽培种群,而明孝陵与南京中山植物园交界处生长的秤锤树呈半自然群落状分布。本次调查在南京老山西山杨家硔山涧沟边仅发现一处秤锤树野生植株,海拔为45 m。这是最近十余年来在江苏首次记录野生秤锤树资源。详细调查记录见下表(表4-38)。

表4-38 江苏分布的秤锤树资源状况简表

分布地点	东经 (°/′/″)	北纬 (°/′/″)	海拔 (m)	胸径 (cm)	树高 (m)	冠幅 (m×m)	备注
南京老山西山杨家硔山涧沟边	118°23′37″	32°03′20″	45	5.1	2.8	1.8×1.5	1丛植株共8个分枝
				2.8	2.2	1.2×1.4	
				2.5	2.1	1.3×1.5	
				2.5	2.2	1.1×1.2	
				2.2	2.1	0.8×1.2	
				1.2	1.6	0.5×0.6	
				1.2	1.6	0.4×0.8	
				0.8	1.5	0.3×0.3	

（4）濒危现状

A. 濒危原因

首先,秤锤树为喜光植物,喜生于深厚、肥沃、湿润、排水良好的土壤上,不耐干旱瘠薄,对生存环境的要求较为严格。其次,秤锤树模式标本采集于南京幕府山,因后期的战争、采石、树木采伐等人为活动,自然植被破坏殆尽,生境的破坏直接影响秤锤树的生存。再次,秤锤树的果实大,种子具有较粗厚的种皮,成熟后常落于母树周围,只有在潮湿阴凉疏松的环境中才能萌发,而幼苗、幼树不耐庇荫,林下的透光度较差,生长在该环境下的幼树长成大树的可能性较小,这对秤锤树天然更新有着重大影响。另外,秤锤树自然种群较小,分布区域狭小,也易致其面临濒危状态。

B. 保护现状

秤锤树为优美观花观果植物,因分布区域狭小,种群极小,已被列为国家Ⅱ级保护植物(于永福,1999)。本次调查发现的南京老山秤锤树植株,为近年首次报道发现的野生种群,然而保护状况堪忧,所以对于秤锤树的就地保护应该迅速开展,并进一步调查寻找秤锤树野生种群,使其得到有效保护。对于秤锤树的迁地保护相关工作开展较早,邓飞等(2007)于1994年春,将从母树下收集培育并栽植于南京中山植物园珍稀濒危保存区的30株秤锤树幼树,回归引种至南京幕府山头台洞公园与老山国家森林公园,每处各15株,成活率达96%～100%,翌年已有部分植株开花结果,第三年开花结果植株达50%以上。因其具有很高的园林观赏特性,秤锤树人工种群面积还可以进一步扩大。

根据IUCN评估标准,秤锤树可列为"极危种"(CR)等级。

23. 香果树 *Emmenopterys henryi* Oliv.

落叶大乔木,高达30 m,胸径可达1 m。树皮灰褐色,鳞片状;小枝有皮孔。叶对生,有长柄,革质,宽椭圆形至宽卵形,长达20 cm,顶端急尖或骤然渐尖;托叶大,三角状卵形,早落。圆锥状聚伞花序顶生;花芳香,花梗长约

4 mm;萼管长约 4 mm,裂片近圆形,具缘毛,脱落,变态的叶状萼裂片白色、淡红色或淡黄色,纸质或革质,匙状卵形或广椭圆形,长 1.5~8 cm,宽 1~6 cm,有纵平行脉数条,有长 1~3 cm 的柄;花冠漏斗形,白色或黄色,长 2~3 cm,被黄白色绒毛,裂片近圆形,长约 7 mm,宽约 6 mm;花丝被绒毛。蒴果长圆状卵形或近纺锤形,长 3~5 cm,径 1~1.5 cm,无毛或有短柔毛,有纵细棱;种子多数,小而有阔翅。花期 6~8 月,果期 8~11 月。香果树是中国特有单种属珍稀树种,具有重要的经济价值:木材供建筑用;枝皮纤维可制蜡纸和人造棉;根、树皮还可入药,该种也可作为庭园观赏树种。

在 1991 年《中国植物红皮书》(第一册)中,香果树被列为国家Ⅱ级保护稀有种;在 1999 年国务院批准的《国家重点保护野生植物名录(第一批)》中香果树被列为国家Ⅱ级濒危植物;在 2004 年《中国物种红色名录》中该种被列为"未列入(Not listed)"物种(汪松和解炎,2004)。在江苏第二次重点保护野生植物资源调查中,该种被列为国家级调查物种。

(1) 调查方法

实测法。

(2) 地理分布

A. 历史记录

根据植物标本查阅,香果树在江苏境内的标本采集记录如下。

(ⅰ) 采集人:邓懋彬,时间:1976,采集号:无,采集地点:江苏省溧阳深溪岕村;保存于江苏省·中国科学院植物研究所标本室(NAS)。

(ⅱ) 采集人:姚淦,时间:1977,采集号:7031,采集地点:江苏省宜兴磬山;保存于江苏省·中国科学院植物研究所标本室(NAS)。

根据以上标本记录,在江苏境内香果树曾在宜兴和溧阳有野生分布。

B. 现状分布

根据《江苏植物志》(下册,P782)和《江苏维管植物检索表》(P507)记载:香果树在江苏分布于宜兴。通过标本查询发现在江苏宜兴磬山曾有香果树的标本采集记录,然而经过我们多次调查该物种在宜兴地区的可能分布地点,迄今在宜兴境内仍未发现有香果树野生种群的分布。究其原因,很可能与该区大力发展竹业,原有的落叶阔叶林分布面积锐减有关。孔磊等(2015)曾报道在溧阳金刚岕发现野生香果树居群,种群数量不足10株;并认为种群所处的乱石生境、种群更新不良以及毛竹等物种入侵等原因,严重制约着香果树种群的发展。

本次调查记录表明,香果树野生植株分布在溧阳市戴埠镇深溪岕村的山坡沟谷,地理位置为119°30′56″E,31°10′26″N,海拔介于389~429 m(王坚强等,2016)。而在宜兴地区的多次调查中,未能发现香果树的野生分布。

(3) 种群数量

根据本次植物调查结果,我们在溧阳市戴埠镇深溪岕村山坡沟谷发现香果树的野生植株11株(表4-39)。其中,萌生植株2株,实生植株9株,植株的萌生率为18.18%。这表明该区的香果树主要以实生为主要更新方式。这些植株中,最大植株的胸径为35 cm,最小的为2 cm,平均胸径为12.98 cm。该区香果树所在的群落为落叶阔叶林,木本植物主要有朴树、毛竹、青灰叶下珠(*Phyllanthus glaucus*)、连蕊茶(*Camellia fraterna*)等,藤本植物有蝙蝠葛(*Menispermum dauricum*)、鹰爪枫(*Holboellia coriacea*)、爬山虎(*Parthenocissus tricuspidata*)等,草本植物有凹叶景天(*Sedum emarginatum*)、虎耳草(*Saxifraga stolonifera*)、求米草等。

表4-39 溧阳市戴埠镇深溪岕分布的香果树资源状况简表

DBH(cm)	树高(m)	海拔(m)	东经(°/′/″)	北纬(°/′/″)	冠幅(m)	更新方式
35.0	16	429	119°30′56″	31°10′26″	6×8	母株
18.8	9	429	119°30′56″	31°10′26″	6×5	萌生植株
13.4	8	429	119°30′56″	31°10′26″	6×3	萌生植株
5.1	5.5	429	119°30′56″	31°10′26″	4×3	实生
2.0	2.6	429	119°30′56″	31°10′26″	1.5×2	实生
3.5	3.1	429	119°30′56″	31°10′26″	2×2	实生

(续表)

DBH(cm)	树高(m)	海拔(m)	东经(°′″)	北纬(°′″)	冠幅(m)	更新方式
13.1	7.5	429	119°30′56″	31°10′26″	2×3	实生
19.1	15	389	119°30′55′	31°10′26″	6×5	实生
13.1	12	389	119°30′55′	31°10′26″	5.5×6	实生
11.8	11	389	119°30′55″	31°10′27″	4×3.5	实生
8.0	8	389	119°30′55″	31°10′27″	3×4	实生

(4) 濒危现状

根据《江苏植物志》（下册，P782）记载，该种在江苏境内分布于"宜兴一带，生于山坡林中，喜湿润肥沃的土壤"。根据国家林业总局第一次重点保护野生植物资源调查结果，认为该种在江苏境内已经"野生灭绝"（郝日明等，2000）。然而，现根据此次野外调查，发现在江苏溧阳深溪岕有香果树野生种群分布。这一发现不仅增加了江苏木本植物区系的组成，而且丰富了该物种在我国华东地区的地理分布。然而，目前该种数量仅十余株，且在江苏仅见于溧阳深溪岕的局部沟谷地带。因此建议加强对香果树的生境保护，在该种分布区内禁止一切砍伐阔叶林的做法，尤其应该禁止砍伐阔叶树种种植毛竹以人为营造"人工竹海"景观的做法。

根据 IUCN 评估标准，香果树可列为"极危种"（CR）等级。

24. 短穗竹 *Semiarundinaria densiflora*（Rendle）T. H. Wen

灌木状竹类，地下根状茎为散生型（leptomorph）。秆高 1～3 m，粗约 1 cm，秆环隆起。箨鞘早落，淡黄色，无斑点亦无毛茸；箨耳显著，半月形，边缘具繸毛；箨叶细长形；秆之每节分枝常为 3 枚，小枝具叶 2～5 片；叶鞘长2.5～4 cm，鞘口有繸毛；叶片披针形，宽 10～25 mm，下面有微毛，次脉 4～8 对。穗形总状花序，1～3 枚生于叶枝之下部节上，含小穗 2～5 枚，基部托有一组逐渐增大之紫色苞片；小穗柄有微毛，长 2～4 mm；小穗含 5～7 花，长 15～25 mm。笋期 4～5 月。该种为中国特有种，主要分布于我国华东地区。秆可制作钓鱼竿、笔杆或编制家庭竹器。笋味苦,不宜食用。

在1991年《中国植物红皮书》(第一册)中,短穗竹被列为国家Ⅲ级保护稀有种;在2004年《中国物种红色名录》中该种被列为"未列入(Not listed)"物种(汪松和解炎,2004)。在江苏第二次重点保护野生植物资源调查中,该种被列为省级调查物种。

(1) 调查方法

样方法。

(2) 地理分布

A. 历史记录

根据植物标本记录查阅,目前确切在江苏境内采集的短穗竹腊叶标本有3份。

(ⅰ) 采集人:无,时间:无,采集号:无,采集地点:江苏省南京市明孝陵;保存于江苏省·中国科学院植物研究所标本室(NAS)。

(ⅱ) 采集人:无,时间:1955-03-24,采集号:585,采集地点:江苏省宝华山;保存于江苏省·中国科学院植物研究所标本室(NAS)。

(ⅲ) 采集人:金、姚,时间:1981-04-07,采集号:8024,采集地点:江苏省南京市;保存于江苏省·中国科学院植物研究所标本室(NAS)。

根据以上植物标本信息,可以发现短穗竹在江苏境内的南京和句容(宝华山)等地曾经有植物采集记录。

B. 现状分布

根据《江苏植物志》(上册,P148)记载:短穗竹在江苏境内分布于"苏南,生于向阳山坡、路旁及山顶。"《江苏植物志》(下册,P148)还记载该种也分布于浙江,认为该种隶属于短穗竹属(*Brachystachyum* Keng),并指出该属为我国华东地区的特有属。最近的研究发现,短穗竹植物与日本产的业平竹属(*Semiarundinaria* Makino ex Nakai)植物在花序、花部形态、地下茎类型、分枝数等特征上并无实质性区别,因此已被归并(赖广辉,2013)。

本次野外调查结果表明:短穗竹分布于南京、镇江、宜兴、溧阳、苏州等地。

(3) 种群数量

短穗竹属于禾本科短穗竹属,竿散生,高达 2.6 m,在野外通常呈现混生状,或者呈现斑块状分布。根据对江苏境内 6 个市的短穗竹的样方调查,结果发现:

(ⅰ) 不同地区的短穗竹种群数量差异较大。其中,南京和宜兴地区的短穗竹分布数量较为丰富,镇江和溧阳分布数量一般,而苏州和金坛地区的短穗竹分布数量较少(表 4-40)。

(ⅱ) 同一个省辖市或县级市范围内,不同分布地点的短穗竹数量差异较大。以南京为例,老山地区分布的短穗竹数量较为丰富,而紫金山和幕府山则较少。

(ⅲ) 由于短穗竹通常分布于阔叶林的林缘、路旁或山顶灌丛,因此不同生境下分布的短穗竹数量往往差异很大。如对宜兴龙池山路旁 10 个 1 m×1 m 样方的调查表明,短穗竹的植株密度为 3.8 株/m^2;对溧阳惠家村大阳山 10 个 1 m×1 m 样方的调查表明,短穗竹的植株平均密度为 48 株/m^2。

表 4-40　江苏分布的短穗竹资源状况简表

分布地点	位置	东经(°′″)	北纬(°′″)	海拔(m)	资源状况
南京	紫金山	118°50′01.58″	32°03′50.44″	105	较少
南京	老山	118°58′49.81″	32°08′13.04″	86	丰富
南京	幕府山	118°47′49.01″	32°07′52.91″	104	较少
镇江	宝华山	119°05′24.56″	32°07′59.72″	168	一般
金坛	石家山林场	119°18′28″	31°43′16.56″	108	较少
宜兴	善卷洞	119°39′45.06″	31°17′58.05″	25	丰富
宜兴	龙池山	119°41′37.38″	31°13′17.76″	77.9	一般
宜兴	小黑沟	119°44′01″	31°14′34″	78	丰富
溧阳	南渚—惠家村	119°27′01.28″	31°12′54.42″	157	一般
溧阳	龙潭林场	119°29′01.98″	31°16′13.05″	146	一般
苏州	穹窿山	120°25′17.07″	31°15′44.16″	133	较少

(4) 保护现状

根据此次野外调查,短穗竹目前在江苏境内分布于南京、镇江、常州、无锡、苏州 5 个省辖市的多个分布地点,部分分布地点如龙池山、小黑沟、宝华山等已经位于自然保护区内。但是,不论在保护区内还是在保护区外,该种目前面临的保护压力都主要来自于人为活动。因为短穗竹为灌木状竹类,在野外不易被辨认;尽管该种在《中国植物红皮书》中曾被列为国家Ⅲ级保护物种,但在《国家重点保护野生植物名录》中已被剔除,不在保护名单之列。由于不受重视、难以识别,又因多分布于山坡、路旁,因此在江苏境内短穗竹常常被当作杂木或杂草而被砍伐或清理。尽管该种目前在省内尚有一定数量的分布,但是建议今后我省林业或旅游管理部门在清理防火道或旅游小路时能够对分布林缘或路旁的短穗竹予以适当保留。

根据 IUCN 评估标准,短穗竹可列为"易危"(VU)等级。

25. 独花兰 *Changnienia amoena* S. S. Chien

地生植物。假鳞茎近椭圆形或宽卵球形,长 1.5～2.5 cm,宽 1～2 cm,肉质,近淡黄白色,有 2 节,被膜质鞘。叶 1 枚,宽卵状椭圆形至宽椭圆形,长 6.5～11.5 cm,宽 5～8.2 cm,先端急尖或短渐尖,基部圆形或近截形,背面紫红色;叶柄长 3.5～8 cm。花葶长 10～17 cm,紫色,具 2 枚鞘;鞘膜质,下部抱茎,长 3～4 cm;花苞片小,凋落;花梗和子房长 7～9 mm;花大,白色而带肉红色或淡紫色晕,唇瓣有紫红色斑点;萼片长圆状披针形,长 2.7～3.3 cm,宽 7～9 mm,先端钝,有 5～7 脉;侧萼片稍斜歪;花瓣狭倒卵状披针形,略斜歪,长 2.5～3 cm,宽 1.2～1.4 cm,先端钝,具 7 脉;唇瓣略短于花瓣,3 裂,基部有距;侧裂片直立,斜卵状三角形,较大,宽 1～1.3 cm;中裂片平展,宽倒卵状方形,先端和上部边缘具不规则波状缺刻;唇盘上在两枚侧裂片之间具 5 枚褶片状附属物;距角状,稍弯曲,长 2～2.3 cm,基部宽 7～10 mm,向末端渐狭,末端钝;蕊柱长 1.8～2.1 cm,两侧有宽翅。花期 4 月。产陕西南部、江苏、安徽、浙江、江西、湖北、湖南和四川(巫山、北川、广元、巴中、茂汶)。生于疏林下腐殖质丰富的土壤中或沿山谷荫蔽的地方;海拔400～1 100(～1 800)m,种群十分稀少,为我国特有分布单种属植物。

在1991年《中国植物红皮书》(第一册)中,独花兰被列为国家Ⅱ级保护稀有种;在1999年国务院批准的《国家重点保护野生植物名录(第一批)》中独花兰被列为国家级濒危植物;在2004年《中国物种红色名录》中该种被列为"未列入(Not listed)"物种(汪松和解炎,2004)。在江苏第二次重点保护野生植物资源调查中,该种被列为国家级调查物种。

(1) 调查方法

实测法。

(2) 地理分布

独花兰模式标本采集于江苏。由于种群数量稀少,通常在野外难以发现,因此在江苏境内关于独花兰的相关记录较少。独花兰的植物标本信息查阅如下：

(ⅰ) 采集人:陈长年、邓君,时间:1931,采集号:193,采集地点:江苏省宝华山;保存于中国科学院植物研究所标本馆(PE)。

(ⅱ) 采集人:陈长年、邓君,时间:1931-04,采集号:193,采集地点:江苏省宝华山;保存于中国科学院植物研究所标本馆(PE)。

(ⅲ) 采集人:无,时间:1977-05,采集号:无,采集地点:江苏省句容市宝华山;保存于江苏省·中国科学院植物研究所标本室(NAS)。

根据以上植物标本信息,可以发现独花兰20世纪30年代和70年代在江苏境内的句容(宝华山)曾经有植物采集记录。此后,未见标本采集记录。

1977年在句容宝华山(下蜀)独花兰再次被发现,由下蜀中学采集到一份标本(无采集人与号);随后在茅山又发现该植物(没有采集号)。第一次江苏重点保护野生植物资源调查结果表明:江苏分布的独花兰,主要分布于句容宝华山北坡和茅山早春透光性好、湿度大的沟谷内,种群数量稀少(郝日明等,2000);第一次重点保护野生植物资源调查没有分布点与标本采集记录,本次野外调查也未能发现其在江苏省内的自然分布。

（3）种群数量

根据本次植物调查结果，该种在江苏境内未见野生分布。

（4）保护现状

A. 濒危原因

兰科植物因对生境要求严格，不少植物种类的种群数量往往较稀少。独花兰主要分布于阴坡落叶常绿阔叶混交林下潮湿沟边以及山谷岩壁下。该种为优良的观赏野生花卉，同时为去毒良药，因受自然资源与环境的破坏以及采挖入药等人为因素的影响，其自然生境恶化并逐渐丧失，种群日趋减少。同时独花兰在野外的结实率不高甚至不结实，这可能与其种群小、花期短且传粉昆虫（熊蜂）等媒介数量少有着直接的关系。随着自然生境的破坏以及独花兰自身生物学原因，使得独花兰处于极度濒危状态。

B. 保护现状

江苏地区独花兰自70年代有标本采集记录，近年来未再有新的报道记录，我们推测独花兰野生种群已经消失。目前在其模式标本采集地宝华山建立了小面积的自然保护区，自然资源得到了一定的恢复与保护。对于独花兰的濒危状况，需要开展更多的相关研究工作。由于独花兰植株矮小，花期较短，在野外不易被发现，同时相关标本采集记录较少且时间久远，需要长期持续地在其原生分布区寻找独花兰野生种群，并长期有效地保护其原生分布区自然资源与环境，使得独花兰适宜生长的生境得以恢复与重现。

根据IUCN评估标准，独花兰可列为"地区绝灭"（RE, Regional extinct）等级。

26. 蜈蚣兰 *Cleisostoma scolopendrifolium*（Makino）Garay

常绿草本。茎细长多节，质硬，稀疏分枝，匍匐于岩石上或树皮上，节上生根。叶成2列稀疏互生，剑状披针形，长5～8 mm，先端钝，革质多肉，上面有纵沟，叶鞘短，与茎密合。花序有1～2朵花，淡红色，直径约8 mm；萼片展开，近长椭圆形，钝头；两侧花瓣近似萼片，稍短，唇瓣中裂片三角状卵形；蕊柱短。蒴果长倒卵形。花期6～7月,果期9～10月。分布于河北、山东、安徽、浙江东部(天台山、乐清、临海)、江苏、福建西部(宁化)、四川东北部(青川);在日本也有分布。全株可入药,为优良的观赏花卉物种。

蜈蚣兰在1999年国务院批准的《国家重点保护野生植物名录(第一批)》中被列为国家级濒危植物。在江苏第二次重点保护野生植物资源调查中,该种被列为省级调查物种。

(1) 调查方法

实测法。

(2) 地理分布

蜈蚣兰生境特殊,历史记录较少。在江苏境内采集的蜈蚣兰的植物标本信息如下:

(ⅰ) 采集人:Courtois,采集时间:1925-05-27,采集号:364036,采集地点:江苏省海州;保存于江苏省·中国科学院植物研究所标本室(NAS)。

(ⅱ) 采集人:无,采集时间:无(鉴定时间:1976-03-16),采集号:无,采集地点:江苏连云港市,连岛;保存于江苏省·中国科学院植物研究所标本室(NAS)。

(ⅲ) 采集人:刘、姚,采集时间:1981-09-22,采集号:8496,采集地点:江苏省连云港,柳河;保存于江苏省·中国科学院植物研究所标本室(NAS)。

(ⅳ) 采集人:凌萍萍、邓懋彬,采集时间:1993-04-30,采集号:890A,采集地点:江苏省;保存于江苏省·中国科学院植物研究所标本室(NAS)。

根据以上标本记录,蜈蚣兰分布于江苏的连云港等地。《江苏植物志》(上册,P405-406)记载:在南京栖霞山及连云港云台山有分布。阮晓东(2010)对云台山野生珍稀濒危中药植物调查研究中,报道在连云港云台山有蜈蚣兰分布,生于阴湿岩石或树皮上;张佳平(2012)对连云港云台山野生草本植物调查研究,报道记录蜈蚣兰在云台山有分布。程倩等(2014)在云台山采集蜈蚣兰样本(无采集号),并对蜈蚣兰进行无菌繁殖系的研究。

根据此次野外调查结果,目前江苏境内的蜈蚣兰仅见于连云港云台山柳河自然保护区内以及南京紫金山(表4-41),均分布于低海拔山区的落叶阔叶林下。尽管文献记载在南京栖霞山也曾发现有蜈蚣兰分布,但本次调查在该地未发现蜈蚣兰。

表4-41 江苏分布的蜈蚣兰资源状况简表

分布地点	位置	海拔(m)	东经(°′″)	北纬(°′″)	资源状况
南京	紫金山	74	119°05′12.89″	32°07′56.74″	较少
连云港	云台山	189	119°27′49.10″	34°42′17.35″	较少
		162	119°25′20.83″	34°42′31.19″	较少
		175	119°25′17.04″	34°42′53.43″	较少

(3) 种群数量

蜈蚣兰为常绿附生植物,茎细长有多分支,具有气生根,匍匐于岩石上。本次调查在南京紫金山、连云港云台山两地共记录蜈蚣兰4个分布点。因为蜈蚣兰茎细长分支较多,气生根丰富,可以随处生根,故其种群数量统计以分布面积表示。① 在紫金山仅发现1处蜈蚣兰分布点,分布面积为1.5 m^2;② 在连云港云台山本次调查记录蜈蚣兰分布点3个:云台山自然保护区(柳河)记录1个分布点,面积为2.6 m^2;云台山自然保护区(悟正庵)记录1个分布点,面积为2 m^2;云台山自然保护区(悟正庵)南万寿谷景区记录1个分布点,面积为3 m^2。

(4) 保护现状

A. 濒危原因

蜈蚣兰因生境独特、分布区狭窄、种群较小等原因,长期未引起人们的重视以及合理的保护。蜈蚣兰对生境要求严格,常匍匐附生于深山幽谷中的崖石上或山地林中树干上,调查中蜈蚣兰主要分布于透水和保水性良好的倾斜石壁或石隙,阴凉、空气湿度大但流通性较好区域。所以,由于其自身天然种群较小,随着生境不断被干扰破坏,致使蜈蚣兰濒临灭绝。

B. 保护现状

连云港原有多个区域(连岛、柳河、悟正庵、墟沟林场等)报道有蜈蚣兰分布,目前蜈蚣兰仅见于柳河与悟正庵自然保护区及附近区域。柳河保护区为江苏省省级自然保护区,区域内蜈蚣兰生于红楠树下的大石壁上。红楠为常绿乔木,分布区域内树种丰富,岩壁沟槽较多,形成阴凉湿润小气候,蜈蚣兰生长状况良好。连岛与墟沟林场等区域在本次调查中未发现蜈蚣兰分布。根据调查,可以推测云台山天然植被的破坏,蜈蚣兰适宜生境的缺失导致了其分布区的缩小。蜈蚣兰在南京的原有分布区域为紫金山与栖霞山,本次调查未发现栖霞山有蜈蚣兰分布;紫金山蜈蚣兰分布点位于紫金山西南坡,生于离路边不远的岩石壁上,因人流量大,紫金山分布的蜈蚣兰极易受到人为干扰,面临着随时被破坏而消失的危险状态。对于蜈蚣兰的保护首先应采取就地保护措施,使得在其原生分布区内生境得到保护与恢复,促进蜈蚣兰天然种群的扩大。同时开展对蜈蚣兰的生物学、生态学特性以及分子遗传学研究,建立繁殖体系,为蜈蚣兰的野生资源保护和合理利用奠定基础。

根据IUCN评估标准,蜈蚣兰可列为"极危种"(CR)等级。

27. 长须阔蕊兰 *Peristylus calcaratus* (Rolfe) S. Y. Hu

植株高17～48 cm。块茎长圆形或椭圆形,长1～2 cm,直径5～15 mm。茎细长,无毛,近基部具3～4枚集生的叶,其下具2～4枚筒状鞘,在叶之上常具1至数枚披针形的苞叶状小叶。叶片椭圆状披针形,长3～15 cm,宽1～3.5 cm,先端渐尖、急尖或钝,基部收狭成鞘抱茎。总状花序具多数密生或疏生的花,圆柱状,长9～23 cm;花苞片卵状披针形,长6～8 mm,先端渐尖,与子房等长或较短;子房细圆柱状纺锤形,扭转,无毛,连花梗长6～9 mm;花小,淡黄绿色;萼片长圆形,长3～5 mm,先端钝,具1脉;中萼片直立,凹陷,宽1.5～2 mm;侧萼片伸展,稍偏斜,较中萼片稍狭;花瓣直立伸展。斜卵状长圆形,长3～5 mm,先端钝,肉质,较萼片厚,具1～2脉,与中萼片相靠;唇瓣基部与花瓣的基部合生,3深裂;中裂片狭长圆状披针形,长2～3 mm,先端钝;侧裂片叉开,与中裂片约成90度的夹角,丝状,弯曲,长8～15 mm或过之(在干标本上常被折断),基部具距;距下垂,近直的,棒状或带纺锤形,长4～5 mm,与中萼片等长或较长,末端钝,非2浅裂;蕊柱粗短,长约1 mm;药室并行,基部不延长成沟；花粉团具短的花粉团柄和粘盘，粘盘小，椭圆形，裸露；蕊喙小；柱头2个，长圆形棒状，从蕊喙之下向前伸出，并行，位于唇瓣基部两侧；退化雄蕊2个，近长圆形，向前伸展，长约1 mm。花期7～10月。生于海拔200～1 300 m的山坡草地或林下。产于中国浙江、江苏、江西、台湾、湖南、广东、广西和云南西部。越南也有分布。花形奇特，具有较高的观赏价值。

在1999年国务院批准的《国家重点保护野生植物名录（第一批）》中长须阔蕊兰被列为国家级濒危植物。在江苏第二次重点保护野生植物资源调查中，该种被列为省级调查物种。

(1) 调查方法

实测法。

(2) 地理分布

根据《第二次重点保护野生植物资源调查江苏省实施细则》，江苏此次调查的兰科植物共有3种：独花兰、蜈蚣兰和棒距玉凤花（*Habenaria flagellifer* Makino）。其中，国家级调查物种1种，即独花兰；其余2种为省级调查物种。

《江苏植物志》（下册，P411～412）记载：棒距玉凤花"产宜兴，生山坡草丛中或山沟边阴湿处"。《江苏维管植物检索表》（P179）也记载，该种常见于江苏宜兴。而根据植物标本查阅、野外调查以及文献资料分析，我们发现以上文献提及的"棒距玉凤花"的学名"*Habenaria flagellifer* Makino"有误，应该是"长须阔蕊兰[*Peristylus calcaratus* (Rolfe) S. Y. Hu]"的异名！棒距玉凤花的学名应该是"*Habenaria mairei* Schltr."。根据《中国植物志》英文版（*Flora of China*，Vol. 25，P153-154）记载，棒距玉凤花分布于我国的四川西部、西藏东南部和云南北部，分布海拔为2 400～3 500 m。因此，江苏境内实际上没有"棒距玉凤花"分布。

长须阔蕊兰生境特殊，常分布于200～1 300 m的山坡草地、林下或山坡灌丛中，在江苏境内的历史记录较少。现根据标本查阅，在江苏境内采集的蜈蚣兰的植物标本信息如下。

(ⅰ）采集人：耿以礼，时间：1929-8-25，采集号：2624，采集地点：江苏省宜兴市；保存于江苏省·中国科学院植物研究所标本室（NAS）。

注：这份标本最初由我国兰科植物研究专家郎楷永先生于1976年1月10日将其鉴定为棒距玉凤花（*Habenaria flagellifer* Makino）。随后郎楷先生于1981年2月26日将这份标本更正为长须阔蕊兰[*Peristylus calcaratus* (Rolfe) S. Y. Hu]。

（ⅱ）采集人：方文哲等，时间：1960-08-23，采集号：253，采集地点：江苏省宜兴市茗岭；保存于中国科学院昆明植物研究所标本馆（KUN）。

注：这份标本由我国兰科植物研究专家郎楷永先生于1984年5月18日鉴定。

综上所述，很可能由于长须阔蕊兰在江苏的分布区域狭窄，植物标本采集很少，相关研究文献也不多见，因此《江苏植物志》（上册，1977）编写和出版时误将江苏分布的该种植物当做棒距玉凤花。随后，1986年《江苏维管植物检索表》编写和出版时，很可能由于编写人员未能及时查阅到郎楷永先生业已更正鉴定的标本，因此仍然认为江苏宜兴分布有棒距玉凤花。实际上，目前已知的不少植物分类学专著或文献，大多沿用《江苏植物志》（上册）和《江苏维管植物检索表》关于棒距玉凤花的记载。如《华东五省一市维管植物名录》（张美珍等，1993）、《江苏省生物多样性及其保育》（王志伟等，2010）。而我们通过标本查阅和文献分析，在此指出：江苏目前没有棒距玉凤花的自然分布！

然而遗憾的是，近年来我们多次对宜溧山地可能分布长须阔蕊兰的生境进行广泛的野外调查，仍未能发现该种在宜兴的分布。

（3）种群数量

根据本次植物调查结果，该种在江苏境内未见长须阔蕊兰的野生分布。

（4）保护现状

我国现有野生兰科植物共计187属1447种，包括特有种601种，生活型以地生兰和附生兰为主。张殷波等（2015）研究发现：近年来我国兰科植物受到的人为影响非常严重。过度采集、生境的丧失或片段化、土地利用的改变、人工林的大力发展、外来生物入侵以及一些重大建设工程项目的影响等,已经导致许多的兰科植物生活或仅残留在一些非常重要的原生生态系统中。

鉴于新版《江苏植物志》尚未完全出版,因此根据 1982 年出版的《江苏植物志》记载,江苏境内目前有兰科植物 14 属 21 种。江苏人口众多,人口密度居于全国首位,同时江苏的经济发展速度一直居于全国前列,由此导致的环境压力将不可避免地影响到兰科植物的生存或分布。

本次在长须阔蕊兰的标本采集地以及附近区域先后进行多次野外实地调查,均未能发现该种。究其原因,很可能与以下因素有关:① 原分布地点茗岭大力发展竹业,原有的常绿阔叶林、落叶阔叶林、常绿落叶阔叶混交林的分布面积急剧缩减,而毛竹林的物种组成较为简单,林下生境类型单一。而长须阔蕊兰通常分布于林下、灌丛或草丛等湿润的生境中。例如我们在江苏第二次野生植物资源调查过程中,在宜溧山地的溧阳惠家村的一处竹阔混交林的山坡林下发现了丝裂玉凤花(*Habenaria polytricha* Rolfe);② 长须阔蕊兰的生境较为特殊,可能对环境的变化较为敏感,生态适应性不强;③ 宜溧山地近年来多数地区大力发展旅游,主要为农家乐的形式。最近十年来,该区游客数量激增,但是相应的旅游管理发展却严重滞后。在野外调查过程中发现,不少游客以及少数当地村民法律意识淡薄,对兰科植物的偷采盗挖的现象时有发生。

由于宜溧山地山峦起伏,小生境多样,而长须阔蕊兰的分布范围可能较为狭窄,种群数量稀少。因此尽管我们此次调查未能在野外发现长须阔蕊兰,但是根据 IUCN 评估标准,我们暂将其列为"数据缺乏"(DD,Data deficient)等级。

第五章 国家级珍稀濒危树种的种群与群落特征

根据第二次野生植物资源调查的结果,目前江苏境内6种国家级调查物种的地理分布与种群数量存在明显的差异。为了更好地揭示这些珍稀植物的野外生存现状、种类组成、种群动态和生境特点,我们对目前在江苏境内分布相对集中的主要珍稀物种开展了种群生态与群落特征研究。

第一节 国家级珍稀濒危树种的种群动态

江苏省第二次野生植物资源调查结果表明,在所调查的银缕梅、金钱松、香果树、宝华玉兰、秤锤树、独花兰这6种国家级调查物种中,宝华玉兰和银缕梅在江苏境内的分布较为集中。为了反映其野外种群特征,我们选择典型群落片段通过样方调查初步分析了它们的种群静态生命表、存活曲线以及空间分布格局。

1. 宝华玉兰的种群动态

宝华玉兰为木兰科的落叶乔木,是我国特有的珍稀树种,目前自然分布仅见于江苏镇江句容的宝华山国家森林公园。该森林公园位于江苏省镇江句容市,地理位置介于 $118°58'\sim119°58'$ E, $31°37'\sim32°19'$ N 之间,地处宁镇山脉中段,山体东西走向,峰低坡缓,海拔 396 m,为亚热带和暖温带的过渡地带,属北亚热带季风气候,四季分明,气候温和,雨水充沛,日照充足。年平均降水量为 1 018.6 mm,年平均气温 15.4℃,最冷月 1 月平均气温 1.4℃,最热月 7 月平均气温 29.7℃。年平均日照时数 2 116 h,年平均无霜期 229 d。土壤微酸性,土层较厚,为棕色土壤。该区的森林群落类型主要为落叶常绿阔叶混交林和落叶阔叶林(王剑伟等,2008;蒋国梅等,2010)。

野外调查发现宝华玉兰的自然地理分布较为局限,为了更好地反映其种群动态特征,我们在此根据该种的自然种群以及半自然种群的野外调查进行分析(王剑伟等,2008)。即在宝华山的锅底洼设置2个20 m×20 m的自然样地,在将军洞上方设置2个20 m×20 m的半自然样地,每个样地再划分为16个5 m×5 m的小样方,在每个10 m×10 m的乔木层中各随机设置1个5 m×5 m的灌木层和1个1 m×1 m的草本层样方,分别记录样方内植物种类、株数、胸径等以及环境因素(高邦权和张光富,2005)。各样地环境资料见表5-1。

表5-1 镇江宝华山宝华玉兰的4个样地环境资料

样地号	样地面积(m^2)	坡度(°)	坡向(°)	层盖度		
				乔木层	灌木层	草本层
Q1	400	15°	ES30°	30%	50%	45%
Q2	400	20°	ES35°	35%	40%	40%
Q3	400	25°	NE20°	60%	70%	30%
Q4	400	30°	NE25°	55%	50%	40%

注:Q1和Q2为半自然样地,Q3和Q4为自然样地。下同。

(1) 静态生命表

种群静态生命表(Static life table)也称特定时间生命表(Time-specific life table),是研究种群数量动态的重要工具(Harper,2010)。种群静态生命表是根据在某一特定时间获得的种群各龄级的个体数编制而成。这里以大小级结构代替年龄结构,根据曲仲湘的五级立木划分法,结合实际情况作适当调整,宝华玉兰种群大小级结构的划分标准为:Ⅰ级(幼苗)$DBH<2.5\ cm, H<33\ cm$;Ⅱ级(幼树)$DBH<2.5\ cm, H\geqslant 33\ cm$;Ⅲ级(小树)$2.5\ cm\leqslant DBH<7.5\ cm$;Ⅳ级(中树)$7.5\ cm\leqslant DBH<15\ cm$;Ⅴ级(中树)$15\ cm\leqslant DBH<22.5\ cm$;Ⅵ级(大树)$22.5\ cm\leqslant DBH$。按照以上划分的径级,根据文献(江洪,1992)中的方法,将初始年龄间隔的株数标准化为1 000,其他各年龄级的数据

均作相应的标准化处理,编制宝华玉兰种群的静态生命表(表 5-2)。

a_x,在 x 龄级内现存个体数;l_x,在 x 龄级开始时标准化存活个体数;d_x,从 x 到 $x+1$ 龄级间隔期内标准化死亡数;q_x,从 x 到 $x+1$ 龄级期间死亡率;L_x,从 x 到 $x+1$ 龄级间隔期间还存活的个体数;T_x,从 x 龄级到超过 x 龄级的个体总数;e_x,进入 x 龄级个体的期望寿命。

表 5-2 宝华玉兰种群的静态生命表

龄级	DBH(cm)	a_x	l_x	$\ln l_x$	d_x	q_x	L_x	T_x	e_x
Ⅰ	DBH<2.5 cm, H<33 cm	8	1 000	6.908	−10 125	−10.125	6 062.5	15 750.0	15.750
Ⅱ	DBH<2.5 cm, H≥33 cm	89	11 125	9.317	9 000	0.809	6 625.0	9 687.5	0.871
Ⅲ	2.5 cm≤DBH<7.5 cm	17	2 125	7.662	625	0.294	1 812.5	3 062.5	1.441
Ⅳ	7.5 cm≤DBH<15 cm	12	1 500	7.313	1 250	0.833	875.0	1 250.0	0.833
Ⅴ	15 cm≤DBH<22.5 cm	2	250	5.521	0	0.000	250.0	375.0	1.500
Ⅵ	22.5 cm≤DBH	2	250	5.521	—	—	125.0	125.0	0.500

注:a_x,个体存活数;l_x,在 x 龄级开始时标准化存活个体数;d_x,从 x 到 $x+1$ 龄级间隔期内标准化死亡数;q_x,从 x 到 $x+1$ 龄级期间死亡率;L_x,从 x 到 $x+1$ 龄级间隔期间还存活的个体数;T_x,从 x 龄级到超过 x 龄级的个体总数;e_x,进入 x 龄级个体的期望寿命;K_x,消失率。下同。

根据表 5-2 可知,平均期望寿命 e_x 反映的是宝华玉兰种群 x 龄级个体的平均生存能力(王剑伟等,2008)。从表中还可以看出:宝华玉兰的种群数量从Ⅱ龄级开始随着年龄的增加而逐渐降低,种群的 e_x 值在个体胸径为Ⅰ级时最大,其余各级均很低。其中,Ⅲ级、Ⅴ级的 e_x 值相对较大,表明这些龄级是宝华玉兰生理活动的旺盛时期。

(2) 种群存活曲线

种群存活曲线(Survivorship curve)可以反映植物种群在每个年龄级生存的数目,即以一条表示同龄群从初生时的 100% 存活,直到个体全部死亡的全过程的曲线。存活曲线一般有 3 种类型:Deevey Ⅰ 型为凸曲线,Deevey Ⅱ

型为对角线型,Deevey Ⅲ 型为凹曲线(宋永昌,2001)。

根据生命表中的数据,以各龄级宝华玉兰的标准化存活数的对数($\ln l_x$)为纵坐标,以龄级为横坐标作宝华玉兰种群的存活曲线(图 5-1)。

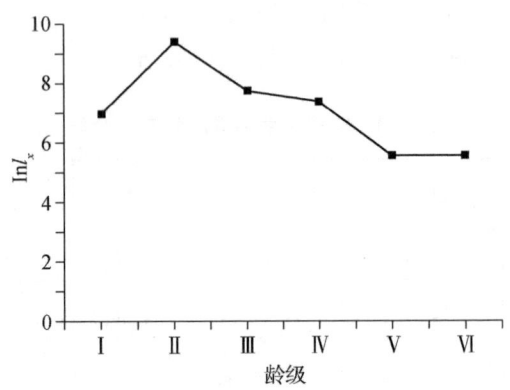

图 5-1 宝华玉兰种群的存活曲线

根据图 5-1,宝华玉兰的幼年阶段的死亡率较高,只有很少的个体可以存活。从图中可见 Ⅰ 龄级后有一个明显的凸起,然后才出现一个凹陷。Ⅰ 级后的上涨主要是由于 Ⅱ 级存活个体的数目远远超过了 Ⅰ 级和 Ⅲ 级存活个体的数目,使得存活曲线上在 Ⅱ 级处出现了一个峰值,在高龄级处每级的数目相对都较少,从而进一步说明了宝华玉兰种群并不是一个稳定增长的种群。

从图 5-1 中的存活曲线来看,宝华玉兰种群的存活曲线可能更接近于凸型,即 Deevey Ⅰ 型。这里我们采用指数函数和幂函数方程式两种数学模型对宝华玉兰种群的存活曲线类型进行检验,其中指数方程式 $N_x = N_0 e^{-bx}$ 用来描述 Deevey Ⅱ 型存活曲线,幂函数式 $N_x = N_0 x^{-b}$ 用来描述 Deevey Ⅲ 型存活曲线,并运用 SPSS 统计分析软件进行拟合,结果如下:

$N_x = 9.100 e^{-0.08x}$ ($r = 0.525, F = 4.418, P = 0.103$)

$N_x = 8.346 x^{-0.17}$ ($r = 0.314, F = 1.828, P = 0.248$)

由于幂函数模型和指数函数模型的 P 值均大于 0.05,均未达到显著水平,即说明宝华玉兰的存活曲线既非 Deevey Ⅱ 型也非 Deevey Ⅲ 型。因此认为宝华玉兰种群的存活曲线更趋于 Deevey Ⅰ 型,即表示宝华玉兰种群低龄级个体的死亡率小于成年个体。

(3) 种群空间格局

分析植物种群的空间分布格局(Spatial distribution pattern),可以反映其种群动态以及植物群落的演替趋势,有助于揭示该种群的生物学特性以及与环境因子之间的相互关系,因此种群空间格局分析是种群生态学的重要研究内容之一。

种群分布格局的数学模型很多,最常用、最简便的检验方法是方差/均值比率法。由于宝华玉兰在宝华山国家森林公园内的分布面积较为局限,因此这里采用此法判定宝华玉兰的分布格局,扩散指数 $C=S^2/\bar{x}$,其统计学的基础是在泊松分布中方差与均值相等,均匀分布时抽样单位中出现个体数大多接近于均值,故方差小于均值;集群分布时抽样单位中出现个体数大多大于或小于均值,方差大于均值。采用 t 检验法来确定 $S^2/\bar{x}$ 的实测值与 1 差异的显著性。t 值通过公式 $t=\dfrac{S^2/\bar{x}-1}{\sqrt{2/(n-1)}}$ 计算,然后与 $t_{0.05}(n-1)$ 比较,确定其差异显著性(张光富和高邦权,2005)。

各样地的宝华玉兰种群分布格局的结果见表 5-3。宝华玉兰在 Q1 样地中为聚集分布,但其聚集强度不高,在 Q2、Q3、Q4 样地中均为随机分布。

宝华玉兰的分布格局主要由其生物学特性和生长环境所决定。Q1 样地中幼年个体偏多,植株萌生特性较强,再加上一定的人为干扰,使萌生苗在母株附近生长,造成了该样地其种群呈集群分布的格局。与 Q1 样地相比,在 Q2 样地中Ⅰ级幼苗较少,而Ⅱ级幼树偏多,调查中还发现该样地中有些宝华玉兰的萌生幼树有断梢现象,这可能由于存在激烈的种内自疏和种间竞争而使其呈现出随机分布的格局。而在 Q3、Q4 样地中,宝华玉兰高龄级植株个体相对较多,其生长经历了漫长的时期,推测在早期可能存在明显的种内自疏和种间竞争。另外宝华玉兰也靠种子繁殖,其种子有鲜红色的外种皮,且胚乳丰富,富含油脂,易被林中的鼠类和鸟类所食(刘玉壶等,1997),很少发芽成苗,动物食后未消化的种子只有在适宜的生态环境中才能存活,其幼苗的存活机会少,且只能是零星分布。宝华玉兰的林下潮湿,当聚合蓇葖果成熟落地后,种子往往随聚合果同时腐烂,不易发芽,调查中发现在林下找到的大多是腐烂的聚合果和不能发芽的种子,几乎看不见幼苗的存在,这些因素造成了宝华玉兰种群的随机分布格局。

表 5-3 宝华玉兰的种群分布格局

种群	个体总数	S^2	$\bar{x}$	$\dfrac{S^2}{\bar{x}}$	t 值	格局类型
Q1	60	11.267	3.750	3.004	5.489	集群分布
Q2	60	5.296	3.688	1.436	1.195	随机分布
Q3	7	0.667	0.500	1.333	0.913	随机分布
Q4	3	0.163	0.188	0.867	−0.365	随机分布

2. 银缕梅的种群动态

银缕梅为金缕梅科的落叶乔木,是我国特有的珍稀树种,目前仅分布于江苏宜兴(善卷洞、大龙西岕);安徽舒城(万佛山)、绩溪(朱显村)、金寨(燕子河)、岳西(天峡);浙江安吉(龙王山)、临安(清凉峰)的亚热带华东山区(Li and Del Tredici,2005;Li and Zhang,2015)(图 5-2)。

根据标本查阅以及文献分析,江苏宜兴为银缕梅的模式标本采集地。由于最初只采集到果枝标本,该种最早被张宏达先生鉴定为小叶金缕梅(*Hamamelis subaequalis*)。20 世纪 90 年代邓懋彬等人根据采集的该种的花枝标本将其命名为小叶银缕梅(*Shaniodendron subaequale*)(Yue et al.,2006)。随后郝日明等根据花部特征并结合分子证据将其重新命名为银缕梅(*Parrotia subaequalis*)(郝日明和魏宏图,1998)。根据此次野外调查,银缕梅在江苏境内只分布于宜兴的善卷洞风景区和大龙西岕。从种群规模看,前者分布的种群数量偏少,仅占江苏银缕梅植株总数的 14.90%;而后者分布的种群数量较多,占江苏银缕梅植株总数的 85.10%。因此,我们在宜兴市大龙西岕设置 1 个 30 m×40 m 的样地进行野外样方调查,以便分析银缕梅的种群结构与空

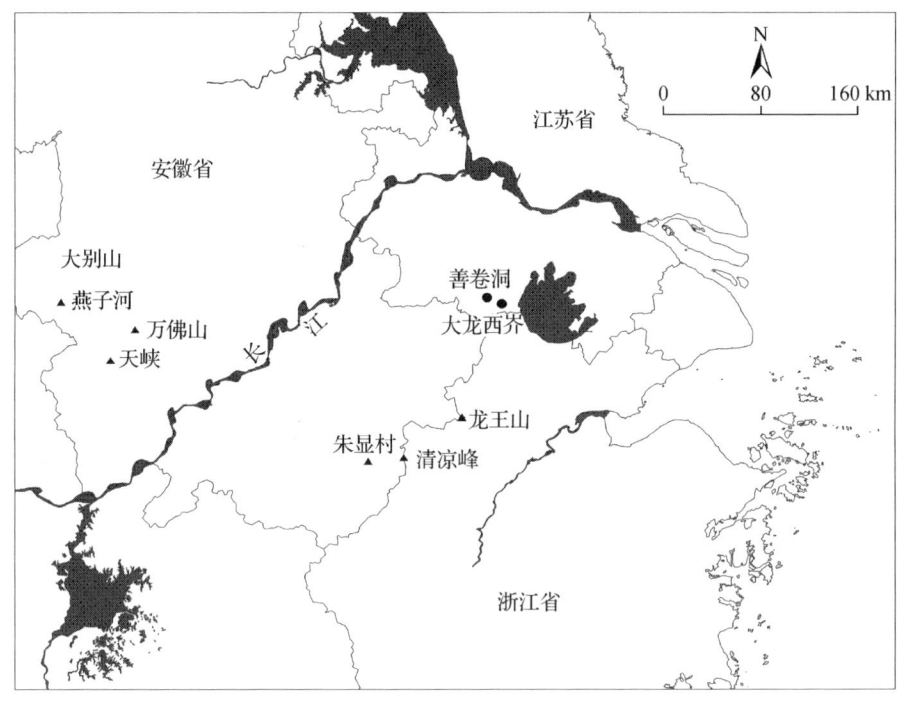

图 5-2 银缕梅在我国的地理分布示意图

间格局。

调查样地位于宜兴市宜兴林场大龙西岕的向阳山坡,地理位置为 119°44′42″E,31°14′55″N。该地属于亚热带湿润季风气候。海拔高度为 300 m,年平均气温 15.7℃,极端最高气温 44.0℃,极端最低气温 −10.0℃,最热月(7月)温度 28.3℃,最冷月(1月)温度 2.9℃,年降水量 1 200.0 mm,全年无霜期 240 d(Li and Zhang,2015)。黄壤为该区的地带性土壤类型。落叶阔叶林是该地区的主要森林植被,其他主要植被类型还有常绿落叶阔叶混交林、针阔混交林和竹林等。

在野外踏查的基础上,选择大龙西岕南坡面积较大、分布相对集中的地段,设置一个面积为 30 m × 40 m 的矩形样地。为便于野外测定,将样地分成 12 个 10 m × 10 m 的小样方,调查时间为 2014 年 7 月上旬。取样地段的群落乔木层高度 7～9 m,优势种主要为银缕梅、青冈(*Cyclobalanopsis* glauca)、黄连木(*Pistacia chinensis*)和黄檀(*Dalbergia hupeana*)等,灌木层植物有青冈、银缕梅、山胡椒(*Lindera glauca*)、山矾(*Symplocos sumuntia*)等,高约 1.5 m。草本植物主要有野蔷薇(*Rosa multiflora*)、缩箬(*Oplismenus undulatifolius*)、络石(*Trachelospermum jasminoides*)等。

由于银缕梅生长缓慢,实际测得树木的年龄较为困难,但是相同生境下同一树种的龄级或径级对环境的反应规律通常具有一致性,所以本研究采用大小级代替年龄级的方法(任洁等,2012;龚滨等,2012)。以每个小样方为调查单元,对样方内的银缕梅进行每木调查,记录植株的基径、树高、冠幅和横、纵坐标值。根据实际测得的数据并结合其生活史特征,将银缕梅种群划分为 5 个龄级:Ⅰ龄级,DBH<2.5 cm;Ⅱ龄级 2.5 cm≤DBH<7.5 cm;Ⅲ龄级,7.5 cm≤DBH<15 cm;Ⅳ龄级,15 cm≤DBH<22.5 cm;Ⅴ龄级,DBH≥22.5 cm。

(1) 静态生命表

静态生命表是研究植物种群数量动态的重要工具。通常,随着种群年龄的增长,植物种群的个体数量将逐渐减少,通过编制种群静态生命表,可以从中得出种群的出生率、死亡率等重要参数,以提供更多关于种群动态变化和年龄结构的生态学信息(Silvertown and Charlesworth,2003)。

根据银缕梅种群的龄级划分,以每个龄级个体数并结合匀滑技术,编制该种群的静态生命表(见表 5-4)。其中,银缕梅的静态生命表编制内容如下:

a_x,在 x 龄级内现存个体数;l_x,在 x 龄级开始时标准化存活个体数;d_x,从 x 到 $x+1$ 龄级间隔期内标准化死亡数;q_x,从 x 到 $x+1$ 龄级期间死亡率;L_x,从 x 到 $x+1$ 龄级间隔期间还存活的个体数;T_x,从 x 龄级到超过 x 龄级的个体总数;e_x,进入 x 龄级个体的期望寿命;K_x,消失率。

表 5-4 宜兴市大龙西岕银缕梅种群的静态生命表

龄级	DBH(cm)	a_x	l_x	$\ln l_x$	d_x	q_x	L_x	T_x	e_x	K_x
Ⅰ	<2.5	90	1 000	6.908	400	0.400	800	1302	1.302	0.511
Ⅱ	2.5~7.5	54	600	6.397	367	0.611	417	669	1.114	0.944

（续表）

龄级	DBH(cm)	a_x	l_x	$\ln l_x$	d_x	q_x	L_x	T_x	e_x	K_x
Ⅲ	7.5～15.0	21	233	5.452	144	0.619	161	250	1.071	0.965
Ⅳ	15.0～22.5	8	89	4.487	44	0.500	67	89	1.000	0.693
Ⅴ	≥22.5	4	44	3.794	—	—	22	22	0.500	3.794

根据表5-4可知，该区银缕梅种群的期望寿命值，在第Ⅰ～Ⅴ龄级，随着龄级的增大，种群的期望寿命值呈现逐渐减小的趋势。Ⅰ龄级个体的期望寿命值最高，为1.302，Ⅴ龄级个体的期望寿命值最低，为0.500。死亡率在Ⅲ龄级达到最大值，消失率最大值出现在第Ⅴ龄级。

（2）种群存活曲线

种群存活曲线可通过存活个体数或个体存活率描述特定时间下植物种群的个体死亡率，它在很大程度上与种群天然更新能力密切相关。通常以$\ln l_x$值为纵坐标，以龄级为横坐标，绘制植物种群的存活曲线。

以宜兴市宜兴林场大龙西岕银缕梅种群的存活率（$\ln l_x$）值为纵坐标，龄级为横坐标，绘制银缕梅种群的存活曲线（图5-3）。运用SPSS(17.0)统计分析软件对数据进行拟合，检验银缕梅种群的存活曲线类型。

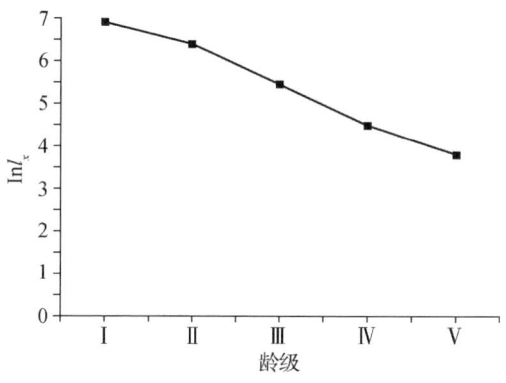

图5-3 银缕梅种群的存活曲线

根据图5-3，总体来看大龙西岕的银缕梅种群随着龄级增大，种群存活率逐渐下降。其中，Ⅰ龄级个体存活率最大，Ⅴ龄级个体存活率最小。

此外,从图 5-3 中的存活曲线来看,大龙西岕的银缕梅种群的存活曲线可能接近于 Deevey Ⅱ 型。这里我们采用指数函数和幂函数方程式两种数学模型对大龙西岕的银缕梅种群的存活曲线类型进行检验,并运用 SPSS 统计分析软件进行拟合,结果如下:

$N_x=8.413\mathrm{e}^{-0.16x}(r=0.981, F=158.357, P<0.01)$

$N_x=7.484x^{-0.36}(r=0.873, F=20.629, P=0.020)$

由于指数函数模型的 P 值小于 0.01,即达到极显著水平;而幂函数的 P 值小于 0.05,即达到显著水平。同时,由于指数函数模型的相关系数 r 值和 F 值大于幂函数模型的相关系数 r 值和 F 值,且这两个函数模型中 P 值小于 0.05,即达到显著水平。因此,统计分析结果表明大龙西岕银缕梅种群的存活曲线更趋于 Deevey Ⅱ 型,即表示大龙西岕银缕梅种群各龄级具有相同的死亡率。

(3) 种群空间格局

分布格局指种群的个体在水平位置上的分布样式,它是物种生物学特性、种间关系及环境条件综合作用的体现。已有的文献分析表明:当前珍稀濒危植物的空间格局研究方法主要包括样地法和点格局法。由于点格局法克服了传统方法只能在单一尺度下分析种群分布格局的不足,近年来已经得到较为广泛的运用。但点格局方法的取样尺度较大,如浙江古田山常绿阔叶林的 24 hm² 样地,巴拿马 Barro Colorado Island(BCI)热带雨林的 50 hm² 样地,广东鼎湖山亚热带森林的 20 hm² 样地等(Li et al. ,2009)。如果珍稀植物的分布面积相对较大,采用点格局法(Point pattern analysis)可以分析不同尺度下植物种群的空间分布格局,近年来它已逐渐成为分析种群空间分布的重要方法之一(李伟等,2014;Li and Zhang,2015)。

此处采用 Ripley 提出的 K 函数分析银缕梅种群的空间分布格局。该方法可以分析不同尺度下种群的分布格局,最大程度地利用坐标信息,检验能力较强,结果更符合实际(张金屯,1998;Wiegand T,Moloney,2004;李伟等,2014)。公式如下:

$$\hat{k}(r) = \frac{A}{n^2} \sum_{i=1}^{n} \sum_{j=1}^{n} w_{ij}^{-1} I r(uij)$$

其中 n 为每个龄级个体的总数，A 为样方面积，u_{ij} 为两个点 i 和 j 之间的距离；当 $u_{ij} \leqslant r$ 时，$I_r(u_{ij})=1$，当 $u_{ij}>r$ 时，$I_r(u_{ij})=0$；W_{ij} 为以点 i 为圆心，u_{ij} 为半径的圆周长在面积 A 中的比例，可校正边界效应引起的误差。

$$\hat{L}_{11}(r) = \sqrt{\hat{k}(r)/\pi} - r$$

若 $\hat{L}_{11}(r)=0$，在尺度 r 下呈随机分布；若 $\hat{L}_{11}(r)>0$，在尺度 r 下呈聚集分布；若 $\hat{L}_{11}(r)<0$，在尺度 r 下呈均匀分布。

采用 Programita 软件（2008 版）完成银缕梅种群点格局数据的分析，空间尺度大小为样地最短边长的一半，大龙西岕银缕梅种群的空间尺度为 0～15 m，步长为 1 m，Monte-Carlo 检验的随机模拟次数为 100 次。此外，采用 Excel 2007 对数据进行基本处理和分析。

观察银缕梅种群的空间分布格局图（图 5-4），图中实线为实测值，虚线为拟合的上下包迹线，即置信区间。如果 $\hat{L}_{11}(r)$ 值落在包迹线上方，说明该种群为集群分布；如果落在包迹线之间，则为随机分布；如果落在包迹线下方，则为均匀分布。如图 5-4 所示，宜兴大龙西岕的银缕梅种群在所有尺度（1～

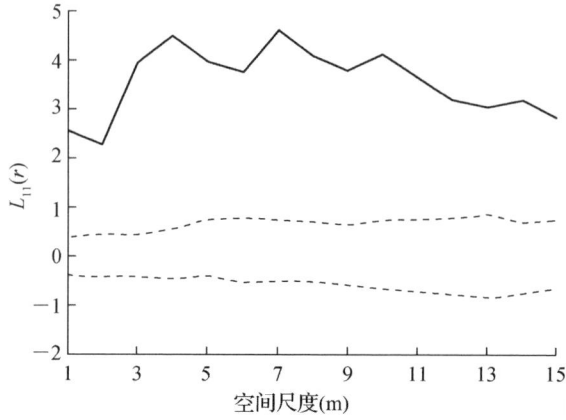

图 5-4　银缕梅种群的空间分布格局

15 m)的 $\hat{L}_{11}(r)$ 值均落在包迹线上方,即该种群在不同尺度下均表现为集群分布。究其原因,这可能与以下因素有关:① 所调查样地中,银缕梅的萌生现象较为明显;② 银缕梅的果实为木质蒴果,果实成熟后开裂。每室为 2 粒种子,种子为椭圆形,通常落在母株周围;③ 所调查样地的群落生境的异质性较大,这使得银缕梅种子或幼苗通常呈现斑块状分布。

第二节　国家级珍稀濒危树种的群落特征

珍稀植物种群在野外通常是与其他植物共同生存在一起的,即不同的植物种群共同组成植物群落。群落具有一定的结构、一定的种类组成以及一定的种间相互关系,并在环境条件相似的不同地段可以重复出现(杨持,2014)。因此,分析珍稀植物的群落特征,不仅可以反映珍稀植物的野外生存现状,而且将有助于揭示其群落的动态变化。

1. 宝华玉兰的群落特征

野外调查发现,宝华玉兰由于种群数量较少,在野外呈现为小种群。这里以上述的 4 个宝华玉兰调查样地,从种类组成、群落结构、物种多样性等方面初步分析宝华玉兰的群落特征。

(1) 群落种类组成

根据对 4 个样地的调查结果统计,宝华玉兰群落共有维管植物 89 种,分别隶属于 43 科 74 属。其中乔木层共有植物 19 种,隶属 13 科 17 属;灌木层共有植物 35 种,隶属 20 科 28 属;草本层共有植物 58 种,隶属 36 科 51 属。

(2) 群落结构特征

宝华玉兰群落的分层现象明显,可以分为 3 层:乔木层、灌木层和草本层。乔木层的高度为 5～15 m,灌木层的高度为 1.1～4 m,草本层的高度小于 1 m。宝华玉兰生长地植物群落各样地乔木层物种的重要值见表 5-5。由表 5-5 可以看出,群落中乔木层树种较为单调。在乔木层中,半自然群落物种数目较少,共出现9种植物,优势种为毛竹和宝华玉兰,毛竹的重要值占有很大的比例,两样地之和为127.88,而宝华玉兰的重要值和为29.05。在自然群落中,共出现植物17种,较半自然群落物种相对丰富,其中优势种为紫楠(*Phoebe sheareri*)和宝华玉兰,紫楠在两样地重要值和为50.62,而宝华玉兰为20.88。灌木层中的物种比乔木层丰富,半自然群落中共出现植物25种,优势种为枫香(*Liquidambar formosana*)、野鸦椿(*Euscaphis japonica*),其次为宝华玉兰、山胡椒和化香(*Platycarya strobilacea*)。自然群落中,共出现植物17种,优势种为紫楠和老鸦柿(*Disopyros rhombifolia*),其次为牛鼻栓(*Fortunearia sinensis*)、青冈和多花泡花树(*Meliosma myriantha*)。草本层的物种均很丰富,半自然群落中共出现植物38种,优势种为蓬蘽(*Rubus hirsutus*)、山莓(*R. corchorifolius*)、细叶苔草(*Carex rigescens*)和蕨(*Pteridium aquilinum* var. *latiusculum*),而在自然群落中总共出现植物30种,优势种为紫楠、细叶苔草和贯众(*Cyrtomium fortunei*)。

乔木层中半自然群落共有宝华玉兰19株,胸径在2.50～9.90 cm,平均胸径为5.80 cm。而在自然群落中宝华玉兰共有10株,胸径在7.17～34.10 cm,平均胸径为18.39 cm;灌木层中仅在半自然群落中的样方内有4株宝华玉兰,胸径分别为0.6 cm、0.7 cm、0.8 cm、3.5 cm。而在自然群落的灌木样方内未见宝华玉兰。草本层也仅在半自然群落的样方内发现有宝华玉兰,但重要值不高,而在自然群落中的样方内也未见其踪迹。

可以看出,无论是在半自然样地还是自然样地,宝华玉兰都为次优势种,均为非优势种;在半自然样地中宝华玉兰的个体胸径值较小,个体数目较多,优势种为毛竹。而在自然样地中,宝华玉兰个体胸径值较大,但个体数目较少,优势种为紫楠。

表 5‑5　宝华玉兰 4 个样地中乔木层主要树种的重要值

种名	样地号			
	Q1	Q2	Q3	Q4
毛竹 Phyllostachys edulis	74.75	53.13		10.24
宝华玉兰 Magnolia zenii	13.74	15.31	10.54	10.34
青冈 Cyclobalanopsis glauca	4.08		10.35	2.11
枫香 Liquidambar formosana	7.43	6.88	2.97	8.61
毛白杨 Populus tomentosa		8.87		
麻栎 Quercus acutissima		6.44		2.20
化香 Platycarya strobilacea		3.30	3.97	2.57
华东野核桃 Juglans cathayensis		3.27	7.42	7.96
冬青 Ilex chinensis		2.80		
紫楠 Phoebe sheareri			32.29	18.33
黄连木 Pistacia chinensis			7.37	3.44
朴树 Celtis sinensis			5.97	5.17
建始槭 Acer henryi			5.45	3.56
白榆 Ulmus pumila			5.27	6.31
多花泡花树 Meliosma myriantha			3.51	
红枝柴 Meliosma oldhamii			2.76	7.81
山葡萄 Vitis amurensis			2.12	3.90
木蜡树 Toxicodendron sylvestre				4.99
响叶杨 Populus adenopoda				2.46

（3）群落的物种多样性

植物群落的种类组成、个体数目、各物种的个体数量在群落中的分布状况，可以通过物种多样性、生态优势度和群落均匀度来综合表达(张光富,2000)。

物种多样性多以物种个体数来计算,但重要值(Important value,IV)更能全面地反映群落中各物种的相对优势度(宋永昌,2001;张光富,2007),故本次调查中我们采用重要值来计算物种多样性。重要值(IV)是以综合数值来表示群落中不同植物的相对重要性,重要值通常是根据相对密度或相对多度、相对频度和相对显著度三项指数的综合来计算的。它能较为充分地显示出不同植物种类在群落中的地位和作用,因此已被广泛地应用于森林群落的研究,以深入揭示森林群落的种类状况及其他相关规律。

重要值是多样性计测的计算依据,它表示的是某一物种在群落的优势程度。各层的每个物种重要值的计算如下:

乔木层:IV=(相对多度+相对显著度+相对频度)/3

灌木层:IV=(相对多度+相对显著度+相对频度)/3

草本层:IV=(相对多盖度+相对频度)/2

需要指出的是,由于统计草本层植物个体数目较为困难,这里将样方内每种植物的多盖度等级按照 Braun-Blanquet 多盖度等级对应的盖度百分比平均值进行转化,然后计算出其相对多盖度。将野外调查的样方中草本层植物的多盖度值先按照中位数值进行转换(宋永昌,2001;高邦权等,2007;张光富等,2007),然后再根据相对多盖度计算其重要值。

在森林群落中,物种多样性通常采用运用广泛的群落丰富度指数(S)、Shannon-Wiener 物种多样性指数(SW)、Simpson 生态优势度指数(SN)和 Pielou 群落均匀度指数(PW)测定(张光富和宋永昌,2002),计算时以各物种的重要值代替其个体数。计算公式如下:

(ⅰ)物种丰富度指数(S):样地中的物种总数。

物种多样性(Species diversity)自从 Fisher 于 1943 年首次提出以来,在群落学研究中得到了广泛的运用。物种多样性的测度可以通过群落中的种数,总体个数以及各物种多度的均匀程度来反映。

(ⅱ)Shannon-Wiener 物种多样性指数(SW)对于测度植物群落的物种多样性较为适合和有效,并且运用得较多,所以本项研究中的物种多样性指数采用 Shannon-Wiener 多样性指数,公式如下:

$$SW = 3.3219(\lg N - \frac{1}{N}\sum_{i=1}^{s} n_i \lg n_i) \tag{1}$$

式中 N 为所有种的个体数，n_i 是第 i 个种的个体数，S 是种数，3.3219 是从 $\log_2$ 到 $\log_{10}$ 的转化系数。

（ⅲ）生态优势度（Ecological dominance）是将群落作为一个整体而把各个种的重要值总结为一个合适的度量值，通过测度群落中的优势种的比值来表征群落的组成结构特征。生态优势度的测度采用 Simpson 指数，公式如下：

$$SN = 1 - \sum_{i=1}^{s} n_i(n_i-1)/N(N-1) \tag{2}$$

（ⅳ）群落均匀度（Community evenness）的测度以 Shannon-Wiener 指数为基础，用（3）式计算样地的群落均匀度。

$$PW = \frac{3.3219\left(\lg N - \frac{1}{N}\sum_{i=1}^{s} n_i \lg n_i\right)}{3.3219\left[\lg N - \frac{\alpha(s-\beta)\lg\alpha + \beta(\alpha+1)\lg(\alpha+1)}{N}\right]} \tag{3}$$

式中分子为物种多样性指数，N 和 S 的含义同（2）式。β 为 N 被 S 整除后的余数。$\alpha = (N-\beta)/S$

在计算 SW、SN、PW 时，用各种的重要值数值来代替其个体数（张光富等，2007）。

宝华玉兰 4 个样地不同层次的物种多样性指数见表 5-6。可见，乔木层中半自然群落的物种多样性指数较低，均匀度指数不高，而在自然群落中两者均较高。因为在半自然群落中乔木树种较少，且毛竹的优势地位很突出，而自然群落中由于物种数目较多，分布相对均匀，所以物种多样性较高。灌木层中仅自然群落的样地 Q3 物种多样性较低，可能与该样地乔木层郁闭度较高有关。对草本层而言，半自然群落和自然群落的各个样地的物种多样性差异不大。这也反映出其植被的次生性质较为明显。

因此，宝华玉兰群落中不同层次的物种多样性不同，半自然群落 Q1、Q2 样地的乔木层、灌木层、草本层的 Shannon-Wiener 指数为：草本层＞灌木层＞乔木层；而在自然群落 Q3、Q4 样地中，它却是草本层＞乔木层＞灌木层。这主要是因为半自然群落灌木层中乔木树种和灌木种类混杂,分化不明显;而在自然群落中,乔木层的郁闭度较大,光照不足,故 Shannon-Wiener 指数在自然群落中是乔木层>灌木层。在半自然样地中,乔木层的生态优势度和群落均匀度都较低,这可能与乔木层植物较少,分布较为集中有关。t 检验(见表 5-7)表明只有乔木层和草本层的物种丰富度指数存在显著的差异。

表 5-6 宝华玉兰群落各层的物种多样性

样方号	群落层次	S	SW	SN	PW
Q1	乔木层	4	1.174 3	0.415 2	0.587 1
	灌木层	18	3.891 9	0.922 4	0.934 3
	草本层	27	4.093 3	0.913 5	0.863 1
Q2	乔木层	8	2.197 9	0.674 6	0.732 9
	灌木层	17	3.783 9	0.909 9	0.924 6
	草本层	22	4.010 6	0.918 1	0.901 1
Q3	乔木层	13	3.175 8	0.840 8	0.858 8
	灌木层	6	1.988 1	0.654 6	0.759 3
	草本层	14	3.428 3	0.883 2	0.900 7
Q4	乔木层	16	3.721 5	0.910 1	0.931 0
	灌木层	16	3.582 9	0.890 2	0.896 5
	草本层	24	4.374 8	0.946 8	0.955 1

注:S、SW、SN 和 PW 分别为物种丰富度、物种多样性、生态优势度和群落均匀度;下同。

表 5-7 宝华玉兰群落不同层次间物种多样性差异的显著性检验(t-检验)

群落层次	t-值			
	S	SW	SN	PW
乔木层—灌木层	−1.040	−1.039	−1.056	−1.181
乔木层—草本层	−2.990*	−2.367	−1.852	−1.639
灌木层—草本层	−1.980	−1.362	−1.096	−0.558

注:* 差异显著($0.01<P<0.05$)

2. 银缕梅的群落特征

银缕梅为金缕梅科的落叶小乔木,在江苏境内主要分布于宜兴的善卷洞风景区和龙池山—小黑沟自然保护区(包括大龙西岕)。为了反映江苏分布的野生银缕梅的群落特征,这里选择该种分布相对集中的大龙西岕为研究地点,通过典型样地法初步分析了银缕梅群落的种类组成、群落结构以及物种多样性特征。

经过野外实地调查,银缕梅主要分布于龙池山—小黑沟自然保护区内的落叶阔叶林中。因此,在野外调查的基础,我们在银缕梅分布较为集中的区域——宜兴市大龙西岕设置 3 个银缕梅群落调查样地($119°44.675'$E,$31°14.928'$N,海拔 176 m)。每个样地的调查面积均设置为 20 m×20 m。对每个样地分为乔木层、灌木层和草本层,分别进行分层取样调查。对于藤本植物,根据其生长情况,分别归入相应的层次。

具体做法如下:先将每个样地划分为 4 个 10 m×10 m 的乔木层样方,对样方内的银缕梅和其他乔木物种进行每木调查,记录植物的种类、胸径、高度、枝下高、冠幅等。再在每个 10 m×10 m 的乔木层样方中各随机设置 1 个 5 m×5 m 的灌木层样方,分别记录灌木层样方中各物种的植物种类、树高和胸径等。再在每个灌木层中的中心设置 1 个 1 m×1 m 的草本层样方,记录草本层中各物种的植物种类、多盖度等级等。其中,多盖度等级采用 Braun-Blauquet 的多盖度综合级法进行调查(宋永昌,2001;张光富等,2007),然后将各物种的多盖度等级进行中位值转换,并结合相对频度计算草本层各物种的重要值。同时,在调查过程中记录群落生境、群落高度及群落盖度等指标。

此外,银缕梅样地中不同层次各物种的重要值、物种丰富度 S、物种多样性 SW、生态优势度 SN 和群落均匀度 PW 的计算方法与宝华玉兰相同。

(1)群落种类组成

根据对该区 3 个样地共计 1 200 m² 的调查结果统计,结果发现宜兴大龙西岕银缕梅群落共有维管植物 47 种,分别隶属于 33 科 44 属。其中乔木层共有植物20种,隶属24科29属;灌木层共有植物22种,隶属15科21属;草本层共有植物30种,隶属17科19属。与宝华玉兰的群落组成相比,该区银缕梅的物种数量偏少,这可能与银缕梅分布于竹林附近,并且存在一定的人为干扰有关。

(2) 群落结构特征

银缕梅群落的分层现象明显,可以分为3层:乔木层、灌木层和草本层。乔木层的高度为11～14 m,盖度为50～60%;灌木层的高度为2～3 m,盖度为40～60%;草本层的高度小于1 m,盖度为25～30%;层间物种较少,常见的为紫藤(Wisteria sinensis)、菝葜(Smilax china)等。其中,紫藤生长良好,如在样地Q3中紫藤的DBH达6.5 cm,能够达到林冠层,攀缘或缠绕在乔木层其他物种之上。

银缕梅生长地植物群落各样地乔木层物种的重要值见表5-8。由表5-8可以看出,群落中乔木层树种较为丰富,共出现20种植物,优势种为银缕梅、青冈(Cyclobalanopsis glauca)和黄连木(Pistacia chinensis)。在样地Q1、Q3中以银缕梅的重要值最高,青冈和黄连木次之;而在样地Q2中,青冈重要值最高,银缕梅的重要值仅为13.17,在乔木层中居于亚优势地位。在野外调查中也发现,样地Q2中的银缕梅有明显的人为砍伐现象,这可能是造成样地Q2中银缕梅居于亚优势地位的主要原因之一。

表5-8 宜兴大龙西芥银缕梅3个样地中乔木层主要树种的重要值

种 名	样地号		
	Q1	Q2	Q3
银缕梅 Parrotia subaequalis	24.19	13.17	31.82
青冈 Cyclobalanopsis glauca	19.37	36.34	19.05
黄连木 Pistacia chinensis	15.12	9.25	17.34
短柄枹 Quercus glandulifera var. brevipetiolata	8.26	14.21	
牛鼻栓 Fortunearia sinensis	7.98	4.86	3.13

（续表）

种 名	样地号		
	Q1	Q2	Q3
山胡椒 Lindera glauca	5.80		
白背叶野桐 Mallotus apelta	4.32		
柘树 Maclura tricuspidata	3.28		
黄檀 Dalbergia hupeana	2.85	7.48	5.18
茶条槭 Acer tataricum	2.84		3.50
八角枫 Alangium chinense	2.07	1.88	
毛竹 Phyllostachys edulis	1.96		2.18
朴树 Celtis sinensis	1.96	1.85	3.13
厚萼卫矛 Euonymus carnosus		1.80	
冬青 Ilex purpurea		2.50	
牡荆 Vitex negundo var. cannabifolia		1.64	
南京椴 Tilia miqueliana			5.09
山合欢 Albizia corniculata		1.59	
栓皮栎 Quercus variabilis			7.42
紫藤 Wisteria sinensis		1.67	2.17

就灌木层各物种重要值而言（参见表 5-9），3 个样地均以青冈的重要值最大，特别是在样地 Q2 中，达 38.98，反映出青冈为银缕梅群落灌木层的优势种，居于亚优势地位的物种为牛鼻栓（Fortunearia sinensis），这可能主要与青冈和牛鼻栓的萌生性较强而导致植株数目较多有关。而银缕梅在灌木层中的优势地位并不明显，这主要因为样地中银缕梅的幼树数量较少。尽管样地中存在银缕梅的成年植株，如样地 Q1 中银缕梅的 DBH 达 26.1 cm，林下也有不少银缕梅小苗，但是从现有数据分析发现，银缕梅从幼苗进入幼树阶段存在较大的死亡率（表 5-4），这反映出银缕梅种群在群落中的自然更新存在一定的困难。

表 5-9　宜兴大龙溪芥银缕梅 3 个样地中灌木层主要树种的重要值

种　名	样地号		
	Q1	Q2	Q3
青冈 Cyclobalanopsis glauca	32.02	38.98	23.76
狭叶山胡椒 Lindera angustifolia	17.87		
牛鼻栓 Fortunearia sinensis	14.1	20.11	2.29
山胡椒 Lindera glauca	6.89		7.99
郁香野茉莉 Styrax odoratissimus	6.2	1.75	
老鸦柿 Diospyros rhombifolia	4.51		6.72
短柄枹 Quercus glandulifera var. brevipetiolata	4.33	5.23	
银缕梅 Parrotia subaequalis	4.23	4.51	3.26
南京椴 Tilia miqueliana	3.85		
白背叶野桐 Mallotus apelta			3.21
白蜡树 Fraxinus chinensis			3.56
白檀 Symplocos paniculata		3.73	2.16
扁担杆 Grewia biloba			3.21
茶 Camellia sinensis			2.1
茶条槭 Acer tataricum			2.89
厚萼卫矛 Euonymus carnosus		5.72	7.73
苦竹 Pleioblastus amarus			8.18
毛竹 Phyllostachys edulis			7.43
朴树 Celtis sinensis			2.59
小蜡 Ligustrum sinense		11.43	4.9
榆树 Ulmus pumila			3.67
中华绣线菊 Spiraea chinensis		10.28	

从群落中草本层各物种的重要值可以看出(参见表 5-10),草本层中共有 30 个物种,种类组成较为丰富。纵观 3 个样地的草本层优势种,均为青冈和络石(Trachelospermum jasminoides)。这可能与青冈和络石的适应性和

萌生性较强有关。其次,3个样地的草本层中,每个样地的草本层均有乔木、灌木、藤本和草本植物,这可能与该区地处中亚热带北缘,自然气候条件较为优越有关。此外,尽管银缕梅在每个样地的草本层中均有分布,但是并不占优势,其重要值较小。

综上所述,宜兴大龙西岕的银缕梅群落中,乔木层中的主要优势种为银缕梅和青冈,但银缕梅在灌木层和草本层中的重要值较小,这说明保护好乔木层中的现有银缕梅植株,对于确保银缕梅在自然群落中的作用与地位具有重要的意义。而在野外调查中发现,由于银缕梅成年树木生长缓慢、树皮具斑纹且自然剥落,秋天树叶变红,极具观赏价值,因此建议应该加强对该区银缕梅的保护,尤其是成年植株的保护,以防偷采盗挖。其次,由于群落中灌木层和草本层的银缕梅重要值不大,因此建议考虑对银缕梅的伴生植物如青冈等物种采取人工间伐等辅助措施,以利于银缕梅的自然更新。

表5-10 宜兴大龙西岕银缕梅3个样地中草本层主要植物的重要值

种 名	样地号		
	Q1	Q2	Q3
青冈 Cyclobalanopsis glauca	15.42	24.81	16.17
络石 Trachelospermum jasminoides	13.91	17.88	17.99
银缕梅 Parrotia subaequalis	11.40	6.83	7.59
野蔷薇 Rosa multiflora	9.44		7.48
显子草 Phaenosperma globosum	8.88	4.02	7.48
黑足鳞毛蕨 Dryopteris fuscipes	6.93	8.04	5.67
三脉叶马兰 Aster trinervius	6.93		
苔草 Carex sp.	5.42	10.95	3.74
茶树 Camellia sinensis	3.46		7.48
茶条槭 Acer tataricum	3.46		
老鸦柿 Diospyros rhombifolia	3.46		
山莓 Rubus corchorifolius	3.46		

(续表)

种 名	样地号		
	Q1	Q2	Q3
黄连木 Pistacia chinensis	1.95	4.55	
黄檀 Dalbergia hupeana	1.95		
柃木 Eurya japonica	1.95		
土麦冬 Liriope graminifolia	1.95		
菝葜 Smilax china		6.30	
白背叶野桐 Mallotus apelta			3.74
白檀 Symplocos paniculata		4.02	1.93
白英 Solanum lyratum		2.28	
厚萼卫矛 Euonymus carnosus			3.74
六月雪 Serissa japonica		4.02	
牛鼻栓 Fortunearia sinensis			3.74
爬山虎 Parthenocissus tricuspidata			1.93
朴树 Celtis sinensis		2.88	
蹄盖蕨 Athyrium filix-femina		4.02	
细叶苔草 Carex duriuscula subsp. rigescens			3.74
小画眉草 Eragrostis minor			3.74
小蜡 Ligustrum sinense			1.93
榆树 Ulmus pumila			1.93

(3) 群落的物种多样性

银缕梅3个样地不同层次的物种多样性指数见表5-11。首先,银缕梅群落中不同层次的物种多样性不同。除Q3样地外,乔木层的物种数S、物种多样性SW、生态优势度SN均大于灌木层,并且这3个指数表现出相同的趋势。而样地Q3由于靠近山顶,群落中灌木物种偏多,因此与前者表现出不同的趋势。其次,3个样地的草本层的物种数S、物种多样性SW、生态优势度SN均未表现出一致的变化趋势,这主要由于林下草本层物种分布混杂,并且由于受到群落乔木层和灌木层的光照影响较大,因此在种类与数量上均具有很大的随机性(表5-10)。总体上看,尽管这3个样地位于同一分布地点(大龙西岕),其自然地理条件相似,但是由于存在一定的人为干扰,这3个样地的物种多样性变化较大。

表5-11 银缕梅群落各层的物种多样性

样方号	群落层次	S	SW	SN	PW
Q1	乔木层	13	3.1805	0.8675	0.8602
	灌木层	9	2.7983	0.8212	0.8829
	草本层	16	2.5732	0.6700	0.6435
Q2	乔木层	14	2.9702	0.8111	0.7803
	灌木层	8	2.5084	0.7688	0.8363
	草本层	13	3.2977	0.8698	0.8919
Q3	乔木层	11	2.8870	0.8270	0.8350
	灌木层	19	3.8311	0.9025	0.9029
	草本层	17	3.7298	0.9059	0.9130

注:S、SW、SN 和 PW 分别为物种丰富度、物种多样性、生态优势度和群落均匀度;下同。

为了分析各样地不同层次的物种多样性的相关性,对其乔木层、灌木层、草本层的 S、SW、SN、PW 进行 t 检验(见表5-12)。结果表明3个样地中仅乔木层与草本层的物种丰富度存在显著的差异,其余各层次的4个物种多样性指数均不存在显著的差异。究其原因,这主要与银缕梅分布于常绿—落叶阔叶混交林中(表5-8),并且群落存在一定的人为干扰有关。

表5-12 银缕梅群落不同层次间物种多样性差异的显著性检验(t-检验)

群落层次	t-值			
	S	SW	SN	PW
乔木层—灌木层	0.184	−0.081	0.030	−1.589
乔木层—草本层	−1.789*	−0.538	0.238	0.101
灌木层—草本层	−0.898	−0.294	0.200	0.652

注:* 差异显著($0.01 < P < 0.05$)。

第六章 江苏省级珍稀濒危树种的种群与群落特征

根据第二次野生植物资源调查的结果,目前江苏境内21种省级调查物种的地理分布与种群数量也存在明显的差异。在这些省级调查物种中,根据《中国植物红皮书》或《国家重点保护野生植物名录(第一批)》,有些植物如榉树、香樟、青檀等属于国家级珍稀植物,其余植物大多为具有地方特色、分布较为局限、近年来种群数量明显减少的物种,如红楠、南京椴、山拐枣等。为了更好地揭示这些珍稀植物的野外生存现状、种类组成、种群动态和生境特点,我们对目前在江苏境内分布相对集中的主要省级珍稀物种开展了种群生态与群落特征研究。

第一节 省级珍稀濒危树种的种群动态

根据江苏省第二次野生植物资源调查结果,我们从21种省级调查物种中,分别选择青檀、榉树、香樟、红楠和南京椴这5种具有一定分布面积和较多种群数量的乔木树种开展种群与群落生态研究。为了总结归纳它们的野外种群特征,我们选择典型群落片段,并进行样方调查,初步分析了它们的种群静态生命表、存活曲线以及空间分布格局。

1. 青檀的种群动态

青檀为榆科的落叶乔木,是我国特有的珍稀树种。在1991年《中国植物红皮书》(第一册)中被列为国家Ⅲ级保护稀有种。尽管文献记载,该种在我国浙江、安徽、江西、福建、四川、贵州等多个省份均有分布,但是由于自然植被的破坏或人为砍伐,目前其种群数量呈现减少趋势。江苏为青檀的主要分布省份之一,野外调查结果表明江苏境内的青檀目前分布于南京和溧阳山区。

(1) 静态生命表

根据野外调查结果,我们选择青檀分布数量较多的南京地区进行样地调查。分别在南京紫金山和燕子矶各设置2个20 m×20 m的青檀乔木层调查样方,同时记录样方内的所有青檀植株的DBH、高度、枝下高等数据,然后将所调查的青檀数据汇总,统计分析。

根据曲仲湘的Ⅴ级立木划分法,将南京青檀种群的大小级结构划分为以下5级:Ⅰ龄级,DBH<2.5 cm;Ⅱ龄级,2.5 cm≤DBH<7.5 cm;Ⅲ龄级,7.5 cm≤DBH<15 cm;Ⅳ龄级,15 cm≤DBH<22.5 cm;Ⅴ龄级,DBH≥22.5 cm。由于所研究的青檀种群为天然林,在编制静态生命表时会出现死亡率为负值的情况,这些负值数据虽然能够提供有用的生态记录,但是与生命表编制的假设条件不符。因此我们在编制静态生命表时采用匀滑技术处理原始记录数据(江洪,1992;李玲等,2011),经匀滑修正后得到 a_x' 值,再据此编制青檀种群的静态生命表(表6-1)。

表6-1 青檀种群的静态生命表

龄级	DBH(cm)	a_x	a_x'	l_x	$\ln l_x$	d_x	q_x	L_x	T_x	e_x	K_x
Ⅰ	<2.5	1	26	1 000	6.908	230.8	0.231	884.6	2192	2.192	0.262
Ⅱ	2.5~7.5	17	20	769	6.645	230.8	0.300	653.8	1 308	1.700	0.357
Ⅲ	7.5~15	7	14	538	6.289	230.8	0.429	423.1	654	1.214	0.560
Ⅳ	15~22.5	17	8	308	5.729	230.8	0.750	192.3	231	0.750	1.386
Ⅴ	≥22.5	30	2	77	4.343	—	—	38.5	38	0.500	4.343

注:a_x,个体存活数;a_x',匀滑后的个体存活数;l_x,在 x 龄级开始时标准化存活个体数;d_x,从 x 到 $x+1$ 龄级间隔期内标准化死亡个体数;q_x,从 x 到 $x+1$ 龄级期间死亡率;L_x,从 x 到 $x+1$ 龄级间隔期间还存活的个体数;T_x,从 x 龄级到超过 x 龄级的个体总数;e_x,进入 x 龄级个体的期望寿命;K_x,消失率。下同。

根据表6-1可知,该区青檀种群的期望寿命值,在第Ⅰ~Ⅴ龄级,随着龄级的增大,种群的期望寿命值呈现逐渐减小的趋势。Ⅰ龄级个体的期望寿命值最高,为2.192,Ⅴ龄级个体的期望寿命值最低,为0.500。死亡率在Ⅳ龄级达到最大值,消失率最大值出现在第Ⅴ龄级。

此外,从表6-1还可以看出,青檀种群从龄级Ⅱ开始,其期望寿命明显降低,至第Ⅴ龄级时其期望寿命不足龄级Ⅰ的1/4,这表明南京青檀种群的高龄级个体在野外的生存较为困难。

(2)种群存活曲线

根据青檀种群的静态生命表中的数据,以各龄级青檀的标准化存活数的对数($\ln l_x$)为纵坐标,以龄级为横坐标作青檀种群的存活曲线(图6-1)。

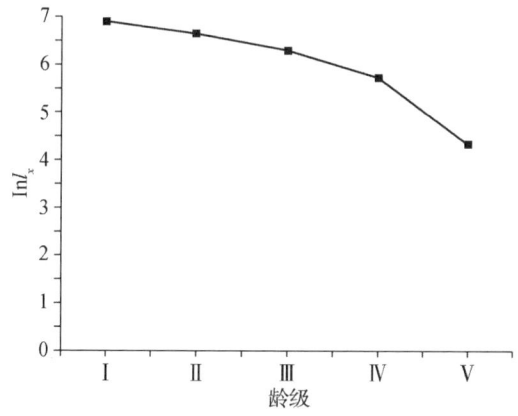

图6-1 南京青檀种群的存活曲线

从图6-1中的存活曲线来看,南京青檀种群的存活曲线可能接近于凸型,即DeeveyⅠ型。这里我们采用指数函数和幂函数方程式两种数学模型对南京青檀种群的存活状况进行检验,其中指数方程式 $N_x = N_0 e^{-bx}$ 用来描述DeeveyⅡ型存活曲线,幂函数式 $N_x = N_0 x^{-b}$ 用来描述DeeveyⅢ型存活曲线,并运用SPSS统计分析软件进行拟合(Hett and Loucks,1976;凌云等,2011),结果如下:

$N_x = 9.100 e^{-0.08x}$ ($r = 0.525, F = 4.418, P = 0.103$)

$N_x = 8.346 x^{-0.17}$ ($r = 0.314, F = 1.828, P = 0.248$)

由于幂函数模型和指数函数模型的P值均大于0.05,均未达到显著水平,这说明青檀种群的存活曲线既非 Deevey Ⅱ 型也非 Deevey Ⅲ 型。因此,统计检验结果表明南京青檀种群的存活曲线更趋于 Deevey Ⅰ 型,即表示南京青檀种群低龄级个体的死亡率小于成年个体。总体上看,南京的青檀种群随着龄级的增大,其种群存活率逐渐下降。其中,Ⅰ 龄级个体存活率最大,Ⅴ 龄级个体存活率最小。这表明南京青檀种群在老年阶段的死亡率较高,只有很少的个体可以存活。这一结果与青檀的静态生命表的分析结果相一致。

2. 榉树的种群动态

榉树为榆科的落叶乔木,是我国重要的阔叶树种之一。在 1999 年《国家重点保护野生植物名录(第一批)》中被列为国家 Ⅱ 级重点保护植物。根据《中国植物志》(*Flora of China*, Vol. 5)记载,该种在我国安徽、浙江、江西、福建、河北、河南、湖北、湖南、广东、广西、四川、贵州等多个省份均有分布。江苏为青檀的主要分布省份之一,此次野外调查结果表明江苏境内的榉树目前分布于南京、句容、溧阳、宜兴等地,但以句容、溧阳分布较多。

(1) 静态生命表

野外调查结果表明,榉树在江苏境内分布范围较为广泛,但是该种在野外通常呈现单株或者小片斑块状分布。这里我们选择句容茅山地区李塔村分布的榉树群落片段作为调查样方,乔木层的调查样方面积为 20 m×20 m,共计调查乔木层样方 5 个,合计调查面积为 2 000 m²。在调查样地中,共计发现榉树植株 121 株。

参照 Ⅴ 级立木法并结合野外实际记录数据,将该调查样方内的所有榉树个体划分为五个龄级: Ⅰ 龄级,DBH<2.5 cm; Ⅱ 龄级,2.5 cm≤DBH<7.5 cm; Ⅲ 龄级,7.5 cm≤DBH<15 cm; Ⅳ 龄级,15 cm≤DBH<22.5 cm; Ⅴ 龄级,DBH≥22.5 cm。以该种群每个龄级个体数并结合匀滑技术,编制榉树种群的静态生命表(见表 6-2)。

表6-2 句容市茅山李塔村榉树种群的静态生命表

龄级	DBH(cm)	a_x	a_x'	l_x	$\ln l_x$	d_x	q_x	L_x	T_x	e_x	K_x
Ⅰ	<2.5	0	44	1 000	6.908	227.3	0.227	886.4	2 250	2.250	0.258
Ⅱ	2.5~7.5	6	34	773	6.650	227.3	0.294	659.1	1 364	1.765	0.348
Ⅲ	7.5~15	18	24	545	6.302	227.3	0.417	431.8	705	1.292	0.539
Ⅳ	15~22.5	49	14	318	5.763	204.5	0.643	215.9	273	0.857	1.030
Ⅴ	≥22.5	48	5	114	4.733	—	—	56.8	57	0.500	4.733

根据表6-2可知,该区榉树种群的期望寿命值,在第Ⅰ~Ⅴ龄级,随着龄级的增大,种群的期望寿命值呈现逐渐减小的趋势。Ⅰ龄级个体的期望寿命值最高,为2.250,Ⅴ龄级个体的期望寿命值最低,为0.500。死亡率在Ⅳ龄级达到最大值,消失率最大值出现在第Ⅴ龄级。

(2) 种群存活曲线

根据榉树种群的静态生命表中的数据,以各龄级榉树的标准化存活数的对数值($\ln l_x$)为纵坐标,以龄级为横坐标作榉树种群的存活曲线(图6-2)。

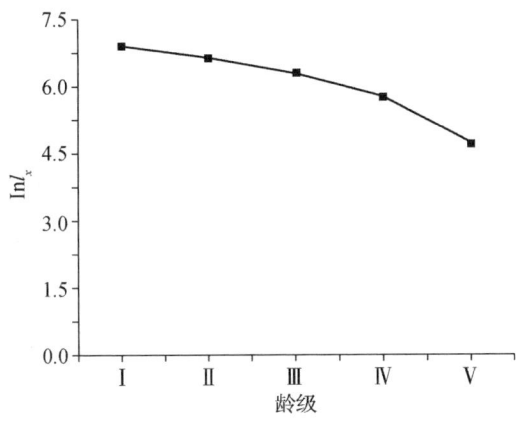

图6-2 句容茅山李塔村榉树种群的存活曲线

从图6-2中的存活曲线来看,茅山李塔村榉树种群的存活曲线可能接近于凸型,即Deevey Ⅰ型。这里我们采用指数函数和幂函数方程式两种数学模型对茅山李塔村榉树种群的存活曲线类型进行检验,并运用SPSS统计分析软件进行拟合,结果如下:

$N_x=7.883\mathrm{e}^{-0.09x}(r=0.892, F=24.767, P=0.016)$

$N_x=7.306x^{-0.20}(r=0.730, F=8.125, P=0.065)$

由于幂函数模型的 P 值均小于 0.05,达到显著水平；而指数函数模型的 P 值均大于 0.05,未达到显著水平,这说明茅山李塔村榉树种群的存活曲线属于 DeeveyⅡ。因此,统计检验结果表明：茅山李塔村榉树种群的存活曲线更趋于 DeeveyⅡ型,即表示茅山李塔村榉树种群不同龄级个体的死亡率较为接近。此外,总体来看茅山李塔村的榉树种群随着龄级增大,种群存活率逐渐下降。其中,Ⅰ龄级个体存活率最大,Ⅴ龄级个体存活率最小。

3. 香樟的种群动态

香樟为樟科的常绿高大乔木,是我国重要的常见绿化树种。在 1999 年《国家重点保护野生植物名录》(第一批)中,它被列为国家Ⅱ级重点保护植物。香樟广泛分布于我国长江以南及西南地区。根据此次野外调查,香樟在江苏境内目前分布于苏州。

（1）静态生命表

根据野外调查结果,江苏境内的香樟仅见于苏州的穹窿山、上方山和西山岛,从分布样式看,在穹窿山和上方山通常以单株形式分布,而西山岛上的局部地区则分布着大片的香樟萌生林。从分布数量上看,以西山岛景区的缥缈村分布的香樟最多。为了揭示该区香樟种群的生态特征,我们在苏州西山风景区缥缈村选择分布较为典型的香樟萌生林,并从中设置 4 个面积为 20 m× 20 m 的调查样地。

参照Ⅴ级立木法并结合野外实际记录数据,将该样方内的香樟个体划分为 5 个龄级：Ⅰ龄级,DBH<2.5 cm；Ⅱ龄级,2.5 cm≤DBH<7.5 cm；Ⅲ龄级,7.5 cm≤DBH<15 cm；Ⅳ龄级,15 cm≤DBH<22.5 cm；Ⅴ龄级,DBH≥22.5 cm。用该地区的香樟种群数据编制该种群的种群静态生命表。由香樟的种群静态生命表可知,该地区香樟种群的期望寿命值,在第Ⅰ龄级个体的期望寿命值达到最高,第Ⅴ龄级个体的期望寿命值最低。这可能表明该区香樟

种群在不同的生长阶段对环境条件的响应存在不同。此外,从表6-3还可以看出,香樟种群的死亡率在Ⅳ龄级达到最大值,消失率最大值出现在第Ⅴ龄级。

表6-3 苏州西山岛缥缈村香樟种群静态生命表

龄级	DBH(cm)	a_x	a_x'	l_x	$\ln l_x$	d_x	q_x	L_x	T_x	e_x	K_x
Ⅰ	<2.5	53	84	1 000	6.908	142.9	0.143	928.6	3071	3.071	0.154
Ⅱ	2.5～7.5	85	72	857	6.754	142.9	0.167	785.7	2143	2.500	0.182
Ⅲ	7.5～15	76	60	714	6.571	142.9	0.200	642.9	1357	1.900	0.223
Ⅳ	15～22.5	49	48	571	6.348	142.9	0.250	500.0	714	1.250	0.288
Ⅴ	≥22.5	37	36	429	6.060	—	—	214.3	214	0.500	6.060

(2) 种群存活曲线

以苏州西山岛缥缈村香樟种群的存活率($\ln l_x$)值为纵坐标,龄级为横坐标,绘制该地区香樟种群的存活曲线(图6-3)。

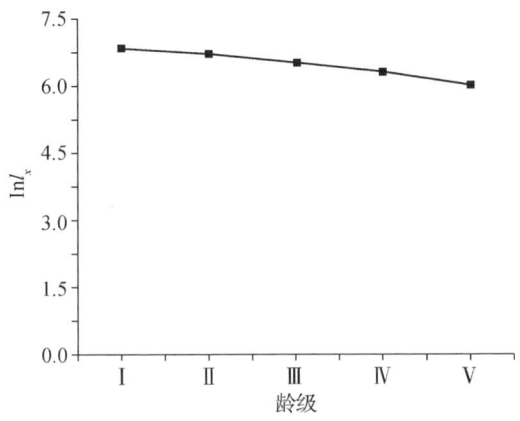

图6-3 苏州西山岛缥缈村香樟种群的存活曲线

从图6-3中的存活曲线来看,西山岛缥缈村香樟种群的存活曲线可能接近于Deevey Ⅱ型。这里我们采用指数函数和幂函数方程式两种数学模型对缥缈村香樟种群的存活曲线类型进行检验,并运用SPSS统计分析软件进行拟合,结果如下:

$N_x = 7.187 \mathrm{e}^{-0.03x} (r=0.979, F=143.294, P<0.01)$

$N_x = 7.013 x^{-0.08} (r=0.871, F=20.143, P=0.021)$

由于指数函数模型的相关系数 r 值和 F 值大于幂函数模型的相关系数 r 值和 F 值,且两种函数模型中的 P 值均小于 0.05,即均达到显著水平。因此,统计检验结果表明缥缈村香樟种群的存活曲线更趋于 Deevey II 型,即表示缥缈村香樟种群各龄级具有相同的死亡率。总体上看,苏州西山岛的香樟种群随着龄级增大,其种群存活率缓慢下降。其中,I 龄级个体存活率最大,V 龄级个体存活率最小。

4. 红楠的种群动态

红楠为樟科的常绿乔木,是我国优良的园林绿化树种。根据《中国植物志》(*Flora of China*, Vol. 7)记载,该种在我国山东、浙江、安徽、台湾、福建、江西、湖南、广东、广西等省份均有分布,但是由于人为砍伐或偷采盗挖,目前其种群数量在不少地区呈现明显减少的趋势。江苏为红楠的自然分布省份之一,野外调查结果表明江苏境内的红楠目前分布于宜兴(龙池山、磐山)、连云港(云台山)等山区。

(1) 静态生命表

根据野外调查结果,我们选择红楠分布数量较多的宜兴龙池山进行样地调查。即在龙池山的澄光禅寺附近(地理位置为 119°41′39.95″E,31°13′05.41″N)选择红楠分布相对集中的群落片段分别设置 4 个 20 m×20 m 的乔木层调查样方,同时记录样方内的所有红楠植株的 DBH、高度、冠幅、枝下高等数据,然后将所调查的红楠种群数据进行汇总,统计分析。

根据曲仲湘的 V 级立木划分法,将宜兴红楠种群的大小级结构划分为以下 5 级:I 龄级,DBH<2.5 cm;II 龄级 2.5 cm≤DBH<7.5 cm;III 龄级,7.5 cm≤DBH<15 cm;IV 龄级,15 cm≤DBH<22.5 cm;V 龄级,DBH≥22.5 cm。由于所研究的红楠种群为天然林,在编制静态生命表时会出现死亡率为负值的情况,这些负值数据虽然能够提供有用的生态记录,但是与生命表

编制的假设条件不符。因此我们在编制静态生命表时采用匀滑技术处理原始记录数据,经匀滑修正后得到 $a_x{'}$ 值,再据此编制红楠种群的静态生命表(表6-4)。

表6-4 宜兴龙池山红楠种群的静态生命表

龄级	DBH(cm)	a_x	$a_x{'}$	l_x	$\ln l_x$	d_x	q_x	L_x	T_x	e_x	K_x
Ⅰ	<2.5	12	10	1 000	6.908	200.0	0.200	900.0	2 300	2.300	0.223
Ⅱ	2.5~7.5	0	8	800	6.685	200.0	0.250	700.0	1 400	1.750	0.288
Ⅲ	7.5~15	12	6	600	6.397	300.0	0.500	450.0	700	1.167	0.693
Ⅳ	15~22.5	7	3	300	5.704	200.0	0.667	200.0	250	0.833	1.099
Ⅴ	≥22.5	0	1	100	4.605	—	—	50.0	50	0.500	4.605

根据表6-4可知,宜兴龙池山红楠种群的期望寿命值在第Ⅰ~Ⅴ龄级,随着龄级的增大其种群的期望寿命值呈现逐渐减小的趋势。Ⅰ龄级个体的期望寿命值最高,为2.300,Ⅴ龄级个体的期望寿命值最低,为0.500。死亡率在Ⅳ龄级达到最大值,而消失率最大值出现在第Ⅴ龄级。

(2)种群存活曲线

根据红楠种群的静态生命表中的数据,以各龄级红楠的标准化存活数的对数($\ln l_x$)为纵坐标,以龄级为横坐标作红楠种群的存活曲线(图6-4)。

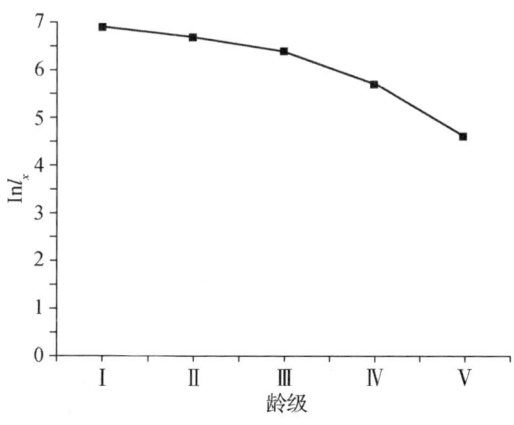

图6-4 宜兴龙池山红楠种群的存活曲线

从图 6-4 中的存活曲线来看,宜兴龙池山红楠种群的存活曲线可能接近于 Deevey Ⅰ 型或 Deevey Ⅱ 型。这里我们采用指数函数和幂函数方程式两种数学模型对宜兴龙池山红楠种群的存活状况进行检验,并运用 SPSS 统计分析软件进行拟合,结果如下:

$N_x = 8.023 e^{-0.10x} (r = 0.869, F = 19.890, P = 0.021)$

$N_x = 7.374 x^{-0.22} (r = 0.695, F = 6.847, P = 0.079)$

由于幂函数模型的 P 值大于 0.05,未达到显著水平;而指数函数的 P 值小于 0.05,达到显著水平,这说明宜兴龙池山红楠种群的存活曲线更趋于 Deevey Ⅱ 型。因此,统计检验结果表明红楠种群的存活曲线更趋于 Deevey Ⅱ 型,即表示宜兴龙池山红楠种群不同龄级个体的死亡率较为接近。总体来看,宜兴龙池山的红楠种群随着龄级增大,其种群存活率逐渐下降,但是成熟个体的数量下降得更快。其中,Ⅰ 龄级个体存活率最大,Ⅴ 龄级个体存活率最小。

5. 南京椴的种群动态

南京椴为椴树科的落叶乔木,是我国重要的蜜源植物,还可作为优良的行道树或庭园树种。根据《中国植物志》(*Flora of China*, Vol. 12)记载,该种分布于我国浙江、安徽、江苏、江西、广东,但是由于受到人为活动的影响,目前其种群数量在不少地区明显减少。江苏为南京椴的主要分布省份之一,此次野外调查结果表明:江苏境内的南京椴目前分布于南京、镇江(句容)、溧阳、苏州、连云港等地。该种的模式标本采自江苏南京。

(1) 静态生命表

根据野外调查结果,我们选择南京椴分布数量较多的句容宝华山和苏州穹窿山进行样地调查。即分别在宝华山隆昌寺附近(地理位置为 119°05′02″E,32°08′01″N)、以及穹窿山苏武苑的东侧山坡(地理位置为 120°25′18″E,31°15′41″N)分别设置 2 个 20 m×20 m 的南京椴乔木层调查样方,同时记录样方内的所有青檀植株的 DBH、高度、冠幅、枝下高等数据,然后将所调查的南京椴数据汇总,统计分析。

根据曲仲湘的Ⅴ级立木划分法,将句容和苏州两地的南京椴种群的大小级结构的划分为以下 5 级:Ⅰ龄级,DBH<2.5 cm;Ⅱ龄级 2.5 cm≤DBH<7.5 cm;Ⅲ龄级,7.5 cm≤DBH<15 cm;Ⅳ龄级,15 cm≤DBH<22.5 cm;Ⅴ龄级,DBH≥22.5 cm。由于所研究的南京椴种群为天然林,在编制静态生命表时会出现死亡率为负值的情况,这些负值数据虽然能够提供有用的生态记录,但是与生命表编制的假设条件不符。因此我们在编制静态生命表时采用匀滑技术处理原始记录数据,经匀滑修正后得到 $a_x{'}$ 值,再据此编制南京椴种群的静态生命表(表 6-5,6-6)。

表 6-5 句容宝华山南京椴种群的静态生命表

龄级	DBH(cm)	a_x	$a_x{'}$	l_x	$\ln l_x$	d_x	q_x	L_x	T_x	e_x	K_x
Ⅰ	<2.5	2	18	1 000	6.908	222.2	0.222	888.9	2278	2.278	0.251
Ⅱ	2.5~7.5	4	14	778	6.656	222.2	0.286	666.7	1389	1.786	0.336
Ⅲ	7.5~15	7	10	556	6.320	222.2	0.400	444.4	722	1.300	0.511
Ⅳ	15~22.5	16	6	333	5.809	222.2	0.667	222.2	278	0.833	1.099
Ⅴ	≥22.5	20	2	111	4.711	—		55.6	56	0.500	4.711

根据表 6-5 可知,句容宝华山南京椴种群的期望寿命值,在第Ⅰ~Ⅴ龄级,随着龄级的增大,种群的期望寿命值呈现逐渐减小的趋势。Ⅰ龄级个体的期望寿命值最高,为 2.278,Ⅴ龄级个体的期望寿命值最低,为 0.500。死亡率在Ⅳ龄级达到最大值,消失率最大值出现在第Ⅴ龄级。

表 6-6 苏州穹窿山南京椴种群的静态生命表

龄级	DBH(cm)	a_x	$a_x{'}$	l_x	$\ln l_x$	d_x	q_x	L_x	T_x	e_x	K_x
Ⅰ	<2.5	30	30	1 000	6.908	766.7	0.767	616.7	1033	1.033	1.455
Ⅱ	2.5~7.5	1	7	233	5.452	66.7	0.286	200.0	417	1.786	0.336
Ⅲ	7.5~15	0	5	167	5.116	66.7	0.400	133.3	217	1.300	0.511
Ⅳ	15~22.5	4	3	100	4.605	66.7	0.667	66.7	83	0.833	1.099
Ⅴ	≥22.5	9	1	33	3.507	—		16.7	17	0.500	3.507

根据表 6-6 可知,苏州穹窿山南京椴种群的期望寿命值,在第Ⅱ~Ⅴ龄级,随着龄级的增大,种群的期望寿命值呈现逐渐减小的趋势。Ⅱ龄级个体的

期望寿命值最高,为 1.786,Ⅴ龄级个体的期望寿命值最低,为 0.500。死亡率在Ⅰ龄级达到最大值,消失率最大值出现在第Ⅴ龄级。

比较句容宝华山与苏州穹窿山的南京椴种群的静态生命表(表 6-5, 6-6),可以发现:两地南京椴预期寿命的变化趋势相同,但是两者死亡率最大值出现的种群年龄阶段明显不同,这说明苏州南京椴种群的幼苗死亡概率较高。

(2) 种群存活曲线

根据南京椴种群的静态生命表中的数据,以各龄级南京椴的标准化存活数的对数($\ln l_x$)为纵坐标,以龄级为横坐标作南京椴种群的存活曲线(图 6-5,6-6)。

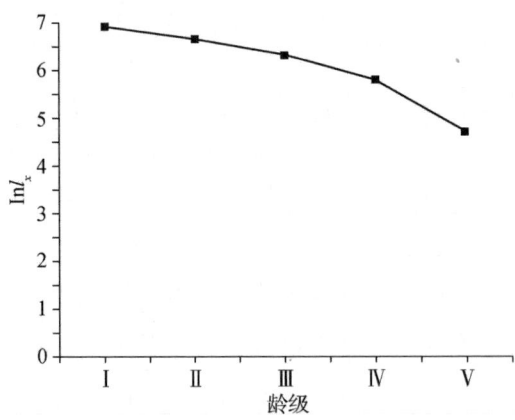

图 6-5 句容宝华山南京椴种群的存活曲线

从图 6-5 中的存活曲线来看,句容宝华山南京椴种群的存活曲线可能接近于 Deevey Ⅰ型或 Deevey Ⅱ型。这里我们采用指数函数和幂函数方程式两种数学模型对句容宝华山南京椴种群的存活状况进行检验,并运用 SPSS 统计分析软件进行拟合,结果如下:

$N_x = 7.899 e^{-0.09 x} (r = 0.876, F = 21.273, P = 0.019)$

$N_x = 7.314 x^{-0.20} (r = 0.712, F = 7.405, P = 0.072)$

由于幂函数模型的 P 值大于 0.05,未达到显著水平;而指数函数模型的 P 值小于 0.05,达到显著水平,这说明句容宝华山南京椴种群的存活曲线属于 Deevey Ⅱ 型。因此,统计检验结果表明句容宝华山南京椴种群的存活曲线更趋于 Deevey Ⅱ 型,即表示句容宝华山南京椴种群不同龄级个体的死亡率较为接近。总体来看句容宝华山的南京椴种群随着龄级增大,种群存活率逐渐下降。其中,Ⅰ龄级个体存活率最大,Ⅴ龄级个体存活率最小。

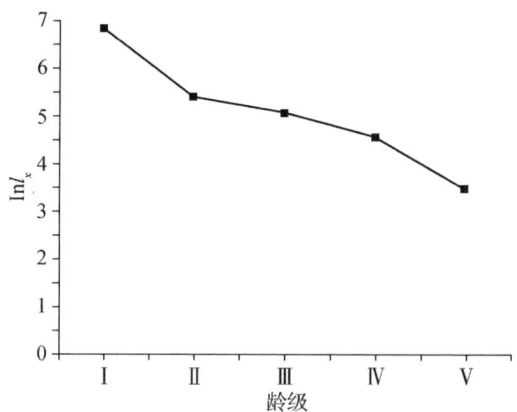

图 6-6　苏州穹窿山南京椴种群的存活曲线

从图 6-6 中的存活曲线来看,苏州穹窿山南京椴种群的存活曲线可能接近于 Deevey Ⅱ 型或 Deevey Ⅲ 型。这里我们采用指数函数和幂函数方程式两种数学模型对苏州穹窿山南京椴种群的存活状况进行检验,运用 SPSS 统计分析软件进行拟合,结果如下:

$N_x = 7.111 e^{-0.37x}$ ($r=0.896, F=25.875, P<0.01$)

$N_x = 7.894 x^{-0.15}$ ($r=0.949, F=55.335, P<0.01$)

由于幂函数模型的相关系数 r 值和 F 值大于指数函数模型的相关系数 r 值和 F 值,并且这两种函数模型的 P 值均小于 0.01,均达到极显著水平。因此可以认为,苏州穹窿山南京椴种群的存活曲线更趋于 Deevey Ⅲ 型,即表示南京椴幼年个体具有较大的死亡率。

总体来看,苏州穹窿山的南京椴种群随着龄级增大,种群存活率逐渐下降。其中,Ⅰ龄级个体存活率最大,Ⅴ龄级个体存活率最小。

比较句容宝华山与苏州穹窿山的南京椴种群的存活曲线(图 6-5,

6-6),可以发现:两地南京椴的存活曲线类型不同,但是其变化趋势较为相似,两者均随着龄级的增加种群存活个体数减少。但与宝华山种群相比,从龄级Ⅰ到龄级Ⅱ,穹窿山南京椴种群的个体降低得更快,这与静态生命表分析所得出的结论相一致。

第二节　省级珍稀濒危树种的群落特征

在野外,珍稀植物通常与其他物种在一定区域有机地组合,并与其一同适应相似的环境条件。因此,分析省级珍稀植物的群落组成与数量特征,不仅可以反映珍稀植物的野外生存现状,而且将有助于揭示其群落的动态变化。

1. 青檀的群落特征

(1) 群落种类组成

在南京紫金山、燕子矶的青檀集中分布的区域设置4个20 m×20 m的乔木层样方,调查总面积达1 600 m²。

结果表明,南京青檀样地中的种子植物共有45科61属70种。按照其植物地理型划分原则进行统计,发现:从科的水平上看,样地中世界广布成分有17科,如榆科(Ulmaceae)、玄参科(Scrophulariaceae)、毛茛科(Ranunculaceae)、兰科(Orchidaceae)等,为该样方统计中分布科属最多的。其次为泛热带分布,有15科,如芸香科(Rutaceae)、无患子科(Sapindaceae)、卫矛科(Celastraceae)等;再次为北温带分布,一共有6科,其中漆树科(Anacardiaceae)、榆科(Ulmaceae)等树种是群落中落叶阔叶林的重要组成成分。从属的水平上看,东亚分布以及北温带分布是统计样方中最多的,分别有12个属,分别是榆属(*Ulmus*)、漆树属(*Rhus*)、蔷薇属(*Rosa*)、荚蒾属(*Viburnum*)等,以及泡桐属(*Paulownia*)、檵木属(*Loropetalum*)、刚竹属(*Phyllostachys*)、栾树属(*Koelreuteria*)等,构成了样方内乔灌的主要组成部分。其次为泛热带分布,共有9属,如花椒属(*Zanthoxylum*)、朴属(*Celtis*)、卫矛属(*Euonymus*)等,大多为灌木。

（2）群落数量特征

根据南京紫金山的1个野外样地调查数据，分别计算南京青檀群落乔木层、灌木层和草本层各物种的重要值。结果见表6-7。

表6-7 南京青檀群落的物种重要值

群落层次	种 名	相对显著度 RD(%)	相对多度 RA(%)	相对频度 RF(%)	重要值 IV(%)
乔木层	朴树 Celtis sinensis	20.90	12.24	8.73	13.96
	女贞 Ligustrum lucidum	11.28	12.80	10.90	11.66
	青檀 Pteroceltis tatarinowii	15.22	7.79	10.90	11.30
	榉树 Zelkova schneideriana	14.02	7.42	6.55	9.33
	野漆树 Toxicodendron succedaneum	8.83	8.91	6.55	8.10
	刺槐 Robinia pseudoacacia	6.61	9.65	8.73	8.33
	黄连木 Pistacia chinensis	8.48	5.94	8.73	7.72
	栓皮栎 Quercus variabilis	3.51	7.98	6.55	6.01
	侧柏 Platycladus orientalis	2.10	6.68	2.18	3.65
	竹叶椒 Zanthoxylum armatum	2.40	5.94	2.18	3.51
	山胡椒 Lindera glauca	3.22	2.41	4.32	3.32
	黄檀 Dalbergia hupeana	1.06	2.6	6.55	3.40
	泡桐 Paulownia fortunei	0.87	2.23	6.55	3.22
	楝 Melia azedarach	0.79	3.15	4.32	2.75
	檵木 Loropetalum chinense	0.52	3.15	2.18	1.95
	短柄枹 Quercus serrata var. Brevipetiolata	0.20	1.11	4.32	1.88
灌木层	白檀 Symplocos paniculata	17.07	19.87	14.33	17.09
	蓬藟 Rubus hirsutus	8.54	22.50	17.91	16.32
	油茶 Camellia oleifera	15.85	14.57	14.33	14.92

(续表)

群落层次	种名	相对显著度 RD(%)	相对多度 RA(%)	相对频度 RF(%)	重要值 IV(%)
灌木层	牡荆 Vitex negundo var. cannabifolia	13.41	12.79	10.75	12.32
	杭子梢 Campylotropis macrocarpa	12.20	10.71	10.75	11.22
	胡颓子 Elaeagnus pungens	13.41	9.30	10.75	11.15
	菝葜 Smilax china	7.32	7.68	14.33	9.77
	小花扁担杆 Grewia biloba var. parviflora	12.20	2.59	7.16	7.32
草本层	求米草 Oplismenus undulatifolius	77.46	15	17.25	36.57
	一年蓬 Erigeron annuus	7.36	20	17.25	14.87
	空心莲子草 Alternanthera philoxeroides	3.69	20	13.80	12.50
	贯众 Cyrtomium fortunei	2.06	15	13.80	10.29
	狗尾草 Setaria viridis	2.59	15	10.35	9.31
	沿阶草 Ophiopogon bodinieri	1.38	10	13.80	8.39
	波斯婆婆纳 Veronica persica	5.46	5	13.80	8.08

根据表6-7,南京青檀群落明显分为3个层:乔木层、灌木层和草本层。青檀乔木层重要值大于10的前3个物种为朴树(13.96)、女贞(11.66)和青檀(11.30)。因此,从乔木层的优势种看,青檀在该区的森林群落中为次优势种。其中,朴树和青檀为落叶阔叶树种,而女贞为常绿阔叶树种,因此这一群落类型应该属于常绿、落叶阔叶林。此外,从表6-7还可以看出,乔木层的物种组成较为丰富,但是优势种较为明显或集中,前3个种的重要值总和为36.92,超过乔木层重要值总和的1/3。

灌木层主要有白檀、蓬蘽、油茶、牡荆、杭子梢、胡颓子等,其中以白檀和蓬蘽种群的重要值较大,分别为17.09和16.32。与乔木层相类似,该区青檀群落的灌木层优势物种也是常绿植物与落叶阔叶植物兼有。但是总体上看,灌木层物种的优势地位并不明显。此外,朴树、女贞、青檀在部分样地的灌木层中重要值较低,可能由于朴树、女贞、青檀幼苗在群落中分布较少。调查中发现灌木层中乔木幼苗与小树占比例较少,这表明该群落可能处于进展演替阶段,植物种类趋于多样化。

草本层主要以求米草为主,重要值为 36.57,其他物种还有一年蓬、波斯婆婆纳、贯众等。草本层群落物种重要值大小分化明显,这可能与青檀群落的郁闭度较高、林下较为阴湿有关。

根据青檀群落的乔、灌、草各层的主要物种的重要值分析,可以看出:① 青檀在乔木层的优势地位并不明显,该群落应该属于常绿、落叶阔叶混交林;② 该区的青檀群落尚处于进展演替之中,群落中的不少种群并不稳定。

2. 榉树的群落特征

(1) 群落种类组成

榉树为中等喜光树种,喜温暖气候和湿润肥沃土壤,在微酸性、中性、石灰质土及轻度盐碱土上均能生长。在干燥瘠薄山地上生长不良。榉树深根性,侧根扩张,抗风力强,树冠大,落叶量多,有改良土壤之效。为了反映榉树的种类组成与群落结构,我们选择句容茅山李塔村榉树极小种群保护区为调查地点,分别设置 5 个 20 m×20 m 的乔木层调查样方,总面积 2 000 m^2。

调查结果表明,该区榉树群落中维管植物有 102 种,隶属于 48 科 86 属,其中蕨类植物 3 科 4 属 5 种,无裸子植物,被子植物 45 科 82 属 97 种。被子植物中单子叶植物 5 科 11 属 14 种,双子叶植物 40 科 71 属 83 种。含属种较多的类群有:唇形科(Labiatae)6 属 7 种、桑科(Moraceae)4 属 4 种、禾本科(Poaceae)5 属 6 种、芸香科(Rutaceae)4 属 4 种、百合科(Liliaceae)3 属 4 种、豆科(Leguminosae)4 属 4 种、蔷薇科(Rosaceae)3 属 6 种、菊科(Asteraceae)4 属 4 种、马鞭草科(Verbenaceae)3 属 3 种、榆科(Ulmaceae)3 属 3 种、樟科(Lauraceae)2 属 3 种、葡萄科(Vitaceae)2 属 2 种、忍冬科(Caprifoliaceae)2 属 2 种和槭树科(Aceraceae)1 属 2 种。含 2~3 属的有 13 科,含 1 属的有 27 科。因此,句容茅山李塔村榉树群落的种类组成较为丰富,并且单种属的比例较高。

(2) 群落数量特征

根据句容茅山李塔村的1个野外样地调查数据，分别计算该区榉树群落乔木层、灌木层和草本层各物种的重要值。结果见表6-8。

表6-8 句容茅山李塔村榉树群落的物种重要值

群落层次	种 名	相对显著度 RD(%)	相对多度 RA(%)	相对频度 RF(%)	重要值 IV(%)
乔木层	榉树 *Zelkova schneideriana*	80.58	35.60	12.20	42.79
	朴树 *Celtis sinensis*	4.62	12.65	12.20	9.82
	牛鼻栓 *Fortunearia sinensis*	1.08	9.70	4.88	5.22
	毛竹 *Phyllostachys edulis*	1.69	6.18	4.88	4.25
	牡荆 *Vitex negundo* var. *cannabifolia*	2.20	3.23	7.32	4.25
	黄连木 *Pistacia chinensis*	0.04	3.53	7.32	3.63
	女贞 *Ligustrum lucidum*	0.39	3.23	7.32	3.65
	短柄枹 *Quercus serrata* var. *brevipetiolata*	0.02	2.35	7.32	3.23
	冬青 *Ilex chinensis*	4.82	2.94	2.43	3.40
	早竹 *Phyllostachys violascens*	0.55	4.41	2.43	2.46
	老鸦柿 *Diospyros rhombifolia*	0.02	2.35	4.88	2.42
	泡桐 *Paulownia fortunei*	3.64	2.06	2.43	2.71
	刺楸 *Kalopanax septemlobus*	0.26	1.76	4.88	2.30
	小蜡 *Ligustrum sinense*	0.02	1.18	4.88	2.03
	其余6种	0.08	8.82	14.63	7.85
灌木层	八角枫 *Alangium chinense*	12.94	24.63	11.43	16.33
	白檀 *Symplocos paniculata*	11.51	11.39	11.43	11.44
	老鸦柿 *Diospyros rhombifolia*	10.08	10.11	11.43	10.54
	茶条槭 *Acer ginnala*	9.35	9.56	11.43	10.11
	牛鼻栓 *Fortunearia sinensis*	12.23	7.72	8.57	9.51
	山胡椒 *Lindera glauca*	10.79	8.45	8.57	9.27

(续表)

群落层次	种　名	相对显著度 RD(%)	相对多度 RA(%)	相对频度 RF(%)	重要值 IV(%)
灌木层	牡荆 Vitex negundo var. cannabifolia	7.20	6.99	11.43	8.54
	高粱泡 Rubus lambertianu	7.91	7.53	8.57	8.01
	海州常山 Clerodendrum trichotomum	6.48	6.44	8.57	7.16
	短柄枹 Quercus serrata var. brevipetiolata	5.76	4.05	5.72	5.18
	拔葜 Smilax china	5.76	3.13	2.85	3.91
	蓬蘽 Rubus hirsutus	2.66	3.37	5.41	3.81
草本层	求米草 Oplismenus undulatifolius	84.03	13.22	17.86	38.37
	海金沙 Lygodium japonicum	2.61	35.24	14.29	17.38
	牛膝 Achyranthes bidentata	5.22	17.62	14.29	12.38
	络石 Trachelospermum jasminoides	3.87	4.41	17.86	8.71
	沿阶草 Ophiopogon bodinieri	1.83	8.81	14.29	8.31
	白苏 Perilla frutescens	1.46	11.01	10.71	7.73
	麦冬 Ophiopogon japonicus	0.98	9.69	10.71	7.13

根据表6-8,句容茅山榉树群落明显分为3层:乔木层、灌木层和草本层。

榉树乔木层中重要值最大的物种为榉树,为42.79。由此可以明显看出,榉树在群落乔木层中占据绝对的优势地位。这主要因为:所调查样地中的榉树个体数量较多,并且其中不少个体为成年大树,其DBH较大。如该区样地中共记录榉树植株121株,植株密度达600株/hm^2。此外,从表6-8还可以看出,该区榉树群落的乔木层种类组成较为丰富,常绿树种如女贞的重要值较低,为3.65,因此该群落属于落叶阔叶林。

灌木层主要有八角枫、白檀、老鸦柿、茶条槭、牛鼻栓等,其中以八角枫的种群数量较大,相对多度为24.63,其重要值为16.33。其次,白檀、老鸦柿、牛鼻栓等在灌木层的重要值也较高,这与它们在群落中出现的频率较高、数量较多有关。总体上看,该区灌木层的种类组成较为丰富,乔木物种与灌木物种混杂出现,这可能表明其群落具有一定的次生性,处于进展演替之中。

草本层多为禾本科(Gramineae)植物居多,主要种类有求米草、牛膝、络石、海金沙等。其中,求米草的重要值最大,为 38.37,其群落优势地位明显。总体上看,草本层植物的种类数量不多,反映出榉树所处群落的郁闭度较高,林下透光性相对较差。

总之,根据该区榉树群落的乔、灌、草 3 层主要物种的重要值分析,可以发现榉树在群落中的作用与地位明显,该群落属于落叶阔叶林。

3. 香樟的群落特征

(1) 群落种类组成

在苏州西山风景区缥缈村香樟集中分布的区域设置 4 个 20 m×20 m 的乔木层样方,调查总面积达 1 600 m²。

调查结果表明,苏州西山岛香樟样地中的维管植物共有 16 科 18 属 21 种。其中,蕨类植物 2 科 2 属 2 种,即铁芒萁(*Dicranopteris dichotoma*)和贯众(*Cyrtomium fortunei*),均为亚热带分布;裸子植物 1 科 1 属 1 种,即马尾松(*Pinus massoniana*);被子植物有 13 科 15 属 18 种。因此,该区的香樟群落的种类组成较为简单。这可能与该区的香樟林为次生性质的萌生林有关。

(2) 群落数量特征

根据苏州西山岛的野外样地调查数据,分别计算该区香樟群落乔木层、灌木层和草本层各物种的重要值。结果见表 6-9。

表 6-9 苏州西山岛香樟群落的物种重要值

群落层次	种 名	相对显著度 RD(%)	相对多度 RA(%)	相对频度 RF(%)	重要值 IV(%)
乔木层	香樟 *Cinnamomum camphora*	76.26	73.21	36.36	61.95
	四川山矾 *Symplocos setchuensis*	2.70	8.93	18.18	9.94

(续表)

群落层次	种 名	相对显著度 RD(%)	相对多度 RA(%)	相对频度 RF(%)	重要值 IV(%)
乔木层	木蜡树 Toxicodendron sylvestre	1.62	5.36	9.09	5.36
	马尾松 Pinus massoniana	11.99	3.57	9.09	8.22
	檵木 Loropetalum chinense	0.96	3.57	9.09	4.54
	黄檀 Dalbergia hupeana	4.32	3.57	9.09	5.66
	枫香 Liquidambar formosana	2.16	1.79	9.09	4.34
灌木层	香樟 Cinnamomum camphora	30.54	35.29	28.57	31.47
	蓬蘽 Rubus hirsutus	16.77	11.76	14.29	14.27
	菝葜 Smilax china	8.38	11.76	14.29	11.48
	柃木 Camellia japonica	10.78	11.76	7.14	9.90
	四川山矾 Symplocos setchuensis	15.57	5.88	7.14	9.53
	海州常山 Clerodendrum trichotomum	5.99	5.88	7.14	6.34
	胡颓子 Elaeagnus pungens	4.79	5.88	7.14	5.94
	檵木 Loropetalum chinense	3.59	5.88	7.14	5.54
	豆腐柴 Premna microphylla	3.59	5.88	7.14	5.54
草本层	黄毛耳草 Hedyotis chrysotricha	52.82	3.70	28.57	28.36
	绿叶胡枝子 Lespedeza buergeri	4.80	18.52	14.29	12.54
	铁芒萁 Dicranopteris dichotoma	11.06	11.11	14.29	12.15
	贯众 Cyrtomium fortunei	8.35	18.52	7.14	11.34
	香樟 Cinnamomum camphora	10.44	14.81	7.14	10.80
	野葛 Pueraria montana var. lobata	4.18	11.11	7.14	7.48
	茶 Camellia sinensis	2.09	11.11	7.14	6.78
	金线吊乌龟 Stephania cephalantha	4.18	7.41	7.14	6.24
	乌蔹莓 Cayratia japonica	2.09	3.70	7.14	4.31

根据表 6-9,苏州香樟群落可以大体分为 3 个层次:乔木层、灌木层和草本层。但是在野外调查过程中发现,该区香樟群落的分层不太明显,特别是沿山脊线分布的群落。

香樟群落乔木层中重要值最大的为香樟,为 61.95,因此香樟在群落中占据绝对的优势地位。这主要是由于所调查的群落为香樟萌生林,群落中香樟的株数较多。值得注意的是,在香樟群落中也有少量的落叶阔叶树种如黄檀(*Dalbergia hupeana*),或者常绿针叶树种如马尾松(*Pinus massoniana*),这可能因为:① 该区的香樟群落存在一定的人为干扰;② 该区分布的香樟群落主要为幼年林,样地中最大香樟个体的 DBH 为 48.09 cm,多数个体的 DBH 介于 10~15 cm。

灌木层主要有香樟、蓬藟(*Rubus hirsutus*)、菝葜(*Smilax china*)、柃木(*Camellia japonica*)、四川山矾(*Symplocos setchuensis*)等,其中以香樟的重要值最大,为 31.47。与乔木层相类似,该区香樟群落的灌木物种中以常绿植物为主,但是也有少量落叶阔叶植物。由于林中香樟密度较大,萌枝较多,林中不少个体在灌木层高度的分枝因为光照不足而枯死,因此有的灌木层与乔木层的分层不太明显。

草本层植物稀疏,种类组成简单。调查中发现草本植物主要见于林缘,如黄毛耳草(*Hedyotis chrysotricha*),而林下草本极少,如铁芒萁(*Dicranopteris dichotoma*)。总体看来,草本层植物既有木本、草本,也有藤本植物;既有蕨类植物种类,也有草本双子叶植物。

根据香樟群落的乔、灌、草各层的主要物种的重要值分析,可以看出:① 香樟在乔木层的优势地位突出,香樟的萌生性质明显,该群落应该属于常绿阔叶林;② 香樟群落中,香樟的个体密度较大,在乔木、灌木和草本层中均有分布,目前更新良好;③ 近年来,该区的香樟群落受到人为的影响,分布面积急剧减少,主要表现为人为砍伐或破坏后土地被开垦为果园或茶园。

4. 红楠的群落特征

(1) 群落种类组成

红楠稍耐荫,多生于湿润阴坡、山谷和溪边,喜中性、微酸性而多腐殖质的土壤,也能在瘠地上生长,常和壳斗科和樟科常绿树混生。为了揭示红楠群落的种类组成与群落结构,我们在宜兴龙池山和连云港云台山共选择5个 20 m×20 m 的乔木层调查样方,总面积达 2 000 m²。

统计结果表明,红楠群落中共有维管植物76科142属172种,其中蕨类植物11科17属19种,出现频度较高的有狗脊(Woodwardia japonica)、金星蕨(Parathelypteris glanduligera)、井栏边草(Pteris multifida)、黑足鳞毛蕨(Dryopteris fuscipes)等。单子叶植物9科17属22种,主要有沿阶草(Ophiopogon bodinieri)、青绿苔草(Carex brunnea)、菝葜属(Smilax sp.)植物等,它们共同构成了草本层的优势种。双子叶植物种类最多,有56科108属131种,主要有青冈(Cyclobalanopsis glauca)、枫香(Liquidambar formosana)、红楠(Machilus thunbergii)等树种。因此,在所调查的红楠群落中,乔木层、灌木层和草本层的层次分明、种类丰富。

(2) 群落数量特征

根据宜兴龙池山的野外样地调查数据,分别计算该区红楠群落乔木层、灌木层和草本层各物种的重要值。结果见表6-10。

表6-10 宜兴龙池山红楠群落的物种重要值

群落层次	种 名	相对显著度 RD(%)	相对多度 RA(%)	相对频度 RF(%)	重要值 IV(%)
乔木层	青冈 Cyclobalanopsis glauca	23.16	7.02	27.79	19.32
	红楠 Machilus thunbergii	9.44	8.77	9.88	9.36
	米槠 Castanopsis carlesii	7.72	7.02	11.98	8.91
	栓皮栎 Quercus variabilis	3.44	8.77	12.87	8.36

（续表）

群落层次	种 名	相对显著度 RD(%)	相对多度 RA(%)	相对频度 RF(%)	重要值 IV(%)
乔木层	枫香 Liquidamba formosana	3.87	7.02	13.50	8.13
	油茶 Camellia oleifera	9.01	7.02	0.67	5.57
	蓝果树 Nyssa sinensis	3.44	7.02	4.32	4.92
	冬青 Ilex chinensis	3.44	5.27	3.83	4.18
	光亮山矾 Symplocos lucida	6.01	5.27	1.16	4.15
	野茉莉 Styrax japonicus	9.44	1.75	0.69	3.96
	麻栎 Quercus acutissima	2.57	7.02	0.41	3.33
	肥皂荚 Gymnocladus chinensis	1.71	3.52	4.07	3.10
	杨桐 Adinandra japonica	2.57	5.27	1.04	2.96
	木蜡树 Toxicodendron sylvestre	1.29	5.27	1.72	2.76
	薄叶润楠 Machilus leptophylla	2.14	3.52	2.03	2.56
	黄檀 Dalbergia hupeana	1.71	5.27	0.09	2.36
	板栗 Castanea mollissima	1.29	1.75	3.51	2.18
	毛叶山樱花 Cerasus serrulata var. pubescens	3.87	1.75	0.28	1.97
	苦枥木 Fraxinus insularis	3.87	1.75	0.13	1.92
灌木层	米槠 Castanopsis carlesii	24.89	10.26	35.03	23.39
	虎刺 Damnacanthus indicus	35.06	10.26	20.32	21.88
	崖花海桐 Pittosporum illicioides	6.24	10.26	11.36	9.29
	石栎 Lithocarpus glaber	7.65	10.26	8.23	8.71
	油茶 Camellia oleifera	6.94	10.26	3.45	6.88
	杨桐 Adinandra japonica	6.03	10.26	3.99	6.76
	四川山矾 Symplocos setchuensis	4.14	10.26	5.14	6.51
	青冈 Cyclobalanopsis glauca	3.51	10.26	4.07	5.94
	梧桐 Firmiana platanifolia	3.01	7.69	5.49	5.40
	小叶女贞 Ligustrum quihoui	2.52	10.26	2.92	5.23

(续表)

群落层次	种 名	相对显著度 RD(%)	相对多度 RA(%)	相对频度 RF(%)	重要值 IV(%)
草本层	络石 Trachelospermum jasminoides	7.99	11.78	33.13	17.64
	青绿苔草 Carex breviculmis	29.89	8.81	10.31	16.34
	狗脊 Woodwardia japonica	12.23	11.78	8.44	10.82
	牛膝 Achyranthes bidentata	15.85	8.81	4.69	9.78
	沿阶草 Ophiopogon bodinieri	4.98	11.78	6.87	7.88
	淡竹叶 Lophatherum gracile	5.43	8.81	7.50	7.25
	金星蕨 Parathelypteriss glanduligera	3.62	11.78	3.74	6.38
	求米草 Oplismenus undulatifolius	3.77	5.88	7.82	5.82
	黑足鳞毛蕨 Dryopteris fuscipes	3.33	8.81	3.44	5.19
	虎杖 Reynoutria japonica	5.89	5.88	1.87	4.55
	贯众 Cyrtomium fortunei	4.75	2.94	2.81	3.50
	其余6种	2.26	2.94	9.37	4.86

从表6-10可以看出，宜兴龙池山红楠群落乔木层的种类组成较为丰富。重要值大于8的物种主要有青冈、红楠、米槠、栓皮栎、枫香，其中青冈的重要值最大，为19.32，为群落中乔木层的优势种；红楠的重要值次之，为9.36，为群落中乔木层的次优势种。从乔木层的种类组成看，常绿物种的重要值明显大于落叶树种。因此，该群落应该属于中亚热带常绿阔叶林，群落中的青冈(*Cyclobalanopsis glauca*)、红楠(*Machilus thunbergii*)、米槠(*Castanopsis carlesii*)等常绿树种均为常绿阔叶林中的常见代表种类或优势种类。但由于该区地处中亚热带北缘，群落中也含有少量落叶阔叶树种。值得一提的是，在所调查的红楠群落中，与青冈相比，红楠的优势地位并不显著，这可能因为：① 青冈的生态适应性更广。与红楠相比，青冈的耐寒性更强；② 在野外调查过程中发现，宜兴地区近年来有少数村民上山偷采盗挖红楠植株。

灌木层的主要种类有米槠(*Castanopsis carlesii*)、虎刺(*Damnacanthus*

indicus)、崖花海桐(*Pittosporum illicioides*)、石栎(*Lithocarpus glaber*)等。其中,米槠和虎刺的重要值较大,分别为23.39和21.88,反映出这两种植物在群落的灌木层中占据着重要地位。所调查红楠样地灌木层中的植物绝大多数为常绿阔叶树种,但在灌木层中极少见到红楠的幼树。

草本层的植物种类较为丰富。从重要值看,其中以络石(*Trachelospermum jasminoides*)最大,为17.64;青绿苔草(*Carex breviculmis*)其次,为16.34;再次为狗脊、牛膝、沿阶草、淡竹叶、金星蕨等。总体上看,群落中草本层各物种重要值大小分化不明显;蕨类植物在草本层占据极其重要的地位,如金星蕨、黑足鳞毛蕨、贯众等较为常见。此外,与灌木层植物相同的是,在草本层中也很少见到红楠幼苗,这可能不利于今后该区红楠种群的更新与繁衍。

5. 南京椴的群落特征

(1) 群落种类组成

南京椴喜温暖湿润的气候,适应能力强,耐干旱瘠薄,对土壤有改良作用。野生的南京椴常分布在山谷、山凹处或者沿溪流两侧生长。根据此次野外调查结果,我们选择南京椴分布相对集中的句容宝华山和苏州穹窿山为调查地点,分别设置4个20 m×20 m的乔木层调查样方,总面积达1 600 m^2。

统计结果表明,南京椴群落中共有维管植物44科74属85种,其中蕨类植物1科1属1种,即贯众(*Cyrtomium fortunei*)。单子叶植物5科8属9种,主要有毛竹(*Phyllostachys edulis*)、沿阶草(*Ophiopogon bodinieri*)、青绿苔草(*Carex breviculmis*)、菝葜(*Smilax china*)植物等。双子叶植物最多,有38科65属75种,主要有南京椴(*Tilia miqueliana*)、榉树(*Zelkova schneideriana*)、糯米椴(*Tilia henryana* var. *subglabra*)、黄连木(*Pistacia chinensis*)、建始槭(*Acer henryi*)等树种。因此,南京椴群落的植物种类组成,从分类群看,主要以被子植物为主,而蕨类植物较少。

(2) 群落数量特征

由于苏州穹窿山的南京椴调查样地紧邻景区苏武苑附近的木质栈道,因此旅游活动可能对南京椴群落的分布存在一定的影响。这里根据句容宝华山的野外样地调查数据,分别计算该区南京椴群落乔木层、灌木层和草本层各物种的重要值。结果见表 6-11。

表 6-11 句容宝华山南京椴群落的物种重要值

群落层次	种 名	相对显著度 RD(%)	相对多度 RA(%)	相对频度 RF(%)	重要值 IV(%)
乔木层	南京椴 Tilia miqueliana	36.32	21.07	23.27	26.89
	毛竹 Phyllostachys edulis	10.12	10.54	11.63	10.76
	建始槭 Acer henryi	7.15	10.54	11.63	9.77
	黄连木 Pistacia chinensis	4.76	10.54	11.63	8.98
	女贞 Ligustrum lucidum	4.16	10.54	11.63	8.78
	野茉莉 Styrax japonicus	13.10	5.26	5.80	8.05
	榉树 Zelkova schneideriana	5.96	5.26	5.80	5.67
	苦枥木 Fraxinus insularis	5.35	5.26	5.80	5.47
	毛叶山樱花 Cerasus serrulata var. pubescens	5.35	5.26	5.80	5.47
	糙叶树 Aphananthe aspera	4.16	5.26	5.80	5.07
	糯米椴 Tilia henryana var. subglabra	1.78	5.26	5.80	4.28
	板栗 Castanea mollissima	1.78	5.26	5.80	4.28
灌木层	枸骨 Ilex cornuta	13.80	10.52	14.25	12.86
	大青 Clerodendrum cyrtophyllum	13.80	5.27	15.87	11.65
	蓬蘽 Rubus hirsutus	14.65	10.52	8.80	11.33
	高粱泡 Rubus lambertianus	9.48	10.52	12.14	10.72
	毛竹 Phyllostachys edulis	7.75	10.52	9.42	9.23
	紫楠 Phoebe sheareri	6.90	10.52	6.56	7.99
	卫矛 Euonymus alatus	6.90	10.52	4.21	7.21
	臭椿 Ailanthus altissima	4.30	10.52	5.83	6.89

（续表）

群落层次	种　名	相对显著度 RD(%)	相对多度 RA(%)	相对频度 RF(%)	重要值 IV(%)
灌木层	茶条槭 Acer ginnala	6.03	5.27	7.80	6.37
	青冈 Cyclobalanopsis glauca	3.45	10.52	3.97	5.98
	其余6种	12.93	5.27	11.15	9.78
草本层	络石 Trachelospermum jasminoides	23.53	53.25	34.74	37.17
	艾蒿 Artemisia argyi	11.76	8.16	20.68	13.53
	明党参 Changium smyrnioides	11.76	2.72	14.69	9.73
	山麦冬 Liriope spicata	17.65	3.81	5.27	8.91
	青绿苔草 Carex breviculmis	5.88	8.16	9.31	7.78
	蛇莓 Duchesnea indica	5.88	10.87	6.21	7.65
	玉竹 Polygonatum odoratum	17.65	2.17	2.90	7.57
	其余6种	5.88	10.87	6.21	7.65

根据表6-11，句容南京椴群落明显分为3个层：乔木层、灌木层和草本层。南京椴乔木层重要值大于10的2个物种为南京椴（26.89）、毛竹（10.76）。因此，从乔木层的优势种看，南京椴在该区的森林群落中为优势种，占绝对优势地位。其次，建始槭（Acer henryi）、黄连木（Pistacia chinensis）、野茉莉（Styrax japonicus）等落叶树种的重要值也较高，它们是落叶阔叶林中的常见种类。此外，该区南京椴群落尽管以落叶阔叶树为主，但也含有极少的常绿成分，如女贞（8.78），这反映出该区的植被类型具有一定的过渡性。

灌木层物种组成较为丰富，但物种的优势地位并不明显，如枸骨（Ilex cornuta）、大青（Clerodendrum cyrtophyllum）、蓬藁（Rubus hirsutus）、高粱泡（Rubus lambertianus）的重要值均大于10。另外，常绿植物紫楠和青冈也经常出现，调查中还发现灌木层中乔木幼苗与小树占有较大比例，这表明该群落很可能正处于进展演替之中。

草本层以络石（Trachelospermum jasminoides）为主，重要值为37.17，其

次为艾蒿（*Artemisia argyi*），重要值为 13.53。此外，其他常见的植物还有明党参、山麦冬、青绿苔草、蛇莓等物种。总体上看，草本层物种组成较丰富，这可能与该群落靠近沟谷地带，林下较为阴湿有关。

根据南京椴群落的乔、灌、草各层的主要物种的重要值分析，可以看出：① 南京椴在乔木层的优势地位明显，该群落应该属于含有少量常绿树种的落叶阔叶林；② 该区的南京椴群落尚处于进展演替之中，群落中的不少种群并不稳定；③ 群落乔木层中毛竹的重要值仅次于南京椴，而且灌木层和草本层中很少见到南京椴的幼树或幼苗，因此应该注意毛竹在阔叶林中的进一步扩展。

第七章 人工培植植物资源状况

在江苏第二次调查的 27 种目的物种中,不少植物为国家级重点保护物种,如金钱松、银缕梅、香果树和宝华玉兰等;有些为省级地方性特色保护物种,如南京柳、南京椴、红果榆等。在实际的生产活动中,我省分布的这些野生植物种群很少被直接利用。根据野外调查,目前我省在生产实践中实际利用的植物资源主要为人工培植植物。其实,人工培植不仅是对重点保护植物进行资源开发利用的主要手段,而且还是实现珍稀濒危植物迁地保护的重要途径之一。

因此,本章主要参照国家林业总局的调查规范(参见附录Ⅰ表 3 和 4),对我省 2014 年的人工培植资源进行调查,并简要分析江苏境内目前的栽培植物种类、栽培规模、栽培目的,以及主要栽培植物的情况等。

第一节 栽培种类

根据国家林业总局的要求以及结合江苏的实际情况,由全省 13 个地级市对各省辖市内的区县野保站及乡镇林业站的相关技术人员进行培训,然后通过实地调查与资料查阅填写"目的物种人工培植状况调查表"(即附录Ⅰ表 3)和"野生植物人工培植单位调查统计表"(即附录Ⅰ表 4),再由各县(区)上报给省林业局。

根据江苏的人工培植栽培调查表的统计,本省目前人工栽培的植物种类较为丰富,共计有 21 科 37 属 49 种(包括亚种、变种和变型)(表 7-1)。其中,裸子植物 4 科 5 属 6 种,双子叶植物有 14 科 19 属 24 种,单子叶植物有 3 科

13属19种。可见,江苏目前人工栽培的植物资源主要以被子植物为主。在这21科植物中,栽培植物种类最多的科为兰科(Orchidaceae),含有17种,占所有栽培植物种数的34.69%。种类最多的属为兰属(Cymbidium),含有5种。究其原因,这可能主要因为兰科植物(即通常所说的兰花)观赏性强,深受人们的喜爱,并且具有较高的经济价值。

表7-1 江苏人工栽培植物种类统计

分类等级	裸子植物门	被子植物门			合计
		双子叶植物纲	单子叶植物纲	小计	
科	4	14	3	17	21
属	5	19	13	32	37
种	6	24	19	43	49

在这些植物中,我省有自然分布的物种仅23种,隶属于12科18属,而其余26种均为外来引种植物。而且,我省有自然分布的这23种植物中,大多数物种栽培地点较单一,栽培规模偏小。因此,尽管我省栽培的植物种类较为丰富,但是本地物种明显偏少。

在我省栽培的49种植物中,除华东楠(*Machilus leptophylla*)、翅荚香槐(*Cladrastis platycarpa*)、椿叶花椒(*Zanthoxylum ailanthoides*)、短穗竹(*Semiarundinaria densiflora*)、蜈蚣兰(*Cleisostoma scolopendrifolium*)和长须阔蕊兰(*Peristylus calcaratus*)6种植物没有栽培外,其余21个江苏第二次重点保护野生植物资源调查物种均有不同数量的栽培。这些物种主要存在于我省的植物园、树木园、苗木与花卉中心或者林场,这些场所的人工培植不仅促进了我省植物资源的开发利用,而且作为迁地保护形式也有力地缓解了野生植物种群的保护压力。

从栽培植物的地区分布看,我省的不同省辖市所栽培的植物种类存在较大的差异(表7-2)。栽培植物种类最多的为南京市,有27种;其次为无锡市,有19种;而南通市种类仅有1种,盐城市最少,未见栽培种。这可能不仅与气候、土壤等自然地理条件相关,也与当地的经济发展、园林绿化、植物保护等多方面因素有着密切的联系。

表 7-2 江苏 13 个省辖市人工栽培植物种类统计

省辖市	分类群			国家级保护种
	科	属	种	
南京市	15	23	27	7
无锡市	10	16	19	6
徐州市	6	8	8	4
常州市	6	8	9	4
苏州市	4	6	6	3
南通市	1	1	1	0
连云港市	6	9	10	2
淮安市	4	4	4	3
盐城市	0	0	0	0
扬州市	5	5	5	4
镇江市	8	8	8	5
泰州市	6	7	11	3
宿迁市	8	10	10	4
合计*	21	37	49	10

*注："合计"指江苏省的栽培植物科数、属数、种数以及国家级保护植物的数目；"国家级保护种"根据 1999 年《国家重点保护野生植物名录（第一批）》。

第二节 栽培规模

据不完全统计，江苏 13 个省辖市栽培植物的总面积为 61 106.47 hm^2（表 7-3）。其中，栽培植物面积最大的省辖市为泰州市，为 44 513.00 hm^2；其次为宿迁市，为 5 700.60 hm^2；再次为连云港市，为 5 164.41 hm^2。江苏 13 个省辖市栽培植物的年产值为 80 147.55 万元。其中，排在前三位的分别为无锡市、扬州市和连云港市，分别为 19 659.43 万元、13 348.00 万元、11 285.03 万元。可见,江苏不同省辖市的人工培植植物的栽培面积、年产值存在较大的差异;未发现各市栽培植物的栽培面积与年产值存在相关性。这可能主要因为在所栽培的植物中,相当多的植物主要栽培目的为获得经济效益(见附录Ⅰ表3),而且所栽培的植物中有不少为室内栽培的草本植物,如兰科植物。

表7-3 江苏13个省辖市人工栽培植物种类统计

物种栽培地	面积(公顷)	株数(万株)	年产值(万元)
南京市	0.00	0.026	0.00
盐城市	0.00	0.00	0.00
徐州市	25.83	40.046	0.00
南通市	127.00	201.00	0.00
淮安市	158.01	1 175.07	10 200.00
常州市	239.83	259.22	5 242.00
苏州市	486.44	1 769.82	1 561.19
扬州市	1 113.57	192.26	13 348.00
镇江市	1 645.50	1 916.56	10 657.50
无锡市	1 932.28	3 991.09	19 659.43
连云港市	5 164.41	213.28	11 285.03
宿迁市	5 700.60	165.46	0.00
泰州市	44 513.00	2 470.48	8 194.40
总计	61 106.47	12 394.30	80 147.55

第三节 栽培目的

根据人工培植植物的调查结果(附录Ⅰ表3),江苏栽培植物的主要目的可以归纳为以下3类:

(1) 经济效益栽培

主要通过材用、药用、观赏、绿化、果品等利用形式以期获取经济利益,这也是我省重点保护植物栽培的主要目的之一。

以材用为例,我省栽培面积较大的植物有大叶榉树($Zelkova\ schneideriana$)、榉树($Z.\ serrata$)、香樟、金钱松、红楠等(表7-4)。其中,榉树的栽培面积最大,为5 564.49 hm^2;香樟的栽培面积其次,为3 318.18 hm^2;再次为大叶榉树,其栽培面积为2 930.32 hm^2。就年产值而言,这6种植物中,以大叶榉树最高,有2 500余万株,每年产值达139 840万元。就分布的城市而言,榉树、香樟和大叶榉树这3种植物在江苏省内均有着广泛的分布。

表7-4 江苏主要用材类栽培物种与栽培规模

物 种	面积（公顷）	株数（万株）	年产值（万元）	统计的省辖市
金钱松	2.68	4.09	2.50	连云港市、南京市、无锡市、宿迁市、徐州市、镇江市、常州市
香樟	3 318.18	221.71	13 523.80	常州市、淮安市、连云港市、南京市、无锡市、扬州市、苏州市、镇江市、徐州市
大叶榉树	2 930.32	2 529.05	13 984.00	常州市、淮安市、南京市、南通市、镇江市、扬州市、徐州市、宿迁市、泰州市、苏州市
榉树	5 564.49	387.33	11 035.00	常州市、南京市、南通市、宿迁市、无锡市、泰州市、连云港市、苏州市
中山杉	6.00	6.50	500.00	常州市
红楠	1 947.00	2 306.67	1 487.40	南京市、泰州市
总计	13 768.67	5 455.35	40 532.70	

(2) 迁地保护栽培

迁地保护也称易地保护,是野生植物种植资源保护的有效手段,是对就地保护的有益补充。迁地保护植物具有个体数量少、面积小、经营管理细致、时间较久等特点(马福和张建龙,2009)。根据野外调查,江苏境内栽培植物的迁地保护地点主要为植物园、树木园、科研机构、林场以及自然保护区等。以南京中山植物园为例,该园目前就保存有此次所调查27种目的物种的19种之多,占所调查目标物种总数的73.08%。

(3) 生态效益栽培

江苏境内地貌类型复杂多样,具有低山丘陵、岗地、平原、海岸、滩涂、河流、湖泊等多种生态地理类型,因此既适合多种野生植物生长,也有利于植物的人工栽培繁殖。据不完全统计,江苏境内的栽培植物中,至少有10余种目标物种已经广泛栽培于各类公园、绿地、街道、广场等公共绿地,或房前屋后、道路两旁、河畔堤岸等生产建设用地周围,它们在美化、绿化生态环境,促进城乡生态文明建设,提高群众文化素质等方面均发挥了不可低估的作用。如香樟在我省的南部地区栽培范围较为广泛,而大叶榉树在我省苏北地区多有栽培。

需要指出的是,有些目标物种植物在我省的栽培目的可能有多种,如金钱松不仅可以作为观赏树木栽种,在宜溧山地的一些林场也被作为材用树种进行栽培。

第八章　江苏珍稀濒危植物保护与管理实践

通过历时5年的第二次野生植物资源调查，目前我们已经基本查清了27种目标调查物种在江苏境内的分布现状、种群数量以及人工培植情况，这为我省今后珍稀濒危植物的保护与管理提供了宝贵的第一手资料。为了总结过去十年的珍稀植物保护经验，更好地促进我省野生植物资源保护事业的健康发展，这里我们首先根据野外实际生态调查数据，并采用IUCN红色名录的新近标准对这20余种目标物种的濒危现状与濒危等级进行地区水平上的评估，在此基础上分析并找出其野外主要致濒因子。其次，对这些物种的野外保护现状进行归纳分析，并与第一次重点保护野生植物调查的主要结果进行对比，以了解我省野生植物资源及生境状况的动态变化。最后，简要剖析江苏在经济快速发展的同时，珍稀植物保护所面临的重大挑战，并提出相应的野生植物保护策略。

第一节　江苏珍稀植物的濒危现状与濒危等级

根据江苏省第二次野生植物资源调查结果，27种目标植物中除南京柳（*Salix nankingensis*）、大果榉（*Zelkova sinica*）、独花兰（*Changnienia amoena*）和长须阔蕊兰（*Peristylus calcaratus*）未见野生分布外，其余23种植物目前在我省均有野生分布。这里采用IUCN红色名录2003年（3.1版本）地区水平上的评估标准，对我省的所有目标调查物种以及地理新分布树种椿叶花椒（*Zanthoxylum ailanthoides*）进行评估。

1. 濒危等级的确定

作为国际《生物多样性公约》和《濒危野生动植物种国际贸易公约》的最早

缔约国之一,我国一直重视生物多样性和珍稀濒危物种的保护(张光富,2007)。概括而言,改革开放以来我国的珍稀濒危植物评估大致可以划分为以下 4 个不同的阶段,每个阶段都有其代表性著作或者标准问世。

(1) 早在 1984 年,国务院环境保护委员会就公布了我国第一批珍稀濒危保护植物,共计 354 种。此后,1987 年出版了《中国珍稀濒危保护植物名录》(第一册),包括蕨类植物 13 种,裸子植物 71 种,被子植物 305 种,共计 389 种。这一标准在我国得到了较早的应用。

(2) 为了加强我国的植物保护工作,20 世纪 80 年代在原国务院环保领导小组办公室和中国科学院植物研究所的主持下,组织召开了全国有关单位参加的中国植物红皮书编写会议,并正式成立编辑组。1991 年,《中国植物红皮书》(第一册)正式出版。随后,该书的英文版(*China Plant Red Data Book-Rare and Endangered Plants* Vol. 1)问世。全书从我国 30 000 多种植物中共列出 388 种,对每种植物的分布现状、生态学和生物学特征、种群数量和濒危原因进行阐述,并且附有地理分布图和植物形态图。《中国植物红皮书》(第一册)(傅立国,1991)根据珍稀濒危植物在自然界中可能绝灭的危险程度将其分为 3 类:

(ⅰ) 濒危,即临危(endangered)的种类,是指那些在其整个分布区域或分布区域的重要部分,处于有绝灭危险中的分类单位。这些植物的居群不多,植株稀少,地理分布有很大的局限性,仅生存于特殊的生境或有限的地方。它们濒危的原因,可能是由于生殖能力很弱,或它们所要求的特殊生境或破坏或退化到不能适宜它们的生长,或是由于人类毁灭性的开发和病虫危害等原因所致。

(ⅱ) 稀有(rare)的种类,是指那些目前尚未处于有绝灭危险的、我国特有的单种属或少种属的代表种类,它们的分布区域狭窄,生存环境比较独特,居群不多,植株也较稀少,或分布区域虽广但零星生存着的种类。

(ⅲ) 渐危,即脆弱或受威胁(vulnerable or threatened)的种类,是指那些因人为的或自然的原因所致,其分布范围和居群、植株数量正随着森林砍伐、生境恶化或过度开发利用而日益缩减,在可以预见的将来很有可能成为濒危的种类。

根据这些植物价值的不同,该书又将其确定为3个保护等级:① 国家Ⅰ级重点保护植物,指具有极为重要的科研、经济和文化价值的种类;② 国家Ⅱ级重点保护植物,指在科研或经济上具有重要意义的种类;③ 国家Ⅲ级重点保护植物,指在科研或经济上具有一定意义的种类。

尽管由于种种原因,《中国植物红皮书》(第二册)未能正式出版,但是该书第一册在我国,尤其是在学术界受到广泛的关注与应用,这对我国的珍稀濒危植物的保护发挥了极为重要的作用。

(3) 1999年8月4日,《国家重点保护野生植物名录》(第一批)由国务院正式批准公布,这是我国野生植物保护管理工作的一个里程碑,它标志着我国有关珍稀植物保护已经步入法治轨道,意义相当重大(于永福,1999)。

该《名录》是由我国野生植物行政主管部门国家林业局和农业部共同组织制定的,共列植物419种和13类(指种以上分类等级),其中Ⅰ级保护的有67种和4类,Ⅱ级保护的有352种和9类。包含蓝藻1种,真菌3种,蕨类植物14种和4类,裸子植物40种和4类,被子植物361种和5类。桫椤科(Cyatheaceae)、蚌壳蕨科(Dicksoniaceae)、水韭属(*Isoetes*)、水蕨属(*Ceratopteris*)、苏铁属(*Cycas*)、黄杉属(*Pseudotsuga*)、红豆杉属(*Taxus*)、榧属(*Torreya*)、隐棒花属(*Cryptocoryne*)、兰科、黄连属(*Coptis*)、牡丹组(Sect. Moutan)等13类的所有种(约1 300余种)全部列入该《名录》。据此,受国家重点保护的野生植物合计约有1 700种。

这一《名录》在参考《中国植物红皮书》(第一册)等保护植物名录的基础上,制定了选列保护物种的4条标准:① 数量极少、分布范围极窄的濒危种;② 具有重要经济、科研、文化价值的濒危种和稀有种;③ 重要作物的野生种群和有遗传价值的近缘种;④ 有重要经济价值,因过度开发利用,资源急剧减少的种。

2013年国家林业局野生动植物保护与自然保护区管理司等部门组织全国植物保护专家学者,为此名录编辑出版了《中国珍稀濒危植物图鉴》(印红,

2013)。该书收录了 361 种保护植物（包括亚种、变种及变型）。这对于我国珍稀植物的野外识别和执法管理起到了很好的推动作用。

(4) 2004 年，汪松和解焱主编的《中国物种红色名录》（第一卷）在高等教育出版社出版。该书采用 IUCN 红色名录（3.1 版本）的标准，对我国裸子植物中的 10 科 33 属 184 种 42 变种，以及被子植物中的 147 科 991 属 4 183 种进行评估。这项工作由中国环境与发展国际合作委员会生物多样性工作组具体承担项目主持并负责筹措经费。该工作召集了全国 50 余位动植物分类方面的专家，先后编辑出版了 6 卷《红色名录》，同时建立了中英文版网站以便于公众查询评估结果和相关的信息。但是，由于我国植物物种丰富，该书中收录的植物种类明显偏少，仅收录种子植物 4 409 种。

尽管如此，已经有很多地区或者保护区根据《中国物种红色名录》（第一卷）建立了自己的红色名录。该书已经成为一本重要的工具书。

因此，这里我们根据 IUCN 红色名录的标准，对此次江苏境内所调查的 27 种植物进行濒危现状和濒危等级的评估。本次评估的主要依据是《IUCN 物种红色名录等级和标准（2003 年 3.1 版）》（IUCN Red List Categories and Criteria, Version 3.1）和《IUCN 物种红色名录标准在地区水平的应用指南（2003 年 3.0 版）》（Application of the IUCN Red List Criteria at Regional Levels, Version 3.0）（图 8-1）。本次评估使用了以下 IUCN 等级：野外绝灭（EW，Extinct in the Wild）、地区绝灭（RE，Regional Extinct）、极危（CR，Critically Endangered）、濒危（EN，Endangered）、易危（VU，Vulnerable）、近危（NT，Near Threatened）、数据缺乏（DD，Data Deficient）（图 8-2）。

（ⅰ）野外绝灭（EW）：如果已知一分类单元只生活在栽培、圈养条件下或者只作为自然化种群（或种群）生活在远离其过去的栖息地时，即认为该分类单元属于野外绝灭。于适当时间（日、季、年），对已知的和可能的栖息地进行彻底调查，如果没有发现任何一个个体，即认为该分类单元属于野外绝灭。但必须根据该分类单元的生活史和生活形式来选择适当的调查时间。

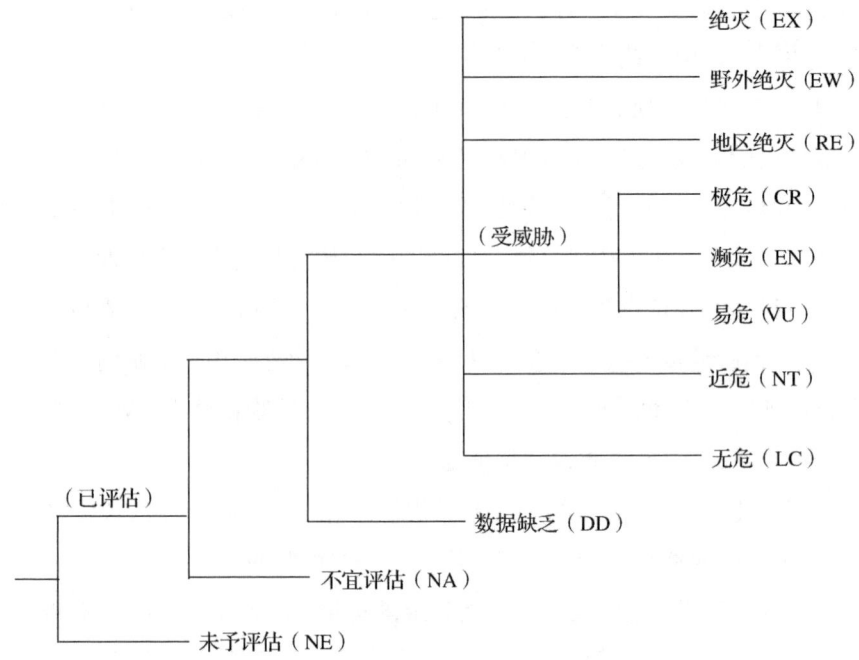

图 8-1 地区水平上物种的濒危等级体系

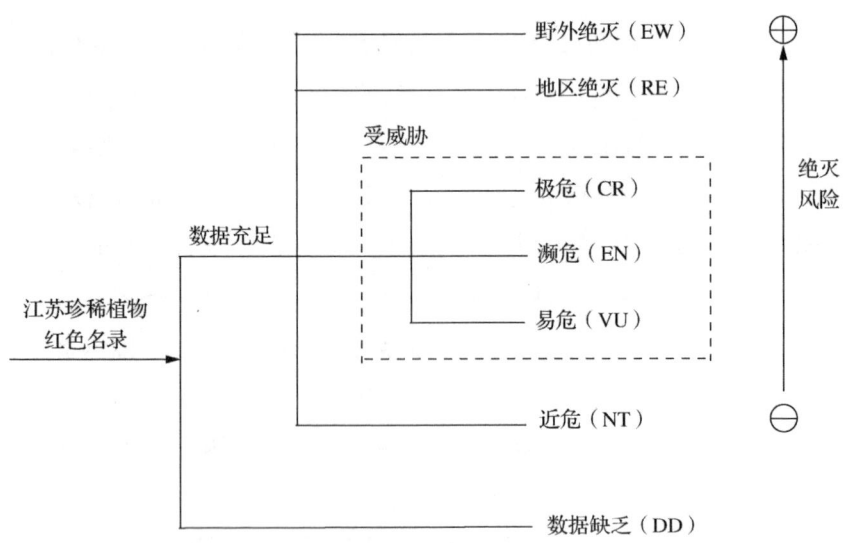

图 8-2 江苏珍稀植物红色名录等级划分结构图

（ⅱ）地区绝灭(RE)：如果可以肯定地区内一分类单元最后的、有潜在繁殖能力的个体已经死亡或消失，或一先前造访的分类单元的最后的个体已经死亡或消失时，即认为该分类单元属于地方性绝灭。

（ⅲ）极危(CR)：当一分类单元的野生种群面临非常高的即将绝灭的概率，即符合极危标准中的任何一条标准(A～E)时(参见附录Ⅱ)，该分类单元即被列为极危。

（ⅳ）濒危(EN)：当一分类单元未达到极危标准，但是其野生种群在不久的将来面临很高的绝灭的概率，即符合濒危标准中的任何一条标准(A～E)时(参见附录Ⅱ)，该分类单元即被列为濒危。

（ⅴ）易危(VU)：当一分类单元未达到极危或者濒危标准，但是在未来一段时间后，其野生种群面临绝灭的概率较高，即符合易危标准中的任何一条标准(A～E)时(参见附录Ⅱ)，该分类单元即被列为易危。

（ⅵ）近危(NT)：当一分类单元未达到极危、濒危或者易危标准，但是在未来一段时间后，接近符合或可能符合受威胁等级，该分类单元即被列为近危。

（ⅶ）数据缺乏(DD)：如果没有足够的资料来直接或者间接地根据一分类单元的分布或种群状况来评估其绝灭的危险程度时，即认为该分类单元属于数据缺乏。

2. 濒危程度的比较

根据对27种珍稀植物在江苏境内的野外分布、濒危现状和种群数量的调查，采用IUCN红色名录标准进行评估，同时参照《中国植物红皮书》(第一册)和《国家重点保护野生植物名录(第一批)》的标准，这27种植物的评估结果见表8-1，8-2。

表 8-1 江苏珍稀濒危植物的濒危等级对照表

序号	中文名	拉丁名	保护级别	红皮书等级	IUCN 等级
1	南京柳	*Salix nankingensis*			EW
2	独花兰	*Changnienia amoena*	国家级	Ⅱ级稀有	RE
3	金钱松	*Pseudolarix amabilis*	Ⅱ级	Ⅱ级稀有	CR
4	粗榧	*Cephalotaxus sinensis*			CR
5	青檀	*Pteroceltis tatarinowii*		Ⅲ级稀有	CR
6	琅琊榆	*Ulmus chenmoui*		Ⅲ级渐危	CR
7	红果榆	*Ulmus szechuanica*			CR
8	天目木兰	*Yulania ameona*		Ⅲ级渐危	CR
9	宝华玉兰	*Magnolia zenii*	Ⅱ级	Ⅲ级濒危	CR
10	华东楠	*Machilus leptophylla*			CR
11	红楠	*Machilus thunbergii*			CR
12	银缕梅	*Parrotia subaequalis*	Ⅰ级		CR
13	翅荚香槐	*Cladrastis platycarpa*			CR
14	椿叶花椒	*Zanthoxylum ailanthoides*			CR
15	糯米椴	*Tilia henryana* var. *subglabra*			CR
16	山拐枣	*Poliothyrsis sinensis*			CR
17	紫树	*Nyssa sinensis*			CR
18	秤锤树	*Sinojackia xylocarpa*	Ⅱ级	Ⅱ级濒危	CR
19	香果树	*Emmenopterys henryi*	Ⅱ级	Ⅱ级稀有	CR
20	蜈蚣兰	*Cleisostoma scolopendrifolium*	国家级		CR
21	南京椴	*Tilia miqueliana*			EN
22	明党参	*Changium smyrnioides*		Ⅲ级稀有	EN
23	榉树	*Zelkova schneideriana*	Ⅱ级		VU
24	短穗竹	*Brachystachyum densiflorum*		Ⅲ级稀有	VU

(续表)

序号	中文名	拉丁名	保护级别	红皮书等级	IUCN 等级
25	香樟	*Cinnamomum camphora*	Ⅱ级		NT
26	大果榉	*Zelkolva sinica*			DD
27	长须阔蕊兰	*Peristylus calcaratus*	国家级		DD

注:"保护级别"依据1999年《国家重点保护野生植物名录(第一批)》,"红皮书等级"依据1991年《中国植物红皮书》(第一册)。

表8-2 江苏珍稀濒危植物的濒危等级统计

类别	红色名录等级	种数	占总种数百分比(%)	合计 种数	合计 占总种数百分比(%)
绝灭种	野外绝灭(EW)	1	3.70	2	7.41
	地区绝灭(RE)	1	3.70		
受威胁种	极危(CR)	18	66.67	22	81.48
	濒危(EN)	2	7.41		
	易危(VU)	2	7.41		
近危种	近危(NT)	1	3.70	1	3.70
数据缺乏种	数据缺乏(DD)	2	7.41	2	7.41
总计		27	100	27	100

根据表8-1和表8-2可知,江苏27种目标调查物种的濒危等级共计有7种。其中,野外绝灭的有1种,为南京柳(*Salix nankingensis*)。根据标本记录查阅以及《江苏植物志》(第二卷)等记载,该种的野生分布仅见于南京紫金山前湖的水边(刘启新,2013)。此次调查中在该种的标本采集地以及紫金山的适宜生境进行广泛的调查,均未能发现野生植株。邓飞等(2007)曾对分布于南京地区的珍稀植物进行野外调查,也未能发现南京柳在南京的野生分布。地区绝灭的有1种,为独花兰(*Changnienia amoena*)。该种分布于我国陕西、安徽、江苏、浙江、江西、湖北、湖南和四川8个省份。根据文献记载,在江苏境内分布于镇江句容宝华山,此次虽经广泛调查但未能在宝华山发现该种,而已

知该种在其他省份尚有分布,因此被列为 RE 等级。而生物多样性的丧失与保护目前已经成为研究热点之一(马克平,2016),因此加强对江苏珍稀濒危植物的保护,分析物种丧失的原因以及可能的生态学影响显得极为迫切。

这些植物中,受威胁物种有 22 种,占所调查物种总数的 81.48%。从受濒危的程度看,这 22 种植物中,绝大多数属于极危种(CR),有 18 种之多。濒危(EN)和易危(VU)等级的物种各 2 种,所占比例相对较低。从物种的生活型看,这 22 种受威胁物种中,既有落叶针叶树种如金钱松(*Pseudolarix amabilis*),也有常绿针叶树种如粗榧(*Cephalotaxus sinensis*);既有落叶乔木如香果树(*Emmenopterys henryi*),也有草本植物如蜈蚣兰(*Cleisostoma scolopendrifolium*)。因此,我省受威胁的珍稀植物的生活型类型多样。

此外,调查中发现香樟在我省的苏州的西山风景区等岛屿的山坡有着成片的萌生林分布,种群数量较大,分布地点较多。在这次评估中,属于近危(NT)种。大果榉(*Zelkova sinica*)虽然文献中记载南京有分布(刘启新,2013),但是可能由于该种与榉树(*Z. serrata*)、大叶榉树(*Z. schneideriana*)在形态上较为相似,在野外难以识别,近年来未见该种的采集标本,此次调查未能采集到标本。长须阔蕊兰(*Peristylus calcaratus*),在此前的不少文献中如《江苏植物志》(上册)、《江苏维管植物检索表》、《华东五省一市维管植物名录》等均被误认为"棒距玉凤花(*Habenaria mairei*)"。其实后者分布于我国云南、西藏、四川等省份,江苏不产。根据植物标本查阅可知,在江苏境内采集的"棒距玉凤花",其实为"长须阔蕊兰",其标本采自江苏宜兴。目前江苏仅有 2 份长须阔蕊兰的标本采集记录:耿以礼先生 1929 年 8 月 25 日(NAS)与方文哲等先生 1960 年 8 月 23 日(KUN),两者均采自宜兴。我们在此次调查过程中对宜兴茗岭、小黑沟、龙池山、芙蓉寺等各地点可能的合适生境进行广泛的调查,均未发现此种。推测很可能由于原始的采集生境——落叶阔叶林下沟边因为砍伐而破坏了生境。尽管如此,由于宜兴山区低山丘陵广布,而兰科植物通常花期短暂,研究相对偏少,在野外不易被发现。因此,长须阔蕊兰也被列为 DD 等级。

另外，根据表8-1，这27种植物中，有不少物种被列为国家级珍稀濒危物种。如根据《中国植物红皮书》（第一册），被列为国家Ⅱ级的物种有4种，列为国家Ⅲ级的物种也有6种。根据1999年《国家重点保护野生植物名录（第一批）》，被列为国家级重点保护物种的有10种。

综上所述，江苏所调查的这27种珍稀植物中，其濒危数量较多，受濒危的程度较为严重。这也与最近的相关研究较为一致，例如根据2013年环境保护部等《中国生物多样性红色名录——高等植物卷》，江苏评估的1 623种植物有58种属于受威胁物种，即隶属于CR、EN或VU等级。结合图8-2可知，从NT到EW，随着物种的濒危等级提升，其绝灭的风险也逐渐增加。根据此次IUCN红色名录的评估结果，在我省所调查的这27种珍稀植物中，多数物种的绝灭风险较大。

究其原因，这很可能与江苏人口众多，环境资源压力较大有关。例如香果树、红果榆、金钱松等一些珍贵物种及其生境可能遭受不同程度的干扰和威胁，生长状况堪忧；少数物种如银缕梅等保护工程的布局不够合理；部分群众对少数重点保护目的物种如红楠等的认知度较低。此外，由于近年来受生产经营方式和土地利用方式改变的影响，一些植物如翅荚香槐等新近发现的分布种群尚未纳入保护体系，还未有针对性地实施保护，这些因素很可能使得当地不少群众误以为政府没有挂牌保护的物种就不属于保护之列，甚至导致一些珍贵植物在森林抚育或"砍阔留竹"时被当成杂灌木而遭到砍伐。

第二节 江苏珍稀植物的保护成效

江苏是我国东部地区经济发展较快的省份之一，我省对于野生植物资源的保护与管理工作历来相当重视。早在2001年，在国家林业局的部署下就完成了江苏省第一次野生植物资源调查，对我省的重点保护野生植物资源进行了家底清查。2012年至2016年，在江苏省野生动植物保护站的主持下，组织南京师范大学和南京林业大学等省内多家单位对我省的重点保护植物资源开展了第二次调查,并且取得了初步的成效,如此次调查发现了此前认为我省已经野生绝灭的茜草科植物——香果树(*Emmenopterys henryi*);首次发现并报道江苏境内的芸香科花椒属植物地理分布新纪录植物——椿叶花椒(*Zanthoxylum ailanthoides*)(时盼等,2015)。这里主要根据两次植物调查的结果进行比较,对我省的野生植物资源及其保护管理成效予以简要分析。

1. 江苏珍稀植物的就地保护

就地保护(*in-situ* conservation)是指直接在野外对自然群落或濒危物种的种群进行保护(Primack 等,2014)。它是生物多样性保护中最为有效的一项措施,是拯救生物多样性的必要手段。Wilhere(2008)也曾指出,理想的濒危物种保护计划应该是最大限度地在受保护栖息地的高质量区域保护尽可能多的个体。

目前,江苏现有省级以上自然保护区 30 个,主要保护对象涉及亚热带珍稀森林树种、常绿阔叶林、常绿落叶阔叶混交林、珍稀动物以及古生物化石等。其中,国家级自然保护区仅 3 个,即盐城珍禽国家级自然保护区、大丰麋鹿国家级自然保护区和泗洪洪泽湖湿地国家级自然保护区。根据野外实地调查,目前江苏第二次调查的目标物种大多位于宜兴龙池、吴中区光福、连云港云台山和句容宝华山 4 个省级自然保护区内(表 8-3,附录Ⅲ)。

表 8-3 江苏省自然保护区及珍稀植物分布

保护区名称	面积(hm²)	批建时间	主管部门	类型	行政区域	主要保护对象
江苏盐城珍禽国家级自然保护区	284179	19830225	环保	野生动物	盐城市	丹顶鹤等珍禽及沿海滩涂湿地生态系统
江苏大丰麋鹿国家级自然保护区	2667	19860208	林业	野生动物	大丰市	麋鹿、丹顶鹤及湿地生态系统

（续表）

保护区名称	面积（hm²）	批建时间	主管部门	类型	行政区域	主要保护对象
江苏泗洪洪泽湖湿地国家级自然保护区	49365	19850701	环保	内陆湿地	泗洪县	湿地生态系统,大鸨等鸟类、鱼类产卵场及地质剖面
宜兴龙池省级自然保护区	123	19810812	其他	森林生态	宜兴市	常绿落叶阔叶混交林及金钱松、天目玉兰等野生植物
泉山	323	19841204	林业	森林生态	徐州市泉山区	森林及野生动植物
上黄水母山	40	19981113	国土	古生物遗迹	溧阳市	中华曙猿及其伴生哺乳动物化石
吴中区光福省级自然保护区	61	19810812	林业	森林生态	苏州市吴中区	北亚热带常绿阔叶林
启东长江口北支	21491	20021105	环保	野生动物	启东市	典型河口湿地生态系统、濒危鸟类、珍稀水生动物及其他经济鱼类
连云港云台山省级自然保护区	67	19810812	林业	森林生态	连云港市	暖温带针叶落叶阔叶混交林、红楠
涟漪湖黄嘴白鹭	3433	19930101	环保	野生动物	涟水县	黄嘴白鹭等鸟类
洪泽湖东部湿地	54000	20041124	其他	内陆湿地	洪泽县、淮阴区、盱眙县	湖泊湿地生态系统及珍禽
镇江长江豚类	5730	20020830	农业	野生动物	镇江市丹徒区	淡水豚类及其生境
句容宝华山省级自然保护区	133	19810812	林业	森林生态	句容市	森林及野生动植物

注："保护区名称"一列中黑色加粗字体的表示有目标调查物种分布。

首先,分布于上述4个省级自然保护区内的目的物种,绝大多数植物均得到了较好的保护。例如多数自然保护区对珍稀树种,尤其是国家级珍稀树种进行挂牌标识;对如宝华玉兰等重点保护物种采取不定期人工抚育;对分布于保护区附近的珍稀植物如银缕梅等,建立自然保护小区。这些措施的实施,在很大程度上,有效地提升了当地群众的自然保护意识,促进了珍稀植物的自然生境的恢复。

其次,与第一次野外植物资源调查结果相比,我省不少珍稀植物的种群数量有所增加(表8-4)。以银缕梅为例,第一次野外调查仅在宜兴林场大龙西岕发现92株,此次调查在大龙西岕调查到银缕梅植株177株,种群数量增加了92.39%。而且,第二次调查结果还表明,根据曲仲湘的V级立木划分,该地银缕梅种群的年龄结构趋于合理,幼苗数量较为丰富,更有利于种群更新。与第一次调查相比,不论是成年植株还是幼苗数目(DBH<5 cm),善卷洞的银缕梅种群数量也在增加。宝华玉兰和金钱松的种群数量均有所增加。而在第一次调查中被认为野生绝灭的秤锤树和香果树却在南京和溧阳发现了野生种群分布。然而,在第一次调查中零星分布的独花兰,此次调查未能发现。总体上看,根据这6种国家级珍稀濒危植物的前后调查数据比较,不难发现除独花兰外它们在江苏的种群数量均有所增加。

表8-4 国家级调查物种在江苏境内的种群数量动态变化(1999～2016)

物 种	第一次调查*	第二次调查	种群数量变动
银缕梅 (大龙西岕)	DBH≥5 cm:78株 幼苗:14株	DBH≥5 cm:44株 幼苗:133株	增加
银缕梅 (善卷洞)	DBH≥5 cm:9株 幼苗:0株	DBH≥5 cm:22株 幼苗:9株	增加
宝华玉兰	DBH≥5 cm:34株	DBH≥5 cm:38株 幼苗:28株	增加
金钱松	DBH≥5 cm:2株	DBH≥5 cm:11株	增加
秤锤树	EW	8	增加
香果树	EW	11	增加
独花兰	分布零星	RE	减少

* 注:第一次调查数据来自2001年江苏省农林厅《江苏省重点保护野生植物资源调查报告》。"EW"表示"野生绝灭","RE"表示"地区绝灭"。

此外,此次调查的部分目标物种尚处于自然保护区或国家森林公园之外,亟须采取必要的保护措施。如此次调查在溧阳深溪岕沟谷处发现的国家级珍稀植物香果树,目前南山竹海旅游人数不断增加,对该种的自然群落以及现状生境构成了极大的威胁。因此,建议尽快采取构建自然保护小区的办法加以保护。香果树在《植物红皮书》(第一册)中就被列为国家Ⅱ级保护稀有种;在1999年国务院批准的《国家重点保护野生植物名录》(第一批)中香果树又被列为国家Ⅱ级重点保护植物。根据《江苏植物志》(下册)P782记载,香果树曾分布于江苏的宜兴。而江苏第一次调查结果表明:香果树在江苏境内已经野生绝灭。但是此次经过广泛细致的调查,我们幸运地在宜溧山地的溧阳发现了该种群的野生分布。目前,这已是香果树在我省境内的唯一一处自然分布种群,显得非常珍贵,亟须保护!

2. 江苏珍稀植物的迁地保护

迁地保护(*ex-situ* conservation)是指将一些在野外有灭绝风险的物种通过人类的监管而得以保护。它是对就地保护的必要补充,是生物多样性保护中的重要组成部分。

目前江苏所调查的27种目的物种中,除了华东楠(*Machilus leptophylla*)、翅荚香槐(*Cladrastis platycarpa*)、椿叶花椒(*Zanthoxylum ailanthoides*)、短穗竹(*Semiarundinaria densiflorum*)、蜈蚣兰(*Cleisostoma scolopendrifolium*)和长须阔蕊兰(*Peristylus calcaratus*)6种未见人工栽培外,其余21个物种在江苏境内均有迁地保护,它们大多栽培于植物园、树木园、林场以及科研院所机构。但是需要指出的是,在这21种迁地保护植物中,由于引种栽培的目的不同,不同物种引种栽培的来源、栽培数量以及栽培规模等均有较大的差别。例如,香樟、榉树和大叶榉树在我省栽培面积一般在3 000 hm^{2}以上(表7-4)。

此外,尽管我省历来对珍稀植物的迁地保护工作较为重视,特别是对《国家重点保护野生植物名录(第一批)》中在我省有自然分布的物种,我省先后建立了一些珍稀濒危植物的繁殖基地、林木良种培育基地,同时引种了不少具有重要保护价值或开发利用价值的珍稀物种。这些不仅有效缓解了我省野生珍稀植物的保护压力,而且取得了良好的经济效益和生态效益。但是,此次调查的结果也表明:我省的迁地保护植物种类需要适当增加,有些引种植物的栽培规模、引种地点需要扩大。此外,不少迁地保护物种的栽培管理也需要加强。例如香果树,目前仅在南京中山植物园有引种栽培,仅 4 株,而且由于疏于管理,植物大多生长不良。而 20 世纪 90 年代引种于宜兴龙池山的 2 株香果树由于旅游开发已经不复存在。而此次在江苏溧阳发现的 11 株野生香果树中,最大的植株胸径达 35.0 cm。因此为了更好地保护好该种的种植资源,除了积极进行就地保护外,同时也可以开展迁地保护。

第三节　江苏珍稀植物保护面临的挑战与保护策略

目前,人类活动正在世界许多地方深刻影响着生物多样性的保护。概括而言,生物多样性面临的主要威胁有:生境破坏、生境破碎化、生态系统退化(包括污染)、全球气候变化、生物资源过度利用、外来种入侵和疾病的不断扩张等(Primack 等,2014)。我们根据近年来对江苏珍稀植物的野外调查,分析保护我省重点保护野生植物资源时所面临的主要挑战,并在此基础上对今后珍稀植物的保护提出相应的对策。

1. 江苏珍稀植物保护面临的挑战

江苏地处我国大陆东部沿海中心,气候条件较为优越,人口密度位居全国第一(根据第六次全国人口普查资料)。最近 30 余年来,我省社会经济的快速发展对境内自然生态系统造成了巨大的环境压力。根据最近的江苏珍稀植物资源的野外调查,我省的重点保护野生植物的保护面临着多方面的挑战。概括而言,可以归纳为以下 3 个方面:

(1) 管理方面

首先,多头管理。

据初步统计,我省目前的20余种目标调查物种大多位于8个森林生态系统类型的自然保护区内。这些保护区包括4个省级自然保护区和4个县级自然保护区。前者有宜兴龙池、吴中区光福、连云港云台山和句容宝华山4个省级自然保护区,参见表8-4。后者包括盱眙县铁山寺县级自然保护区、邳州市艾山九龙沟县级自然保护区、铜山县圣人窝市级自然保护区和徐州市贾汪区大洞山市级自然保护区。这些县级保护区均属于森林生态系统自然保护区。但是它们与上述4个省级自然保护区一样,均隶属于不同的行政管理部门管辖。由于政出多门,多头管理,实际上往往造成管理不力的现象。

其次,经费不足。

与"麋鹿""丹顶鹤""中华虎凤蝶"等明星动物相比,珍稀植物的保护往往较少引起民众的关注,在实际管理中相关部门通常重视程度不够。这又会导致机构管理力度薄弱,经费不足。例如此次在溧阳调查过程中发现,有金钱松、粗榧、青檀和香果树等珍稀物种野生分布的深溪岕隶属于溧阳龙潭林场管辖,而该林场由于经费不足,近年来实际林业技术人员由20余人缩减到不足10人,并且该林场主要依靠其作为全国板栗良种培育基地的经费得以维持,因此该林场对于当地珍稀植物的保护显得力不从心。

再次,旅游影响。

由于我省珍稀植物大多集中分布于苏南地区,如苏州穹窿山、句容宝华山以及宜溧山地等,少数分布于连云港云台山等苏北地区。一般而言,这些自然植被被保存较好的地区同时也是国家森林公园或者风景名胜区。例如,句容宝华山省级自然保护区同时为宝华山国家级森林公园、4A级风景区。云台山为省级自然保护区,也是花果山5A级风景名胜区。吴中区光福自然保护区也是光福国家森林公园。此外,有的珍稀植物尽管分布于自然保护区之外,但是其分布地也是风景名胜区。如香樟在江苏境内主要分布于穹窿山和西山岛,前者为5A级国家风景名胜区,后者为苏州西山风景区和苏州西山国家级森林公园。由于江苏经济较为发达,交通较为便捷,近年来这些风景区或森林公园的旅游发展十分迅速。而且这些地方通常在十一长假或双休日游客尤为集中,由于旅游管理的相对滞后,迅猛发展的旅游业对上述地区的珍稀植物保护造成了一定的威胁。这主要表现:① 不合理的资源利用与众多分散无序的"农家乐"式的旅游接待方式,往往破坏保护区的自然生态平衡,使得森林资源直接受到影响,例如森林砍伐、过度开采地下水、开山炸石修路等活动造成水土流失、植被破坏、生境退化等;② 少数游客存在不文明行为。如在保护区随意攀折花木、为寻找"野趣"在保护区内踏出林间小道等。由于这些地区分属于旅游、林业或环保等多个管理部门管辖,实际操作中往往疏于管理甚至放任自流。因此,旅游活动对我省珍稀植物保护的影响不可低估。

(2) 物种方面

首先,濒危度高。

根据 8.1 节可知,按照 IUCN 红色名录的评估标准,总体上看,我省此次调查的 27 种目的物种的濒危等级较高。除 1 种为近危(NT),2 种为数据缺乏(DD)外,其余 24 种均处于濒危或者濒危等级以上。其中,野生绝灭(EW)1 种,地区绝灭(RE)1 种。而目前处于濒危 3 个等级的 22 个物种,也大多表现为种群数量小,分布零星,种群规模小,正受到不同程度的人为干扰。有些物种已经成为极小种群保护植物,如宝华玉兰、秤锤树、天目木兰等。而保护生物学研究表明,小种群的物种更易于陷入灭绝漩涡(Extinction vortex)。

其次,古老孑遗。

不少目的物种的生物学特性独特,其生境需求较为苛刻,生态适应性较差。如独花兰通常生长于林下腐殖质丰富的土壤、山坡或沟谷较为阴湿的地方,而森林资源的破坏将直接导致其无法生存。又如宝华玉兰、银缕梅等,这些物种在系统演化上起源古老或者处于分类系统孤立的位置,在长期的演化过程中可能存在某些脆弱的环节,如繁育系统的缺陷、生殖存在障碍、基因漂变或生物生态学的特化而依赖单一的特殊环境。目前的人为活动影响极有可能导致它们难以产生足够的变异去适应急剧变化的环境而更加濒危甚至绝灭。例如银缕梅隶属于银缕梅属,该属植物起源古老,在系统演化上孤立。研究表明:该属在东亚的起源不晚于第三纪的中新世(Li and Zhang,2015)。该属植物全球仅2种,另一种为伊朗银缕梅(*Parrotia persica*),仅见于伊朗北部的厄尔布尔士山区(the Alborz Mountain)。而银缕梅目前自然分布仅见于我国华东地区的江苏、安徽和浙江的局部山区。宝华玉兰的结实率较低,其果实为聚合蓇葖果,种子具假种皮,胚很小,如果不经鸟类取食而排出,种子在林中脱落后常常发霉腐烂而很难自然萌发。

第三,缺乏研究。

有些目的植物由于缺少相关研究,对其生活史对策、种群动态变化规律、不同物种之间的相互关系以及野外主要致濒机制等尚不清楚,如糯米椴、红果榆和蜈蚣兰等。

(3) 生境方面

首先,生境片段化(Habitat fragmentation)。

一个较大的连续生境变成一系列不同于原有生境的基底生境所隔离的较小的缀块,其缀块总面积小于原有生境。这一过程称为生境片段化。由于受到林业生产、农业开发、旅游活动等方面的影响,一些物种的成片分布区域被公路、旅游小径、建筑物等人为地割开。例如在龙潭林场调查榉树时发现,在六江岕分布的野生榉树群落由于修建机动车道路(主要用于森林防火)而被分割,使得榉树种群成为小种群。由于道路的修建,人为干扰明显增加,由此导致一年蓬(*Erigeron annuus*)、加拿大一枝黄花(*Solidago canadensis*)等外来入侵物种沿途入侵并扩展。为了清除杂草和森林防火,每年在该道路两旁都会不定期地喷洒除草剂,这又导致分布林缘的珍稀植物明党参及榉树小苗难以生存。因此,一个自然分布的榉树种群被人为分割成不同的小种群,而这些不同斑块的榉树小种群将降低其遗传变异性,增加遗传漂变和近交衰退的概率,这很可能会导致该区榉树种群的适应性降低,并使得斑块化的小种群难以进行基因交流和种群扩展,最终增加了物种的濒危程度和灭绝风险。

其次,生境退化(Habitat degradation)。

由于人类或自然灾害等所引起的自然生境质量的降低,以及支持生物群落能力的下降,这一现象称为生境退化。根据野外生态调查,本次调查的目的物种主要分布的苏南地区,人口众多,经济发展迅速,工农业生产活动影响深刻。如在金坛石家山林场调查榉树时发现,该区由于前几年持续的非法炸石采矿,产生的废水、粉尘、飞溅的碎石都直接降低了珍稀植物榉树的生境质量。其次,由于江苏境内没有高山,苏南地区大多为低山丘陵,加之人口较为密集,耕作历时悠久,农业生产活动频繁,在此过程中由于大量喷洒农药、除草剂和杀虫剂,导致附近的林区、溪流等自然生态系统的生境质量有所退化。再次,由于采矿、冶炼以及大量汽车尾气排放而导致的铅、锌和其他有害金属,致使局部地区的大气受到污染,这也将不可避免地影响自然植被的生境质量。

此外,由于生境片段化与生境质量退化通常互为叠加,这将进一步使得珍稀植物的原始生境面积减小、斑块化程度加深、边缘效应(Edge effect)加剧,从而影响物种的迁入与迁出,基因的流动受阻,遗传变异丧失,加之小种群更易于灭绝,结果使得种群的遗传多样性减少,种群扩散和建立种群的机会减少,从而加速物种的灭绝进程。

2. 江苏珍稀植物今后的保护策略

由于全球人口的快速增长及人类对自然资源的过度利用而导致自然生境的破坏,使得生物多样性降低的趋势尚未得到有效地遏制。过去十余年,江苏在森林资源保护、自然保护区建立以及生态文明建设等方面都有了长足的进步。但是,本次植物调查的结果表明,目前江苏珍稀植物保护喜忧参半。可喜的是,由于大力推进森林资源保护和绿色江苏建设,我省一些此前认为野生灭绝的珍稀植物如秤锤树、香果树等,在我省局部山地被发现尚有野生种群分布。与此同时,少数物种由于生境要求苛刻以及受到人为活动的影响,其种群数量稀少,分布零星,个别物种如独花兰甚至未能在原有分布区找到野生植株。

为了更好地保护好江苏的野生植物资源,针对以上分析的江苏珍稀植物保护所面临的主要威胁,现提出以下保护策略:

(1) 建立统一的保护管理体系

由于历史原因,目前我国多个部门管理同一种类型的保护地现象并不少见,江苏也不例外。例如自然保护区有的归属林业部门管理,有的归属环保部门管理,还有的归属农业部门管理。而不同类型的保护地更是分散在多个部门中被管理。如前所述,同一片区域,很可能既是省级自然保护区,又是风景名胜区。根据欧美等发达国家的做法,一种可行的办法是建立国家公园,统一管理。然而,在目前的情况下,短时间内很可能难以做到。为此,建议江苏不同管理部门应该明确责任的主体,明晰需要保护的对象。惟其如此,才有可能做到统一协调,各司其职,有法必依,违法必究。

考虑我省珍稀植物的植物种群数量、分布范围、灭绝风险以及科研、经济等因素,建议将此次调查的部分目标物种如粗榧、琅琊榆、红楠、南京椴等列为江苏省级重点保护野生植物名录。建议江苏林业管理部门应该尽快审核、修改并且予以颁布执行,使得基层管理部门在执法过程中有明确依据,以便进一步加大我省野生植物的拯救保护力度,并为今后野生植物的合理开发利用提供依据。另外,鉴于目前江苏省人民代表大会已经批准《江苏野生动物保护条例》,在此建议江苏尽快拟定、审核并通过《江苏野生植物保护条例》。这样,今后江苏将能够更为有效地保护、拯救珍贵、濒危野生动植物,保护、发展和合理利用野生动植物资源,保护野生动植物栖息地或生境,维护自然生态平衡。

(2)多渠道筹措经费,加大植物保护资金投入

珍稀植物由于生境特殊,分布零星,数量稀少,往往很少引起人们注意甚至被人们所忽视。而此次调查与评估结果表明,我省的多数目标调查物种濒危程度较高,亟须采取有效措施加以人工干预及保护。而无论是珍稀植物的科学研究、野外监测,还是植物保护的宣传、教育,无一例外地均需要经费的支撑。

改革开放以来,我省经济发展一直较为强劲,经济水平处于全国前列。因此,可以通过私人、政府、公司等多个渠道募集植物保护资金,然后将这些资金用于珍稀植物保护方面的科学研究和管理培训。此外,还可以积极争取一些国际性的非政府组织如世界自然基金会(World Wild Fund for Nature,WWF)、保护国际(Conservation International)、地球之友(Friends of Earth)、

大自然保护协会(The Nature Conservancy,TNC)等的资助。

(3) 扩大宣传力度,增强植物保护意识

自《中国珍稀濒危保护植物名录》、《中国植物红皮书》(第一册)以及《国家重点保护野生植物名录》(第一批)公布以来,江苏省农林厅以及各级林业管理机构对野生植物资源的保护一直相当重视,开展了大量细致的宣传教育活动。尤其是江苏野生动植物保护管理站,每年利用"植树节""世界湿地日""国际生物多样性日"和"世界环境日"等常规活动,宣传保护自然生态环境以及野生植物资源的重要意义。提示利用广播、报纸、电视、杂志等媒体广泛宣传,积极倡导生物多样性的保护。

然而,随着我省社会经济的发展和人们生活水平的提高,旅游活动在我省很多地方蓬勃发展。而野外调查中发现,不少游客在旅游活动中的环保意识淡薄,甚至缺乏植物保护观念。在野外调查中,几乎每次被游客问及"为什么调查(这种植物)?"时,得到的回答后都会再追问"它能吃吗?"。而根据8.1节的分析可知,扩大植物保护的宣传力度,其对象不仅包括珍稀植物分布所在地的当地村民,也应该包括前往当地参观考察的游客。此外,宣传教育的形式可以活泼多样、内容可以生动有趣。宣传教育的渠道也应该多样化,除了传统的纸质传媒,还应该充分利用网络平台,如官方微博、QQ群、微信公众号等平台。

(4) 开展科学研究,提高技术水平

珍稀植物的保护涉及植物形态解剖学、系统分类学、生理生态学、保护生物学以及栽培引种和资源开发利用等多个分支学科,而不同珍稀植物的生活史对策、生态对策、生境需求等往往也各不相同。所有这些均需要开展扎实的科学研究,才能合理有效地保护和恢复生境,缓解或解除物种的濒危。

根据对江苏珍稀植物的分析研究,并参考近年来国际上珍稀植物生物多样性的保护(Sefidi et al.,2011; Teyssèdre and Robert,2015),我们认为我省珍稀植物的保护研究应该统筹兼顾、综合考虑,力争做到保护与开发并重,实现生态与经济同步发展。为此,我们尝试在此提出江苏珍稀植物生物多样性保护模型(图 8-3)。即在野外调查的基础上,对珍稀植物进行就地保护和迁地保护,并且积极筹措资金,通过保护野生植物种群,培育可生存种群,积极开展野外回归、近地保护和动态监测(蒋宏和闫争亮,2008;杨文忠等,2014),丰富珍稀植物的遗传多样性,扩大种群规模,扩展种群分布面积,解除物种的濒危。

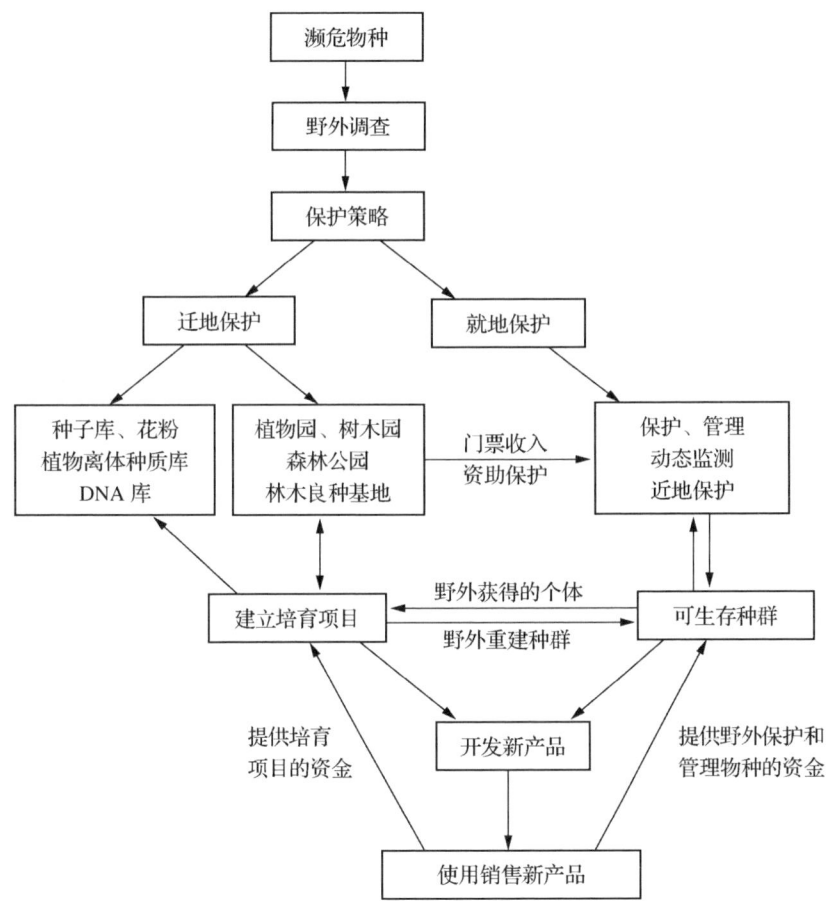

图 8-3 江苏珍稀植物的生物多样性保护模型

具体而言,当前江苏珍稀植物的保护应该优先着力于以下几个方面:

(ⅰ)对第二次野生植物调查中新发现的珍稀物种,如分布于宜兴磬山寺附近的红果榆进行挂牌,设立警示标志,因为这是我省红果榆仅有的两处分布地点之一,而且临近景区公路的转弯处。对此次调查发现于南京老山地区的国家级珍稀树种——秤锤树,设立围栏,禁止人为砍伐或破坏。对此次发现的分布于溧阳深溪岕的国家级珍稀树种——香果树,建议尽快设立自然保护小区,并且停止一切旅游活动的干扰,因为这已是香果树目前在我省的最后一处自然分布地点。

(ⅱ)对现有珍稀植物确立优先保护次序。对于国家级珍稀或者地方性特有、或者数量稀少、分布局限、濒危等级高的物种开展优先保护(陈瑞冰等,2015)。例如,尽快改善一些珍稀植物如宝华玉兰、榉树的野外自然生境;考虑对天目木兰等少数物种采取必要的人工抚育措施,以便维持森林群落的阶段性演替;对一些具有地方性分布特色的物种如南京椴、红楠、华东楠等积极开展迁地保护措施。

总之,经过多年的建设和发展,目前江苏全省已经建立各种类型、不同级别的自然保护区 41 个,总面积 90.81 万公顷,约占全省国土面积的 8.85%,形成了类型齐全、布局合理、管理科学、效益显著的自然保护区网络体系,对不少珍稀植物已经开展了卓有成效的引种栽培(黄宏文,2014)。今后如果能够进一步协调统筹管理、加大资金投入、扩大宣传教育、加强科学研究,这些措施必将更加有效地保护我省典型的自然生态系统和野生植物资源。

参考文献

[1] Harper J L. Population biology of plants[M]. Caldwell: The Blackburn Press, 2010:1-924.

[2] Hett J M, Loucks O L. Age structure models of Balsam Fir and Eastern Hemlock[J]. The Journal of Ecology, 1976,64(3):1029-1044.

[3] IUCN. Guidelines for Application of IUCN Red List Criteria at Regional Levels: Version 3.1. IUCN Species Survival Commission[M]. IUCN, Gland, Switzerland and Cambridge, UK. 2003:1-26.

[4] Li J, Del Tredici P. The Chinese Parrotia: a sibling species of the Persian Parrotia[J]. Arnoldia, 2008, 66:2-9.

[5] Li L, Huang Z L, Ye W H, et al. Spatial distributions of tree species in a subtropical forest of China[J]. Oikos, 2009,118:495-502.

[6] Li W, Zhang G F. Population structure and spatial pattern of the endemic and endangered subtropical tree *Parrotia subaequalis* (Hamamelidaceae)[J]. Flora, 2015, 212:10-18.

[7] Primack Richard, 马克平, 蒋志刚. 保护生物学[M]. 北京:科学出版社, 2014, 1-553.

[8] Sefidi K, Marvie-Mohadjer M R, Etemad V, et al. Stand characteristics and distribution of a relict population of Persian ironwood (*Parrotia persica* C. A. Meyer) in northern Iran[J]. Flora, 2011, 206:418-422.

[9] Sharma D K, Sharma T. Biotechnological approaches for biodiversity conservation[J]. Indian Journal of Scientific Research, 2013, 4:

183-186.

[10] Silvertown J, Charlesworth D. (李博等译). 简明植物种群生物学(第4版)[M]. 北京:高等教育出版社,2003,1-321.

[11] Teyssèdre A, Robert A. Biodiversity trends are as bad as expected[J]. Biodiversity Conservation,2015,24:705-706.

[12] Wiegand T, Moloney K A. Rings, circles, and null-models for point pattern analysis in ecology[J]. Oikos,2004,104:209-229.

[13] Wilhere G F. The how-much-is-enough myth[J]. Conservation Biology,2008,22(3):514-517.

[14] Yang W Z, Yang Y P. Conservation Priorities of Wild Plant Species with Extremely Small Populations (PSESP) in Yunnan Province[J]. Journal of West China Forestry Science,2014,43(4):1-9.

[15] Yue C L, Jin S H, Chang J, et al. Response of photosynthesis in *Shaniodendron subaequale* to soil water status[J]. Annales Botanici Fennici. 2006,43:389-393.

[16] Zhang D X, Hartley T G, Mabberley D J. *Zanthoxylum* Linn. [M]// Wu Z Y, Raven P H. Flora of China Vol. 11[M]. Beijing:Sciences Press,2008: 51-97.

[17] Zhang G F, Long S W, Jiang L. Study on the Chinese endemic genera of seed plants distributed in Jiangsu Province[J]. Bulletin of Botanica Research,2006,26(6):728-734.

[18] Zhang Z Y, Zhang H D, Endress P K. Flora of China Vol. 9 (Hamamelidaceae)[M]. Beijing: Science Press,2003:27-28.

[19] 安徽省林业厅. 安徽省陆生野生动植物资源[M]. 合肥:合肥工业大学出版社,2006,1-219.

[20] 陈瑞冰,张光富,刘娟,等. 江苏宝华山国家森林公园珍稀植物的濒危等级及优先保护. 生态与农村环境学报,2015,27(2):28-34.

[21] 陈守良,刘守炉.江苏维管植物检索表[M].南京:江苏科学技术出版社,1986,1-559.

[22] 程倩,陈梦竹,罗丽,等.蜈蚣兰无菌繁殖系的建立[J].浙江农业科学,2014,1(4):515-516.

[23] 单树模,王庭槐,金其铭.江苏省地理[M].南京:江苏教育出版社,1986,1-388.

[24] 邓飞,贾春,刘兴剑,等.南京市珍稀濒危植物的分布与保护[J].植物资源与环境学报,2007,16(2):60-63.

[25] 邓懋彬,金岳杏.银缕梅花芽生长和开花习性的观察[J].应用与环境生物学报,1997,3(3):226-229.

[26] 樊国盛.山拐枣属的分类与生态地理特点[J].西南林学院学报,1994,14(1):1-5.

[27] 方顺清,颜建法,翁琴,等.宜兴龙池山自然保护区银缕梅种群生态现状及保护研究[J].江苏林业科技,2004,31(2):4-11.

[28] 傅立国,陈潭清,郎楷永,等.中国高等植物(第8卷)[M].青岛:青岛出版社,2001:398-448.

[29] 傅立国.中国植物红皮书——稀有濒危植物(第一册)[M].北京:科学出版社,1991,1-735.

[30] 高邦权,张光富,陈会艳.不同生境下莼菜群落的物种多样性[J].应用生态学报,2007,18(2):283-287.

[31] 高邦权,张光富.南京老山国家森林朴树种群结构与分布格局研究[J].广西植物,2005,25(5):406-412.

[32] 龚滨,夏洋洁,张光富,等.中国特有珍稀濒危树种银缕梅种群结构和空间分布[J].生态与农村环境学报,2012,28(6):638-646.

[33] 国家环境保护局,中国科学院植物研究所.中国珍稀濒危保护植物名录(第一册)[M].北京:科学出版社,1987,1-96.

[34] 郝日明,黄致远,刘兴剑,等.中国珍稀濒危保护植物在江苏省的自

然分布及其特点[J].生物多样性,2000,8(2):153-162.

[35] 郝日明,魏宏图.金缕梅科一新组合[J].植物分类学报,1998,36(1):80.

[36] 黄成就.中国植物志(第43卷,第2分册)[M].北京:科学出版社,1997:1-53.

[37] 黄宏文.中国迁地栽培植物志名录[M].北京:科学出版社,2014,1-663.

[38] 季敏,孙国俊,储寅芳,等.江苏南部丘陵茶园外来入侵杂草发生危害研究[J].植物保护,2014,40(1):157-161.

[39] 江洪.云杉种群生态学[M].北京:中国林业出版社,1992,1-175.

[40] 江苏省植物研究所.江苏植物志(上册)[M].南京:江苏人民出版社,1977,1-502.

[41] 江苏省植物研究所.江苏植物志(下册)[M].南京:江苏科学技术出版社,1982,1-1010.

[42] 蒋国梅,孙国,张光富,等.特有濒危植物宝华玉兰种内与种间竞争[J].生态学杂志,2010,29(2):201-206.

[43] 蒋宏,闫争亮.自然保护区生物多样性监测技术规范[M].昆明:云南科技出版社,2008,1-114.

[44] 孔磊,朱莹,沈静静,等.江苏溧阳香果树群落组成及物种多样性分析[J].中南林业科技大学学报,2015,35(3):84-89.

[45] 赖广辉.国产川竹植物的名实考订[J].植物研究,2013,33(5):519-522.

[46] 李景文,姜英淑,张志翔,等.北京森林植物多样性分布于保护管理[M].北京:科学出版社,2012,1-393.

[47] 李玲,张光富,王锐,等.天目山自然保护区银杏天然种群生命表[J].生态学杂志,2011,30(1):53-58.

[48] 李伟,王瑞雪,张光富,等.南方红豆杉迁地保护种群的点格局分

析[J].生态学杂志,2014,33(1):16-22.

[49] 李扬汉.中国杂草志[M].北京:中国农业出版社,1998,1-1617.

[50] 林虹,马旭,何再华,等.江苏省森林生态系统碳汇现状研究[J].林业资源管理,2014,(1):89-97.

[51] 凌云,张光富,王锐.南京老山国家森林公园朴树种群动态研究[J].生态与农村环境学报,2011,27(2):28-34.

[52] 刘彩霞.栖霞山景区植物资源调查、保护与开发利用[M].南京:南京农业大学硕士学位论文.2011.

[53] 刘启新.江苏植物志(第2卷)[M].南京:江苏科学技术出版社,2013,1-507.

[54] 刘启新.江苏植物志(第3卷)[M].南京:江苏科学技术出版社,2015,1-528.

[55] 刘启新.江苏植物志(第4卷)[M].南京:江苏科学技术出版社,2015,1-540.

[56] 刘玉壶,周仁昌,曾庆文.木兰科植物及其珍稀濒危种类的迁地保护[J].热带亚热带植物学报,1997,5(2):1-12.

[57] 卢红杰,汤庚国.泰州城区古树名木资源现状调查分析与保护建议[J].江苏林业科技,2011,38(2):28-30.

[58] 马福,张建龙.中国重点保护野生植物资源调查[M].北京:中国林业出版社,2009,1-282.

[59] 马克平.生物多样性科学的热点问题[J].生物多样性,2016,24(1):1-2.

[60] 强建和,甘玉英,丁毅萍.光叶糯米椴种子催芽试验[J].江苏林业科技,2007,34(1):34-35.

[61] 任洁,张光富,胡瑞坤,等.浙江龙王山银缕梅种群结构和分布格局研究[J].植物研究,2012,32(5):554-560.

[62] 阮晓东,张晓黎,杨瑞珍,等.江苏云台山野生珍稀濒危中药植物初

步研究[J].中国野生植物资源,2010,29(1):21-24.

[63] 沈静静.常州丘陵山区维管植物多样性、主要森林群落及其资源研究[M].南京:南京农业大学硕士学位论文.2013.

[64] 时盼,张光富,常鑫,等.江苏省花椒属(芸香科)植物地理分布新记录[J].西北植物学报,2015,35(1):210-212.

[65] 史锋厚,卢芳,沈永宝,等.椴树属植物研究进展[J].林业科技开发,2006,20(1):12-15.

[66] 史锋厚,沈永宝,施季森.南京椴资源的保护和开发利用[J].林业科技开发,2012,26(3):11-14.

[67] 宋永昌.植被生态学[M].上海:华东师范大学出版社,2001,1-673.

[68] 汤诗杰,彭志,汤庚国.宝华山南京椴群落的特征分析[J].扬州大学学报:农业与生命科学版,2008,29(1):90-94.

[69] 汤诗杰,汤庚国.南京椴的资源现状及园林应用前景[J].江苏农业科学,2007(1):234-236.

[70] 汤诗杰,郑玉红,汤庚国.基于RAPD标记的5个南京椴居群遗传多样性分析[J].植物资源与环境学报,2013,22(3):70-74.

[71] 童丽丽,汤庚国,许晓岗.南京牛首山南京椴群落的结构分析[J].南京林业大学学报(自然科学版),2006,30(5):42-46.

[72] 汪松,解炎.中国物种红色名录(第一卷)[M].北京:高等教育出版社,2004,1-224.

[73] 王坚强,朱俊洪,张光富.濒危植物香果树在江苏的分布及其保护.江苏林业科技,2016,28(1):1-6.

[74] 王剑伟,张光富,陈会艳.特有珍稀植物宝华玉兰种群分布格局和群落特征[J].广西植物,2008,28(4):489-494.

[75] 魏辅文,聂永刚,苗海霞,等.生物多样性丧失机制研究进展[J].科学通报,2014,59(6):430-437.

[76] 吴征镒,路安民,汤彦承,等.中国被子植物科属综论[M].北京:科学出版社,2003:731-739.

[77] 徐惠强,郝日明,姚志刚,等.珍稀树种小叶银缕梅和宝华玉兰自然现状及其就地保护研究[J].江苏林业科技,2001,28(5):19-21.

[78] 徐惠强.江苏湿地[M].北京:中国林业出版社,2012,1-222.

[79] 杨持.生态学[M].北京:高等教育出版社,2014,1-273.

[80] 杨国栋,张开文,陈水飞,等.南京重点保护野生植物资源调查初报[J].南京林业大学学报(自然科学版),2014,38(S1):62-64.

[81] 杨文忠,康洪梅,向振勇,等.极小种群野生植物保护的主要内容和技术要点[J].西部林业科学,2014,43(5):24-29.

[82] 杨远波,廖俊奎,唐默诗,等.台湾种子植物要览[M].台北:行政院农业委员会林务局,2008:114.

[83] 印红.中国珍稀濒危植物图鉴[M].北京:中国林业出版社,2013,1-378.

[84] 于胜祥,刘演,蒋宏,等.滇黔桂喀斯特地区重要植物资源[M].北京:科学出版社,2014,1-307.

[85] 于永福.中国野生植物保护工作的里程碑——《国家重点保护野生植物名录(第一批)》出台[J].植物杂志,1999,5(4):3-11.

[86] 张光富,陈会艳,陈瑞冰,等.南京近郊自然湿地维管植物群落研究[J].生态学杂志,2007,26(2):145-150.

[87] 张光富,高邦权.江浙莼菜遗传多样性和遗传结构的ISSR分析[J].湖泊科学,2008,20(5):662-668.

[88] 张光富,宋永昌.不同处理措施下浙江天童灌丛群落组成结构的变化[J].应用生态学报,2002,13(1):16-20.

[89] 张光富.安徽板桥自然保护区植物多样性[M].南京:南京师范大学出版社,2007,1-218.

[90] 张光富.浙江天童灌丛群落的物种多样性及其与演替的关系[J].生

物多样性,2000,8(3):271-276.

[91] 张宏达.中国植物志(第35卷,第2分册)[M].北京:科学出版社,1979:36-116.

[92] 张佳平,丁彦芬.连云港云台山野生草本植物资源调查、应用及保护研究[J].草业学报,2012,21(4):215.

[93] 张金屯.植物种群空间分布的点格局分析[J].植物生态学报,1998,22(4):344-349.

[94] 张美珍,赖明洲.华东五省一市植物名录[M].上海:上海科学普及出版社.1993,1-491.

[95] 张兴旺,李垚,方炎明.麻栎在中国的地理分布及潜在分布区预测[J].西北植物学报,2014,34(8):1685-1692.

[96] 张殷波,杜昊东,金效华,等.中国野生兰科植物物种多样性与地理分布[J].科学通报,2015,60(2):179-188.

[97] 章超斌,马波,强胜.江苏省主要农田杂草种子库物种组成和多样性及其与环境因子的相关性分析[J].植物资源与环境学报,2012,21(1):1-13.

[98] 赵小雷,凌云,张光富,等.大丰麋鹿保护区不同生境梯度下滩涂湿地植被的群落特征[J].生态学杂志,2010,29(2):244-249.

[99] 赵媛.江苏地理[M].北京:北京师范大学出版社,2011,1-159.

[100] 仲磊,黄利斌.榉树育种研究进展及遗传改良策略[J].林业科技开发,2015,29(1):5-8.

[101] 周云龙.植物生物学(第3版)[M].北京:高等教育出版社,2011,1-567.

附录Ⅰ 野外调查记录表

表1 目的物种所处植物群落概况表

目的物种：_____；样方类别：1固定　2临时；调查方法：_____；

_____县_____乡镇_____村_____自然村；

_____保护(小)区；级别_____；具体地点(小地名)：_____；

主样方编号：苏-_____；图幅号：_____；

GPS记录号：_____；GPS坐标：N_____ E_____；

样方面积：____×____m；群落名称：_____；群落面积：____公顷；

海拔：_____m；坡向：1北　2东北　3东　4东南　5南　6西南　7西　8西北　9无坡向；

坡度：_____；坡位：1脊　2上　3中　4下　5谷底　6平地；郁闭度/盖度：____/____；

土壤类型：1褐土　2棕壤　3黄棕壤　4黄壤　5石灰(岩)土　6粗骨土　7山地草甸土　8沼泽土　9潮土　10滨海盐土　11水稻土；

人为干扰方式：1采集　2放牧　3狩猎　4开矿　5开荒　6其他；

人为干扰强度：1严重　2较严重　3一般；

乔木层优势种：_____；

伴生种：_____；

灌木层优势种：_____；

伴生种：_____；

草本层优势种：_____；

伴生种：_____；

层间植物：_____；

主样方第一条边方位：_____；主样方第二条边方位：_____。

主样方(或目的物种)附近特征描述：_____。

知情者1：_____单位：_____电话：_____；

知情者2：_____ 单位：_____ 电话：_____ ；

调查者：_____ ；时间：_____ 年_____ 月_____ 日。

表2 目的物种记录表

目的物种：_____ ；GPS记录号：_____ ；

主样方编号：苏-_____ ；主样方面积：_____ m×_____ m；

目的物种生活型：1 乔木　 2 灌木　 3 草本　 4 藤本　 5 常绿　 6 落叶；

1 一年生　 2 多年生　 3 木质　 4 肉质；

分布格局：1 单株型　 2 随机型　 3 集群型　 4 均匀型；

就地保护状况：1 保护(小)区　 2 挂牌保护　 3 重点保护　 4 生态公益林　 5 封山保护　 6 其他；

主样方目的物种株数_____ ；副样方个数_____ ；有目的物种的副样方个数_____ ；

幼树株数_____ ；幼苗株数_____ 。

编号	纬度	经度	高度(m、cm)	胸径(cm)	蓄积(m³)	冠幅(m)	年龄(生长期)	结实力	GPS编号	备注

（续表）

编号	纬度	经度	高度 (m、cm)	胸径 (cm)	蓄积 (m³)	冠幅 (m)	年龄 (生长期)	结实力	GPS 编号	备注
幼树株数			高度							
幼苗株数			高度							

调查者：_____；时间：_____年_____月_____日。

填表说明

表1：

1. 目的物种：包括中文正名、地方名和拉丁学名（按《中国植物志》填写，命名人可略）。

2. 样方编号：以省名简称、县名及物种名称开头，三者之间用"－"分隔，顺序编号，如苏—宜兴—银缕梅—01（02 03 04…），在自然保护区里，以省名简称、县名、保护区名及物种名称开头，四者之间用"－"分隔，顺序编号，如苏—宜兴—龙池—银缕梅—01（02 03 04 05…）；固定样地编号，在物种名称后注明，如苏—宜兴—银缕梅—固—01（02 03 04…）或苏—宜兴—小黑沟—银缕梅—固—01（02 03 04…）。有前期样方编号的调查点，则原则上与前期不一致。

3. 地理坐标：记录GPS实测主样方第一角纬度、经度，未设样方时记录目的物种位置坐标。

4. 具体地点:详细记录目的物种所在地的小地名,或距离附近明显特征点的方位、距离。

5. 图幅号:样方(目的物种)所处位置的地形图的图幅号。

6. 群落名称:按《中国植被》(吴征镒主编)分类标准划分到群系(formation)一级。

7. 群落面积:在地形图上准确勾绘出目的物种所处群落的分布范围,经内业量算后填写。

8. 海拔:用GPS实测。

9. 坡向、坡度:用罗盘仪实测或地形图估测,记录样方坡向、坡度。

10. 优势种:乔木层、灌木层、草本层各填写3～5种。

11. 坡位、人为干扰方式、人为干扰强度:是者打"√"。

表2:

1. 目的物种生活型选是者打"√"(多选项),草本注明一年生或多年生,藤本注明木质或肉质。

2. 乔木树种只对胸径5厘米以上(含5厘米)的大树测量树高和胸径,幼树和幼苗统计株数;灌木、草本和藤本只测株(丛)高,且不填幼树和幼苗两项。

3. 乔木、灌木和藤本的高度以米为单位,保留一位小数;草本高度以厘米为单位,取整数。

4. 幼树(苗)株数采用划记(正)。一般生长年龄在3年以内记作幼苗,年龄大于等于3年且胸径小于5厘米的记作幼树。与胸径5厘米以上的植株同根萌生的幼树(苗)株数不单独记录株数。

5. 冠幅:取南北、东西两个方向的平均值,以米为单位,保留一位小数。

6. 年龄(生长期):分为幼、中、近、成、过等五个生长期。

7. 结实力:分为未产、稀果、盛果。

8. 编号:由"丛株号—样木号"两部分组成,同一丛植株有2株或多株5厘米以上的物种,丛株号相同,样木号依次编号,如第5丛有2株5厘米以上的目的物种,则分别记为"5-1、5-2"。

9. 其他:固定样地落在毛竹林、杂竹林可以采用5m×5m的样方法调查每亩株数、平均胸径、平均高、平均冠幅等因子。

GPS存点要求:每个调查点均应存一个目的物种的样方号,其格式规定为:县代码(6位)+目的物种(3位)+县内该目的物种调查点序号(2位),如12345636901的含义为:123456-宜兴市县代码,369-银缕梅代码,01-银缕梅第1个调查点序号。同一样方内有不同目的物种,则分别存点。同一调查点内有多株(丛)目的物种,保存并记录GPS自动生成的编号。

表3 目的物种人工培植状况调查表

江苏省_____县(市、区)　　　　　　调查时间_____调查人_____

编号	物种拉丁名	中文名	栽培单位	地点	面积	株数	年销售总收入(万元)	年产值(万元)	年利税(万元)	种源来源			种源来源时间
										本场培育	野外采集	境外引进	
1	2	3	4	5	6	7	8	9	10	11	12	13	14

填表说明:1. 地点:具体到乡(镇)。
2. 面积:精确到整数。
3. 株数:精确到整数。
4. 年销售总收入、年产值、年利税:精确到百分数。

表4 野生植物人工培植单位调查统计表

江苏省_____县(市、区)　　　　　　填表时间_____填表人_____

单位名称	地点	地理位置		单位性质	面积(公顷)	批建时间	主管部门	培植植物情况			固定资产(万元)	年产值(万元)	人员情况(人)					备注
		经度	纬度					种类数	总数量	主要种类			合计	高级职称	中级职称	初级职称	工人	
1	2	3	4	5	6	7	8	9	10	11	12	13	14	15	16	17	18	19

附录Ⅱ IUCN物种受威胁等级评估标准
(IUCN,2003;3.1版)

	极危(CR)	濒危(EN)	易危(VU)
	A:种群减少(降低)		
A1:过去10年或3个世代内种群减少的比例,其减少的原因是可逆转且被了解且停止的; A2-4:估计过去或未来(或二者)10年或3个世代内种群减少的比例(基于以下条件获得的满足条件)。	A1:≥90% A2-4:≥80%	A1:≥70% A2-4:≥50%	A1:≥50% A2-4:≥30%
	1. 直接观察; 2. 适合该分类单元的丰富度指数; 3. 占有面积、分布范围减少或(和)栖息地质量的下降; 4. 实际的或者潜在的开发利用影响; 5. 受外来物种、杂交、病原体、污染、竞争者或寄生物带来的不利影响。		
	B:分布区小,衰退或波动		
B1:分布区 B2:占有面积	B1:<100 km² B2:<10 km²	B1:<5 000 km² B2:<500 km²	B1:<20 000 km² B2:<2 000 km²
条件a、b、c至少满足两条: 条件a:生境严重破碎或已知分布地点数; 条件b:1)~5)任一下降或减少; 条件c:1)~4)任一极度波动。	a:=1	a:≤5	a:≤10
	b:1)分布范围;2)占有面积;3)生境面积、范围和/或质量;4)地点或亚种群的数目;5)成熟个体数; c:1)分布范围;2)占有面积;3)生长地点数或亚种群数;4)成熟个体数。		

(续表)

	极危(CR)	濒危(EN)	易危(VU)
C:种群小且在衰退			
成熟个体数量	<250	<2 500	<10 000
满足C1或C2C1:估计持续下降的幅度C2:持续下降,且符合a或(且)b a:ⅰ)每个亚种群成熟个体数;ⅱ)一个亚种群个体数占总数的百分比;b:成熟个体数量极度波动。	C1:3年或1个世代内持续下降至少25%	C1:5年或2个世代内持续下降至少20%	C1:10年或3个世代内持续下降至少10%
	ⅰ):<50	ⅰ):<250	ⅰ):<1 000
	ⅱ):90%~100%	ⅱ):95%~100%	ⅱ):100%
D:种群小或局限分布			
D1:种群成熟个体数 D2:易受人类活动影响,可能在极短时间成为极危,甚至绝灭。	D1:<50	D1:<250	D1:<1 000 D2:种群占有面积<20 km² 或地点<5个
E:定量分析			
使用定量模型评估野外绝灭率	≥50%(今后10年或3个世代内)	≥20%(今后20年或5个世代内)	≥10%(今后100年内)

附录Ⅲ 江苏国家级珍稀植物地理分布图

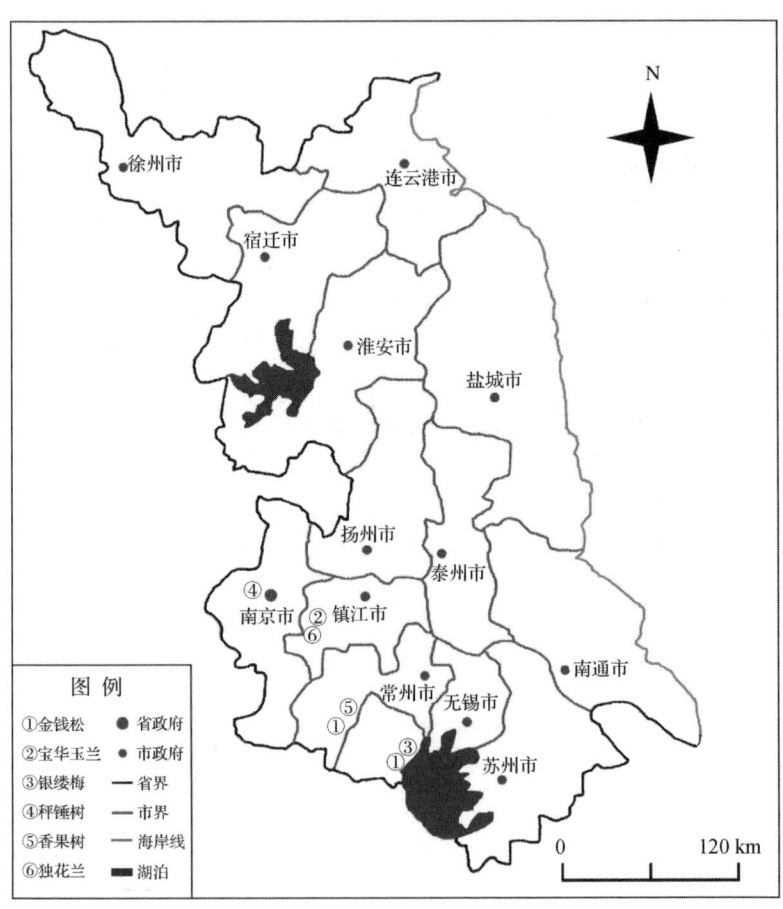